大话C语言

蔡苏北　范志军◎编著

U0213688

清华大学出版社
北　京

内 容 简 介

本书结合笔者多年的程序开发和教学实践经验，以深入浅出、循序渐进的方式，运用生动活泼、诙谐幽默的语言，讲述 C 语言开发的全部内容。全书共分 10 章，分别介绍 C 语言的开发环境、基础知识、程序设计流程、函数、数组、指针、结构体、堆内存、文件、预处理。对于晦涩难懂的知识点，书中采用生活中的例子进行对比，并增加图形化的讲解方式，通过简洁易懂的代码和示例，使读者易于理解接受。

本书适合 C 语言初学者使用，也可作为高等院校计算机专业的教材。

图书在版编目（CIP）数据

大话 C 语言/蔡苏北，范志军编著.—北京：清华大学出版社，2020.5
ISBN 978-7-302-55131-7

Ⅰ. ①大… Ⅱ. ①蔡… ②范… Ⅲ. ①C 语言 – 程序设计 Ⅳ. ①TP312.8

中国版本图书馆 CIP 数据核字（2020）第 047765 号

责任编辑：袁金敏
封面设计：刘新新
责任校对：胡伟民
责任印制：杨　艳

出版发行：清华大学出版社
　　　　　网　　　址：http://www.tup.com.cn, http://www.wqbook.com
　　　　　地　　　址：北京清华大学学研大厦 A 座　　　邮　　编：100084
　　　　　社 总 机：010-62770175　　　　　　邮　　购：010-62786544
　　　　　投稿与读者服务：010-62776969, c-service@tup.tsinghua.edu.cn
　　　　　质量反馈：010-62772015, zhiliang@tup.tsinghua.edu.cn
印 装 者：北京鑫海金澳胶印有限公司
经　　销：全国新华书店
开　　本：185mm×260mm　　　印　　张：16.25　　　字　　数：406 千字
版　　次：2020 年 5 月第 1 版　　　　　　　印　　次：2020 年 5 月第 1 次印刷
定　　价：69.00 元

产品编号：085504-01

前　言

从初学 C 语言的青涩年华到略为发福的中年时代，近二十年的开发和教学经验，使我对 C 语言有了一种特别的珍爱。与广大的 C 语言爱好者交流，和更多想学习 C 语言的读者成为朋友，成了我现在最乐于做的事情。

首先想要说的是编写此书的目的。现在市面上介绍 C 语言的书籍可谓琳琅满目，数不胜数。但由于作者的水平和风格的不同，在内容体现上还是有很大区别的。有的书籍偏向技术研究，语言精深、代码简练，让初学者不容易理解，容易陷入学习恐慌；而有的书籍则介绍得比较浅显，理解起来很容易，却忽略了对一些晦涩难懂、容易出错的知识点的解读，导致读者学完之后，自己编写代码时总出现这样那样的错误，痛苦不堪。挑选书籍犹如在大海里捞针，如何挑选到一本适合自己的书籍，是 C 语言初学者的迫切需求。我本人在初学 C 语言时亦饱受折磨，最后只能购买大量书籍，博采众家之长，但所付出的代价就是多费精力、多费钱财，但最重要的还是多费了时间。如能以自己之心得，撰写一部真正适合初学者的 C 语言书籍，让读者少花时间、少走弯路，轻松愉快地学好 C 语言，该是多好美好的一件事情，这就是我编写此书的初衷。

其次谈一下为什么要学习 C 语言。常言道，世间事物都有兴衰成败，总是长江后浪推前浪，浮事新人换旧人。C 语言自 20 世纪 70 年代问世以来，至今已经历了半个世纪。在此期间，先后诞生出了 C++、Java、C#等众多优秀的程序设计语言。但 C 语言历久弥新、经久不衰，至今仍是程序设计语言中的翘楚，尤其在系统开发、底层实现、软件测试等领域一直独领风骚，成为程序设计语言界的常青树。而 C 语言通常也是程序员入门的首选语言。C 语言历经半个世纪的发展，已经非常成熟，可以说，后来的很多高级语言（C++、Java 等）都是在 C 语言的基础上发展而来的，说 C 语言是现代编程语言的开山鼻祖也毫不夸张，它改变了编程世界。直到今天，C 语言以它简洁、高效、灵活的表现，依然受到广大程序开发者的热爱，而且通过对 C 语言的学习，也能为学习其他语言打下良好的基础（例如可以明显地体会出面向过程和面向对象的编程思想差异）。可以说，在当今及未来的很长时间，C 语言仍是最为重要的程序设计语言之一。

最后简单介绍一下本书。如何编写一本能让读者满意的 C 语言入门书籍，编写一本好的书籍到底需要拥有什么样的知识水平，是以技术突显为主还是以读者吸纳接收为核心，这些问题一直困扰着我。经过很长时间的思索，最终决定还是以自己当年的学习经历为鉴，结合多年与学员的沟通交流，不墨守成规，结合新时代的创新精神，形成自己独有的一套学习脉络。即从和广大学员交流中取谋，从自己多年的开发经验中取道，有谋有道，方能成事。书中力求用生动有趣、诙谐幽默的语言来交流，用深入浅出、循序渐进的方式来阐述，用趋利避害、逐个击破的原则来深入，使读者逐渐积累知识。在撰写本书时，尽可能用贴近生活的语言来取代教科书式的术语，用平滑的方式来设置各章节的学习节点。同时，对平时总结出来的一些初学者理解上的重点、难点，以及容易犯的错误，给予细致的标注和说明。书中所有案例源码都经过笔者仔细筛选，尽可能避免宏幅巨制，使代码简洁易懂，并与知识点贴合，代码书写规范并遵循 C 语言的最新标准，根据需要会涉及一些数据结构和算法方面的知识。希望通过笔者的努力，成就一部好的书籍，让广大读者能够轻松踏入 C 语言的大门，真正领略 C 语言的美妙之处。

在本书的编写过程中，得到了家人、同事和朋友的大力支持，尤其是广州邢帅教育的范志军老师和广大学员，他们为此书贡献了许多宝贵的意见和建议，出版社的各位老师也为此书的编纂和修订付出了辛勤的劳动，在此一并表示衷心的感谢。

由于编者水平有限，书中内容难免会有瑕疵和疏漏之处，恳请专家和广大读者朋友批评指正。

编　者

目　　录

第1章 初识C语言

本章学习目标

- 了解C语言的发展历程和特点
- 学会搭建C语言开发环境
- 了解C语言的编译过程
- 熟悉C程序代码的基本架构

本章先介绍C语言的发展史，然后介绍C语言的语言特点，最后介绍C程序的编译过程和用于C程序的集成开发工具。

1.1 C语言的发展史

千里之行，始于足下。马上要开始C语言的旅程了，突然想起我还是初学者的时候，曾经翻阅了大量的C语言入门书籍，千篇一律，都是在刚开始的时候讲解一些概念、理论和很多的术语。而我自小喜欢数理化，对文科不感冒，尤其是对需要大量死记硬背的知识感到非常头疼。所以看着这些概念、理论、术语，没多久就会有头昏眼花、想睡觉的感觉。结果是大部分的内容都如过眼云烟，随风而去了，不过有两点倒是奇迹般地记在脑海中了，到底是哪两点呢？

第一点是C语言的创始者。中国有句老话是"吃水不忘挖井人"，既然决定学习C语言了，怎么能不知道C语言的创始者是谁呢？好了，直接告诉你，是来自贝尔实验室的丹尼斯·里奇 (Dennis Ritchie)，美国人，生于1941年。他在1972年发明了C语言，被尊称为C语言之父。但非常遗憾的是，2011年10月12日他永远地离开了我们，图1.1是丹尼斯·里奇的照片。

图1.1　丹尼斯·里奇

第二点是 C 语言的标准。为什么非要了解 C 语言的标准呢？其实不难理解，想想当年秦始皇统一中国后，为何立即进行了"书同文，车同轨，统一度量衡"的改革？因为只有使用同一种文字、同样的尺度、同一种标准，才能让国人彼此看得懂，交流更方便，才能更好地促进社会的发展。同样如此，C 语言不是给一个人使用的，其使用者包括大量的开发者、维护者、管理者，以及 C 语言编译器的实现者，如此多的使用者，如果没有统一的标准遵循，你这么写，他那样用，结果就是你写的东西他看不懂，他写的东西你也看不懂，那将是多么的可怕。有了标准之后，大家都按同一标准干活，就非常便于大家交流，从而推动了 C 语言更快更好地发展。好了，下面就来学习一下 C 语言的这些标准。什么？这些标准？是的，没有事物是一成不变的，C 语言从诞生到现在已过了半个世纪，随着 C 语言的不断发展，经历了以下几个标准制定时代。

1."K&R"标准

1978 年，丹尼斯·里奇与布莱恩·科尔尼汗联合出版了名为《C 程序设计语言》（*The C Programming Language*）的著作，这本书被 C 语言开发者称为"K&R"，很多年来被当作 C 语言的非正式的标准说明，人们称这个版本的 C 语言为"K&R C"。

2."C89"标准

C 语言于 1972 年 11 月问世，1978 年由美国电话电报公司（AT&T）贝尔实验室正式发布。1983 年，美国国家标准局（American National Standards Institute，ANSI）开始制定 C 语言标准，并于 1989 年 12 月完成，在 1990 年春天发布，该标准称为"ANSI C"标准，也称为"C89"标准。

3."C90"标准

后来 ANSI 把"C89"标准提交到 ISO（国际化标准组织），1990 年被 ISO 采纳为国际标准，称为"ISO C"标准。又因为这个版本是 1990 年发布的，因此也被称为"C90"标准。

4."C99"标准

在"C89"标准确立之后，C 语言的规范在很长一段时间内都没有大的变动。直到 1995 年 C 程序设计语言工作组对 C 语言进行了一些修改，成为后来在 1999 年发布的 ISO/IEC 9899:1999 标准，通常被称为"C99"标准。

5."C11"标准

2007 年，C 语言标准委员会又重新开始修订 C 语言，到了 2011 年正式发布了 ISO/IEC 9899：2011 标准，简称为"C11"标准。

读者可能有些疑惑，这么多标准，到底该用哪一个呢？其实"K&R"是非正式标准，而且年代久远，现在基本不用了；"C89"和"C90"属同一个标准，即它们内容一致，只是在不同的时间被两家不同的机构认证罢了，这个标准一直用到现在；目前的主流应该是"C99"标准，现在已开始渐渐向这个标准过渡，不过仍有某些编译器对这个标准支持得不够好，所以用的时候还要注意一下；"C11"是现行最新的 C 语言标准，但还没有完美支持的编译器。本书采用的是 GCC 编译器，其中一个原因就是它对"C99"标准的支持相对较好。至于什么是编译器？别急，后面的章节会讲到。

1.2　C 语言的特点

1.2.1　结构化程序

什么是结构化程序？先来回想一下现实中盖楼的步骤，首先由设计单位设计图纸，然后建设单位拿到图纸后开始组建各个业务部门来承建工程（例如材料部负责购置建设工程所需的各种材料，工程部负责楼体的建造，监理部负责质量的监督等），而各个部门又会对所属的工人进行分工（例如工程部的工人中有负责抬钢筋的，有负责和泥沙的，有负责浇铸的，有负责砌墙的，有负责开吊机的等）。各个部门的工人们齐心协力、有条不紊地辛勤劳作，最终才能一点一点按照图纸把整座大楼建设完成。其实结构化程序的开发也是如此，首先按照用户的需求进行细致的设计，形成程序的总体框架，然后根据框架的要求，逐步细化出各个业务逻辑，再将各业务逻辑分解为许多模块单元，最终由这些模块单元搭建出整个程序。这种把一个庞大而复杂的问题，经过不断细化分解，最终形成许多简单模块单元的设计思路就是结构化程序设计的思想。现在有点感觉了吧？

用 C 语言编写出来的程序属于结构化程序，即 C 语言程序设计就是结构化程序设计，结构化程序设计的概念最早由 E.W.Dijikstra 在 1965 年提出，它的主要观点是采用自顶向下、逐步细分和模块化的程序设计方法，使用顺序、选择、循环三种基本控制结构来构造程序。

所谓自顶向下就是要求在程序设计之初要高瞻远瞩、总揽全局，不要太关注旁枝末节，先把程序的主体框架确定下来；逐步细分就是在主体框架确定之后，根据不同的职能划分出不同层次的业务逻辑；模块化就是针对某个业务逻辑制定出一系列具体的实现步骤。所有的模块全部完成之后，整个程序也就基本完成，剩下的就是对这些模块像搭积木一样进行相应的拼装和调试。

1.2.2　C 语言的优缺点

C 语言从诞生到现在，已经历了半个多世纪，依然受开发者的青睐，显得生机勃勃，在各个领域被广泛使用，这足以证明 C 语言的重要性和优越性。那么 C 语言到底有着什么样的优点呢？

1. 简洁性

C 语言一共只有 32 个关键字和 3 种基本控制结构，可通过简短的代码实现模块，并对模块加以整合，从而构建出一个庞大复杂的程序。整个程序由不同的模块相互调用、配合，就像人体内的脉络一样，猛一看好像一团乱麻，仔细分析却又十分清晰。同时，这也给程序的调试带来好处，发现问题后，可寻着脉络到相应的模块中去查找，提高了程序开发、维护和调试的效率。

2. 灵活性

C 语言程序书写形式自由，语法限制不太严格，程序设计自由度大。C 语言能通过简单的整数类型、实数类型和字符类型，灵活地构造出更加复杂的数组、指针、结构体、联合体等复合数据类型，并以此实现链表、队列、栈、树、图等各种数据结构。尤其是 C 语言中可以使用指针，通过指针直接寻址到相应的内存单元，即可对内存的数据进行访问、修改等操作，从而编写出非常灵动、奇妙的 C 语言程序。

3. 高效性

程序设计语言可以分为机器语言、汇编语言和高级语言，机器语言是使用 0 和 1 的二进制码书写的语言，由于计算机能直接识别这种语言，所以使用机器语言编写的程序执行效率非常高。但是，机器语言对于人类来说阅读性极差，直接用机器语言来进行程序设计更加困难，例如一串二进制码“1000011100010100…11001011”，很难看出这是两个整数相加的意思，所以后来产生了汇编代码，它把二进制码中某些具有特殊功能的一块代码串用一些助记符的方式来表达，例如“add ax,bx”，这样使得人类对程序代码的理解变得相对容易。高级语言中使用了和人类最为接近的语言方式来表示，例如“1＋2”，从这里就能直观地感受到使用高级语言的方便之处。

用 C 语言编译生成的目标代码质量和执行效率仅比用汇编语言编写的程序低一些，但相比使用其他的高级语言（C++、Java、C#等）编写出的程序要高。

既然 C 语言有如此多的优点，那它有没有什么缺点呢？其实就像世间万物一样，都有两面性，就好比一把双刃剑，用得好就是杀敌的利器，用不好反而会伤到自己的身体。同样，C 语言的这些优点，如果运用得不好就会变成它的缺点，例如整体设计欠缺，算法逻辑混乱，标识命名不得体，代码编排不规范，使用了野指针，出现内存泄漏等，就会使 C 语言程序失去原有的简洁、灵活和高效，变成一个糟糕的程序。

1.3 C 语言的发展方向

学好 C 语言之后能做什么？应该朝哪个方向发展？这通常是 C 语言初学者最为关心的问题。突然想到了我还在上小学时，老师会经常在班上问：“同学们，长大了以后想做什么？”，全班几乎异口同声地回答：“我要当科学家！”。后来真正成为科学家的好像一个也没有。但这不是一件令人遗憾的事情，虽然没有成为科学家，但通过认真的学习，有的做了老师，有的做了警察，有的拥有自己的企业，还有的成为了作家（不是说我啊！哈哈哈）。聊这件事的目的是想让读者知道，今后想干什么与今后真正干了什么并不能画上等号，唯有认真地学习，拥有了知识和技术，才拥有更广阔的发展空间。

下面就来谈一谈 C 语言的本领。

当然从 C 语言所拥有的简洁、灵活、高效的特性上，就能看出 C 语言在系统开发、底层设计上有着卓越的表现。更直接的例子就是我们天天使用的操作系统、数据库、游戏引擎等大多是使用 C 语言实现的，很多经典算法、框架也是用 C 语言来编写。使用其他高级语言在某些功能上遇到"技术瓶颈"的时候也会用 C 语言来解决。还有就是现在已经进入了"物联网"时代，嵌入式开发已经非常广泛，学好 C 语言也是为嵌入式开发打基础。或许还有一些读者准备在学完 C 语言后，继续学习其他的基于面向对象思想的语言，那学好 C 语言也是非常重要的，毕竟不懂得结构化的程序设计（面向过程的），又如何真正理解面向对象的思想呢。

现在是不是认识到 C 语言的厉害之处了，下面就赶紧来看看使用 C 语言开发需要什么样的开发环境吧。

1.4　C 语言开发环境

1.4.1　C 语言的编译器

好了，现在编译器"粉墨登场"了。编译器是干什么的呢？它其实就是个"翻译官"，能将 C 语言翻译成机器语言。计算机的 CPU（中央处理器）只能识别和运算二进制码（由 0 和 1 组成的代码，称为机器语言）。而用户想要和计算机交流，只能使用二进制码与其对话，例如早期的计算机没有键盘这样的输入设备，开发者们使用带孔的纸质长带与计算机交流，其中有孔部分表示 1，无孔部分表示 0，一个程序需要使用很长的一条纸带，上面布满了密密麻麻的孔位，一旦有孔位打错，就前功尽弃，需重新制作。可想而知是多么的麻烦。同时，也必须向早期的开发者们致敬，他们的细致与敬业精神让我们无比钦佩。

值得欣慰的是，现在有了键盘这样的高级输入设备，使开发者摒弃了制作带孔纸带来与计算机交流的痛苦方式。但是使用二进制又会方便吗？例如想让程序能够计算 1 和 2 的和，对着计算机大喊或者用键盘输入一句话："请告诉我 1 加 2 等于几？"，计算机是不会有反应的。不过这不能怪它，因为它根本不知道我们的用意，更确切地说是它不懂我们的语言，它只认识二进制码，所以我们只能把这句话或文字以二进制的方式告诉它。如何把我们的文字变成计算机能认识的二进制码，这就得靠编译器来帮忙了。

对 C 程序如何工作的认识有点清晰了吧？我们平常说的用的都是人类语言，把人类语言用 C 的标准来规范和书写后就成了 C 的程序语言（C 语言），然后通过编译器把 C 语言翻译成计算机所能识别的机器语言，这就是为什么说编译器就是一个"翻译官"了。

那么编译器是不是就一个呢？也不是，从 C 语言诞生至今，出现了许许多多的编译器，这些编译器在不同的时间由不同的厂家和公司以及开发者个人实现出来，其中最主要的、比较流行的和使用比较广泛的就三类：TC、MS C 和 GCC。

TC 是 Turbo C 的简称，Turbo C 是美国 Borland 公司的产品，该公司在 1987 年首次推出 Turbo C 1.0 产品。不过现在使用 TC 的开发人员较少，没有下面的两个使用广泛。

MS C 是 Microsoft C 的简称，它是鼎鼎大名的美国微软公司的产品，不过它一般都是在集成开发环境（IDE）中来使用，MS C 很好地支持 C89 和 C90 标准，但对 C99 标准的支持还不够完美。

GCC 是 GNU C Compiler 的简称，GNU 是一个自由的操作系统，其内容软件完全以自由、开放的方式发布。GCC 原本作为 GNU 操作系统的官方编译器，现已被大多数类 UNIX

操作系统（如 Linux、BSD、Mac OS X 等）采纳为标准的编译器，GCC 同样适用于微软的 Windows 操作系统。同时，由于它对 C99 标准支持得比较好，所以特别适合 C 语言爱好者来学习和使用。本书采用 GCC 作为案例的编译器。

1.4.2　IDE 开发环境

有不少初学者在学习编译器时，会被编译器、编辑软件以及集成开发环境（IDE）搞得晕头转向。下面就来帮大家理一理，例如要编写一个 C 语言程序，就必然要书写代码，那么代码在哪里书写呢？这时就需要一个文本编辑软件。例如在 Windows 系统中新建并打开一个记事本，然后就可以在这个记事本中进行代码的书写。书写完成保存之后，就得到一个 C 程序的源文件。但这个源文件不能在计算机中执行，我们还得借助编译器对这个源文件进行编译，才能形成计算机所能识别的二进制码（机器语言），这时才能在计算机中执行。所以要想得到并运行一个可执行的 C 程序，得经过三步：①在编辑软件中编写代码，得到 C 的源文件；②使用编译器对源文件进行编译，得到可执行文件；③双击可执行文件，让程序在计算机上运行。

那么集成开发环境（IDE）又是干什么的呢？简单地说，它就是把上面的三步合并在一起，把代码的编辑、文件的编译以及最后的文件执行全部集成起来。通过简便的操作就能自动地完成三步操作，这样就极大地方便了程序的开发。集成开发环境往往还带有调试的功能，如果程序的运行结果出现错误或异常，可以轻松地对源文件中的代码进行定位和跟踪。

那 IDE 又有哪些呢？例如基于 TC 编译器的 Turbo C 2.0，基于 MS C 的 Visual C++、Visual Studio 系列，基于 GCC 的 CFree、CodeBlocks、Dev C++，使用在苹果系统里的 XCode 等，这些都是集成开发环境。

但是，本书所采用的开发环境却是 Windows + 记事本 + GCC 编译器。为什么没有使用集成开发环境？原因有三点：①我们是学习 C 语言的，而不是学习集成开发环境的，要把精力更多地投入在对 C 语言的学习上，通过手工输入编译命令、调整编译选项，可以让读者更了解程序的编译处理过程，而且使用 GCC 编译器可以更好地兼容 C99 标准。②虽然使用集成开发环境能大大提高程序的开发效率，但对初学 C 语言的人来说未必是好事，例如集成开发环境所提供的代码自动补全和纠错功能，会造成对语言细节的疏忽，对集成开发环境形成高度的依赖，离开了集成开发环境，就不会写代码了或者写出来的代码错误百出。③软件体积小，对机器的配置要求不高，不论大家的机器配置如何，都可以满足这样的 C 语言开发环境要求。

现在就开始动手搭建我们的开发环境吧。首先是编辑器，本书使用的是 Notepad++（官网地址为 https://notepad-plus.en.softonic.com/），它是一个开源和免费的文本编辑软件（俗称加强版的记事本），下载和安装都非常简单，本书所使用的是 V7.7 32 位的版本，界面如图 1.2 所示。

下面开始安装编译器，为了在 Windows 上安装 GCC，我们进入 MinGW 的下载页面（https://sourceforge.net/projects/mingw/files/），单击右侧"Recommended Projects"的"MinGW-w64 - for 32 and 64 bit Windows"链接，下载最新版本的 MinGW 在线安装程序。下载完成后，双击该文件进行安装。图 1.3～图 1.8 为 GCC 安装的详细过程。

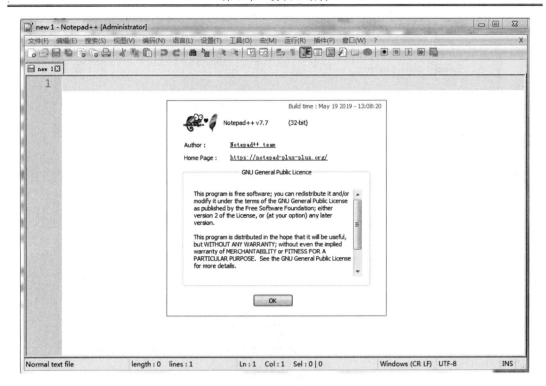

图 1.2　编辑器 Notepad++

如图 1.3 所示，进入 MinGW 安装界面，单击 Next 按钮。

图 1.3　MinGW 在线安装的首界面

图 1.4 所示为 MinGW 的设置界面，当前安装的版本为 8.1.0，单击 Next 按钮进行下一步。

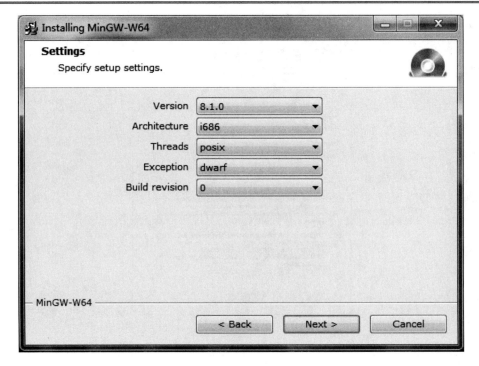

图 1.4 MinGW 的设置界面

图 1.5 所示为安装路径选择界面，选择路径后单击 Next 按钮。

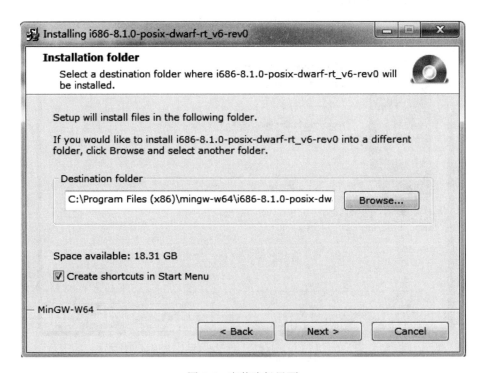

图 1.5 安装路径界面

下载安装文件界面如图 1.6 所示，开始联网下载文件，需保持网络畅通。

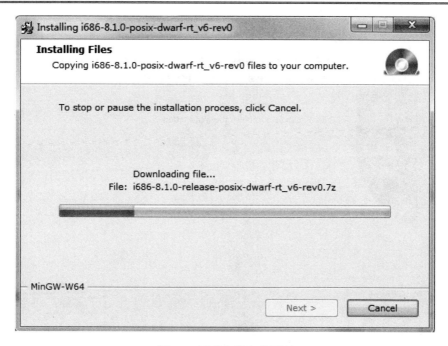

图 1.6 下载安装文件界面

图 1.7 为安装文件下载完成界面，下载完成后单击 Next 按钮。

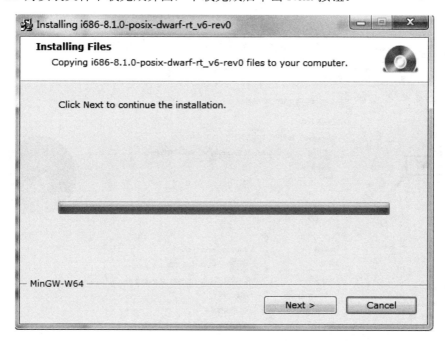

图 1.7 文件下载完成界面

软件安装完成的界面如图 1.8 所示，单击 Finish 按钮完成软件的安装。

为了后面开发时能更方便地使用 GCC，在安装完成后，我们还需配置 Windows 系统的环境变量。图 1.9～图 1.13 为环境变量的配置过程。

在桌面的计算机文件夹处右击，在弹出的快捷菜单中选择"属性"菜单项，弹出

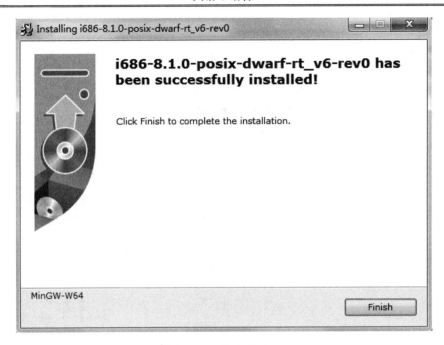

图 1.8 安装完成界面

如图 1.9 所示的窗口，单击窗口左侧的高级系统设置项，弹出如图 1.10 所示的"系统属性"对话框。

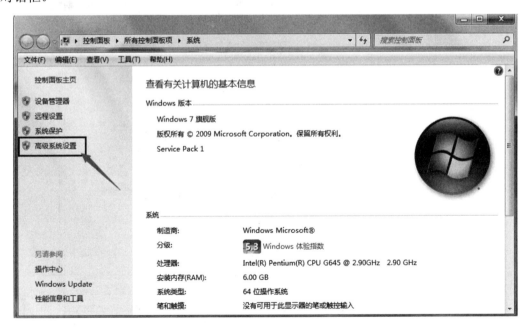

图 1.9 "系统属性"对话框

在图 1.10 中单击"环境变量"按钮，弹出如图 1.11 所示的"环境变量"对话框。

在"环境变量"对话框中单击"新建"按钮，弹出如图 1.12 所示的"新建用户变量"对话框，在其中对变量名和变量值进行设置，变量名为 PATH，变量值为 GCC 安装目录中

图 1.10 "系统属性"对话框

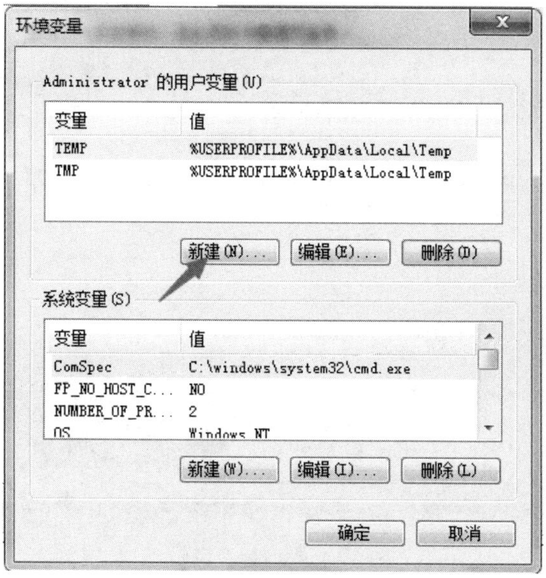

图 1.11 "环境变量"对话框

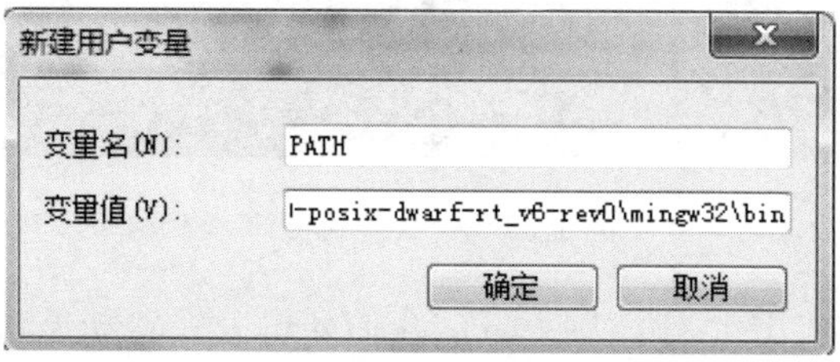

图 1.12 "新建用户变量"对话框 1

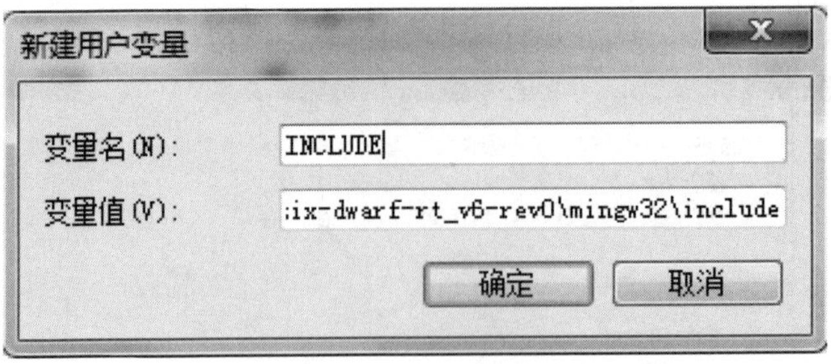

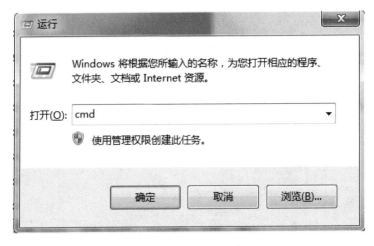

图 1.13 "新建用户变量"对话框 2

bin 文件夹的路径，单击"确定"按钮。再新建一个名为 INCLUDE 的环境变量，变量值为 GCC 安装目录中 include 文件夹的路径，单击"确定"按钮。

需要说明的是，在图 1.11 中新建环境变量时，也可以选择新建系统变量，这样创建的环境变量可被系统中所有用户所使用。如果对于系统中只有一个用户，两者区别不大。现在编译器已经安装并且配置好了环境变量，下面来测试一下是否成功吧！同时按下键盘上的 Windows 徽标键和 R 键，启动"运行"窗口，如图 1.14 所示。在编辑框中输入 cmd，单击"确定"按钮，打开了一个类似 DOS 的控制台窗口，如图 1.15 所示。在窗口中的命令提示符后输入命令：gcc –v，来查看 GCC 的版本信息，如果没有错误提示，并且在如图 1.16 所示的窗口最底部看到了当前 GCC 的版本为 8.1.0 的信息，则表明 GCC 安装成功了。

图 1.14 "运行"窗口

图 1.15 命令输入窗口

至此 C 语言的开发环境搭建完毕，下面我们就可以开始动手编写第一个 C 语言的程序了。

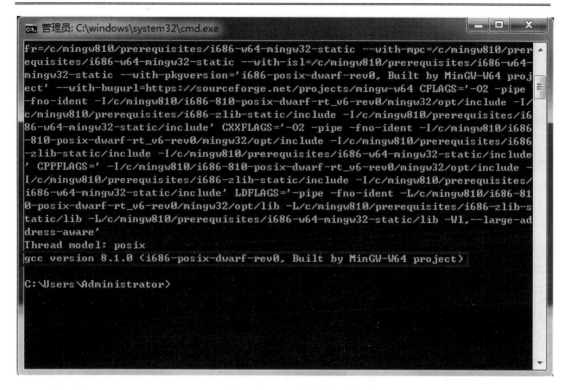

图 1.16   GCC 信息窗口

1.5   第一个 C 语言程序

经过前面一系列的不懈努力，终于可以编写第一个 C 语言程序了，是不是有点激动？嘿嘿，作为有着丰富经验的我（有点倚老卖老啊），未雨绸缪、高瞻远瞩，首先想到了本书中会有很多的代码，为了便于对这些代码进行管理，我决定采用三级目录管理方式：首先在 D 盘下建立名称为"大话 C 语言代码"的总文件夹；然后在总文件夹下面为每一章建立一个对应名称的章文件夹；再接着在各个章文件夹中建立具体的项目文件夹。例如，现在要编写第一个 C 语言程序，我就在"D:\第一章\"下面建立了一个名称为"第一个 C 语言程序"的项目文件夹。然后进入该项目文件夹，并以此为工作目录，新建一个文本文件"first.c"，注意文件名后缀为.c，表明该文件为 C 语言的源文件（C 标准的规定）。文件建好后，右击该文件，在弹出的快捷菜单中选择"Edit with Notepad++"命令，使用 Notepad++来打开文件。现在就可以在文件里编写代码了，具体内容如下。

```c
/*第一个 C 程序*/
#include <stdio.h>
int main()
{
    printf("第一个 C 程序! \n");
    return 0;
}
```

代码输入完成后保存，然后对这个源文件进行编译。可以直接在当前工作目录的路径栏里输入"CMD"并按下 Enter 键，这样就可以打开控制台窗口，并以当前目录作为工作目录，如图 1.17 所示。

图 1.17　在当前目录启动控制台窗口

在控制台窗口中输入编译命令"gcc first.c"，就会使用 GCC 编译器来对"first.c"这个源文件进行编译，最终生成一个名为"a.exe"的可执行文件。如果想得到一个指定名字的可执行文件，如"first.exe"，则把之前的编译命令改为"gcc first.c -o first.exe"即可，也就是在编译命令中加入"-o"选项来指定输出文件的名字。

最终生成的这个可执行文件，可以直接用鼠标双击执行，也可以在控制台窗口中执行。不过直接执行的话，可能会出现窗口一闪而过的景象，导致用户看不到运行的结果。但这并不是程序的问题，而是现在的计算机执行速度太快。当程序执行完毕后，系统会自动关闭窗口。看不到运行结果怎么办？有很多解决办法，最简单的一种就是让程序在控制台窗口中运行，这样即使程序执行完毕，这个控制台窗口也不会消失，用户就有足够的时间来观察程序运行的结果，控制台窗口如图 1.18 所示。

如果在窗口中看到的是一串乱码，别担心，这只是因为代码字符和控制台窗口的字符编码不一致造成的，只要重新进行字符编码就可以了。具体步骤为用 Notepad++打开源文件"first.c"，选择"编码"菜单，执行"转为 ANSI 编码"菜单项，再保存文件，重新编译即可。这时再重新运行程序，就不会仍然是一串乱码。

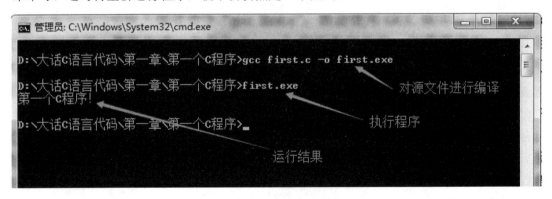

图 1.18　编译、执行和查看运行结果

是不是有点成就感了？经过输入简单的几行代码，就能通过编译器生成一个可执行文件，通过执行这个可执行文件，就会得到一个程序的运行结果。但为什么要输入这些代码？这些代码到底是什么意思？我能随便改里面的代码吗？编译器是怎么编译的？下面就来解释一下这些代码的作用和意义。

1.5.1　C 语言的代码注释

想必大家在学习时有过这样的经历：学习文言文时，遇到看不到的句子，就在旁边加上白话文来说明，学习英文时，遇到不会读的单词就用音近的中文文字来标注，学习课文时，每一段都会写出段落大意，并能说出整篇文章的中心思想。

类似地，C 语言的代码注释的作用也是如此。A 同学写出的程序代码，B 同学拿过来可能就看不懂，甚至时间久了，A 同学自己也理解不了。"好记性不如烂笔头"，如果在代码里加上恰当的注释，对于代码交流就相对容易多了，而且即使过了很长的时间，看到注释也自然能回想到当初为何这么写代码。所以，代码注释就是为了更好地理解代码，方便相互交流的一种文字说明。C 语言中的代码注释方式有两种：块注释和行注释。

1. 块注释

"第一个 C 程序"中的首行就是一个块注释，它是用"/*"和"*/"所包含的一段（一行或多行）文字。块注释非常灵活，可以出现在程序代码的任何部分，甚至在某一条语句之中。但块注释不允许被嵌套使用，即不能在一个块注释中又出现另一个块注释。例如"/*aa/*bb*/cc*/"，块注释是从"/*"开始，到遇见第一个"*/"结束，所以真正的块注释部分只有"/*aa/*bb*/"，后面的"cc*/"就不是块注释的部分了。

2. 行注释

C 语言程序代码中，以"//"开头的部分称为行注释。顾名思义，行注释只能注释一行，从"//"开始，直到该行的末尾，都为注释的部分。如果要使用行注释来注释多行，就得在每一行的行首都使用"//"。

最后，还需要强调两点：①注释只是给人看的，并不会参与编译，也就是说在真正编译的时候这些注释都会被忽略掉。②错误的注释比没有注释更糟糕，注释的内容要做到表述清晰、文词达意，若代码被修改，注释也要及时更新。

1.5.2　文件包含

"第一个 C 程序"中的第二行是一条预处理语句，关于预处理我们会在后面的章节中学习，现在只要简单理解一下该条语句的功能就可以。"#include <stdio.h>"的作用是将一个名字叫"stdio.h"的标准库头文件包含到当前源文件中。为什么要这样做？现在只能说，因为在后面要用到一个标准库函数 printf，也就是说，如果在程序中需要用到标准库里的函数，就需要包含相应的标准库头文件，而且在后面的程序案例中大多都会用上这个"stdio.h"头文件，因为在这个头文件中，除了 printf 外，还声明了许多其他的标准输入、输出、文件等相关的函数。同样地，函数也将在后面的章节中来详细学习，因为对于初学者，如果一时接纳的新知识太多，而又不可能在短时间内把这些知识都理解通透，就很容易让自己迷茫，这样的学习效果并不好，会失去对学习的热情和信心。分清主次、循序渐进，以这样的方式和心态来学习，才能成功。

1.5.3 main 函数

虽然把函数放到了后面的章节中来学习，但现在依然不可避免地撞上了它。还是老办法，先简单地认识一下就行。函数是为满足某些特殊功能而构建的子程序，例如上面的例子里所使用的 printf 函数 "printf("第一个 C 程序！\n");"，它的功能就是把字符串 "第一个 C 程序！\n" 输出到屏幕上。在 C 语言中用两个 """" 包含起来的文字称为字符串，而字符串中最后的那个 "\n" 的作用就是换行，也就是在输出 "第一个 C 程序！" 后进行一个换行的操作。当然 printf 函数的功能不仅如此，我们会在后面详细学习。现在先来看一下 main 函数，上面的例子中，除了第一行的注释和第二行的文件包含，剩下的就是 main 函数了，我们更习惯称它为主函数或者入口函数。因为 C 语言规定，在 C 程序代码中，必须有一个 main 函数。也就是 C 程序中可以没有其他的函数，但必须要有 main 函数（又称为主函数）。程序一运行，系统就会到程序中查找 main 函数，然后开始执行它，也就是程序总是从 main 函数开始执行的，所以又称之为入口函数。

在 main 函数中（位于一对大括号之间）有两行代码：第一行调用 printf 函数来输出字符串，第二行使用 return 语句返回一个 0 值。C 语言规定，main 函数在执行完毕需要返回一个整数值，用这个值可以来检查程序的退出状态。若返回的是 0 值，表示程序执行成功正常退出，返回非 0 值表示程序是非正常退出的。

1.5.4 C 程序编译流程

由上面的例子可知，只要事先写好一个 ".c" 后缀的源文件，然后使用 "gcc 命令" 进行编译，就可以得到一个 ".exe" 后缀的可执行的 C 程序文件。但这期间并非只有一道工序，而是分别经过了预处理、编译、汇编和链接四个流程，如图 1.19 所示。

图 1.19　C 程序的编译流程

1. 预处理

在源文件被编译之前，首先要进行预处理的工作，也就是对源代码进行相应的展开、替换和清理。在本例中，预处理工作有两项：①把代码注释部分去掉，不让其参与编译；②把 "stdio.h" 文件包含进来，即用 "stdio.h" 中的内容替换在 "#include <stdio.h>" 位置。

2. 编译

源文件被预处理之后，再以字符流的形式进行处理，进行词法和语法的分析，然后通过汇编器将源代码指令转变成汇编指令，生成相应的汇编文件。

3. 汇编

汇编是指把汇编语言代码翻译成目标机器指令的过程，也就是把汇编码转换成机器所能识别的二进制码，通常把经过汇编之后生成的文件称为目标文件。

4．链接

经过汇编之后生成的目标文件并不能立即被执行，还需要由链接器将代码在执行过程中用到的其他目标代码及库文件进行链接，最终生成一个可执行程序。例如本例中用到了 printf 函数，就需要找到包含该函数的标准库文件，对它进行链接。

1.5.5　C 语言调试

大家有没有想过，在以后编写程序代码时可能会出现这样那样的错误，这是肯定的，虽然像是给大家泼冷水，但这是不可回避的问题。不可回避就勇敢接受吧。

从错误出现的时间上可分为两类：编译时错误和运行时错误。所谓编译时错误就是在写好源文件后，在进行编译时出现的错误，主要分为语法错误和链接错误两种。语法错误比较明显，解决也相对简单，编译器通常会给出错误的代码位置，程序员根据提示位置到代码中进行修改就行了。而链接错误通常是由于所需的库文件找不到或函数没有具体的实现等原因造成的。另一种是运行时错误，也就是编译可以顺利通过，但程序运行时出现了错误。例如程序崩溃和异常退出，程序运行造成死机，程序运行的结果不正确等。这类错误处理起来相对棘手，通常需要对程序进行反复的调试，才能找到问题所在。所以程序的调试主要是针对运行时错误而言的。那下面就来看看有哪些调试方式吧。

1．人工调试

人工调试就是通过人的眼看、脑算、手记等方法对程序代码进行调试的过程。通常采取逐行跟踪追查的办法，用人脑来推算、模拟出程序的运行轨迹，直至找出问题位置。这种调试方式适合代码量少、结构简单的程序。

2．代码调试

代码调试通常采取在程序不同位置设置一些特定条件或可输出信息的程序代码，然后根据特定条件的执行情况或输出信息来判断、寻找错误的大概位置。这种调试方式适合于代码量大、结构复杂的程序代码，但同时要求调试者有较强的逻辑判断能力。

3．工具调试

工具调试采用功能强大的调试工具来对程序进行跟踪调试，这些调试工具通常都具有代码跟踪、断点设置、内存查询、变量监视等功能，可以通过一步一步地执行代码来观察程序的运行状态，极大地方便了对程序的调试。

其实在 1.4 节安装的 MinGW 里包含了一套工具。除了 GCC 编译器外，还包含一个名为 GDB 的调试工具，使用 GDB 可以很方便地配合 GCC 进行程序的调试。不过想要使用 GDB 来调试程序，在使用 GCC 编译源文件时需要多加一个选项"-g"，即完整的编译命令为"gcc -g first.c -o first.exe"。"-g"选项的作用是让编译后的程序里包含相关的调试信息，这样才能让 GDB 调试工具发挥作用。

在控制台窗口输入命令"gdb first.exe"，这样就进入程序调试界面了，如图 1.20 所示。

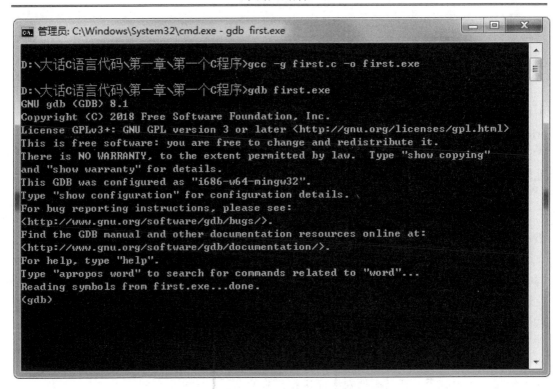

图 1.20　使用 GDB 调试工具

现在就可以在"〈gdb〉"提示符后面输入相应的调试命令来对程序进行调试了。例如"list"或其简写"l"可以显示当前的源代码，也可以用"list 1,5"或"l 1,5"来显示源代码中的 1~5 行；使用"break 3"或"b 3"在第 3 行代码处设置断点，然后使用"run"或"r"来运行程序，程序将启动并暂停在断点处，然后不断使用"step"或"s"来一步一步地执行程序，还可使用"continue"让程序运行到下一个断点处；使用"quit"或"q"可退出调试。一些常用的调试命令如表 1.1 所示。

表 1.1　gdb调试命令

命令	简写	说明
backtrace	bt	查看函数调用的相关信息
break	b	在程序中设置断点
continue	c	继续运行，至下一个断点处暂停
display	disp	跟踪查看某个变量，每次停下来都显示它的值
file		装入需要调试的程序文件
frame	f	查看栈帧
info	i	显示程序的状态
kill	k	终止调试程序
list	l	列出源代码
next	n	执行下一条语句（不会进入函数内部执行）

续表

命令	简写	说明
print	p	打印变量值
quit	q	退出调试
run	r	开始调试
set varname = v		设置变量
start	st	开始执行程序，在 main 函数的第一条语句前面停下来
step	s	执行下一步（可以进入函数内部执行）
watch		监视变量

1.6 本 章 小 结

本章主要讲述了以下内容。

C 语言的创始者为美国人丹尼斯·里奇（Dennis Ritchie）。

C 语言发展经历了五个标准："K&R""C89""C90""C99""C11"。

C 语言是结构化程序，它采用自顶向下、逐步细分和模块化的程序设计方法，使用顺序、选择、循环三种基本控制结构来构造程序。

简洁、灵活、高效是 C 语言最大的特点，C 语言在系统开发、底层设计上有卓越的表现，很多经典算法、框架是用 C 语言来编写的。

本书采用 Windows + 记事本 + GCC 编译器的开发环境。主要原因有三点：把精力更多地放在学习和掌握 C 语言上；避免对集成开发环境形成依赖；软件体积小，对机器的配置要求不高。

演示安装"Notepad++"和"MinGW"并配置环境变量，搭建 C 程序开发环境。

通过编写第一个 C 程序，了解 C 程序的基本框架，了解注释、文件包含与 main 函数的作用，了解 C 程序的四道编译流程。

C 程序的三种调试方式：人工调试、代码调试、工具调试。

学会调试命令的使用，能够使用 GDB 调试工具对 C 程序进行调试。

第 2 章　C 语言基础

本章学习目标

- 熟悉 C 语言的基本数据类型
- 掌握常量与变量的使用
- 了解 C 语言丰富的运算符
- 理解表达式与语句
- 熟练使用 printf 和 scanf 函数

　　本章先介绍 C 语言中有哪些基本数据类型，然后介绍如何定义和使用变量与常量，并讲述 C 语言所提供的丰富的运算符，接着介绍 C 语言的表达式与语句，最后讲解 C 语言中的标准 I/O 函数：printf 和 scanf 函数。

2.1　C 语言基本数据类型

　　"程序 = 数据结构 + 算法"，算法很容易理解，就是解决问题的思路和步骤，那数据结构是什么呢？一个程序中肯定要用到数据，而数据有简单的，也有复杂的，如何对这些数据进行设计和定义，如何进行数据的存储和访问，这些数据间有着什么样的关系，这些都是数据结构要考虑的事情。可见，数据对于一个程序是非常重要的。C 语言里有不少数据类型，按照先易后难的原则，本节主要讲述 C 语言中的基本数据类型。

　　C 语言的基本数据类型有三类：整型、实型与字符型。

2.1.1　整型

　　整型，顾名思义，整数类型，也就是不带小数点的数值类型。是不是太简单了？不过整型按占用内存大小和所能表示的数值范围又可分为短整型、标准整型、长整型和长长整型，分别用关键字 "short int" "int" "long int" "long long int" 表示。为什么要分成这么多的类型呢？想要理解这个问题，必须先了解一下内存存储相关的问题，因为这里涉及了内存大小，所以下面简单介绍一下二进制、位和字节的相关知识。

1. 二进制、位和字节

　　我们的日常生活中离不开数字，但生活中通常所使用的都是十进制的数，而计算机只能处理二进制数，所以要把十进制数转换成相对应的二进制数，计算机才能处理。

　　十进制的规则是逢十进一，它的每一位都是由 0~9 的数字构成。对应的二进制的规则就是逢二进一，它的每一位只能由 0 或 1 构成。此外，在 C 语言中除了二进制，还有可能会用到八进制和十六进制。所以对于"10"，如果它是十进制数，就是 10；如果它是二进制的话，那么它所对应的十进制数就是 2；若是八进制，对应的十进制数就是 8；若是十六进制，则其对应的十进制数就是 16。下面列出十进制数 0～15 所对应的二进制、八进制和十六进制数值。

十进制	0	1	2	3	4	5	6	7	8	9	10	11	12	13	14	15
二进制	0	1	10	11	100	101	110	111	1000	1001	1010	1011	1100	1101	1110	1111
八进制	0	1	2	3	4	5	6	7	10	11	12	13	14	15	16	17
十六进制	0	1	2	3	4	5	6	7	8	9	A	B	C	D	E	F

对于十进制整数 23，转换成对应的二进制码为 10111，二进制码里的每个"0"或"1"称为一个二进制位（Bit），简称位。在两个位中左为高位，右为低位。

内存的最小存储单位为字节（Byte），1 字节有 8 位（即 1 字节可以存放 8 个二进制的"0"或"1"），所以要把整数"23"存放在内存中至少需要 1 字节的空间，位数不够 8 时前面补 0。即十进制数"23"对应的 8 位二进制码为"0001 0111"，如图 2.1 所示。

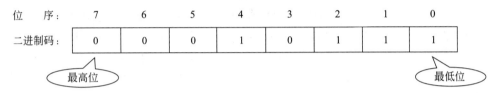

图 2.1　存储在 1 字节内存中的十进制数"23"

在这 8 位中，位序为 7 的位是最高位，位序为 0 的位是最低位，其中最高位是作"正负"的标记位来使用的，称为符号位，即符号位的位值为"0"表示正数，为"1"表示负数，剩余的 7 位用于存储整数所对应的二进制码，称为数据位。所以 1 字节所能表示的取值范围从–128（二进制码为"1000 0000"）～127（二进制码为"0111 1111"），共 256 个。

要想把一个更小或更大的整数存储到内存中，8 位就显然无能为力了，必须使用更多的内存空间，例如 2 字节就拥有 16 位，可表示的取值范围变成从–32768（二进制码为"1000 0000 0000 0000"）～32767（二进制码为"0111 1111 1111 1111"），共 65536 个，扩大了 256 倍。

大家可以想象一下，如果 C 语言中只有一种整数类型的话，让其使用多少字节的内存比较合适呢？假如使用的内存字节数多，则能表示的数值范围大，但如果用它来存放一些小数值，就会造成内存的浪费；反之，如果使用的内存字节少，可能又存放不了比较大的数值，无论怎样都不能两全其美。

现在明白为什么把整型分为这么多的类型了吧，根据不同的数值大小，使用不同大小字节的内存空间，既不浪费内存空间，又能放得下相应的数值，真正做到"物尽其用"。表 2.1 是本书的开发环境下各种整型的内存大小和所能表示的取值范围。

表 2.1　整型的内存大小和取值范围

类型	关键字（简写）	占用内存	取值范围
短整型	short int（short）	2 字节	–32768～32767
标准整型	int	4 字节	–2147483648～2147483647
长整型	long int（long）	4 字节	–2147483648～2147483647
长长整型	long long int（long long）	8 字节	–9223372036854775808～9223372036854775807

一个整型"摇身一变"成了四种类型，是不是挺有趣？其实它还可以再变出四种类型。这次新变出的四种新类型和之前的四种非常类似。

2. 无符号整型

前面讲到把一个整数转换成对应的二进制码，其中的最高位是用来标记正负数的符号位。这时会不会有读者突发奇想："那如果不要这个符号位，把它也变成数据位，用于存放整数的二进制位，不是就能多出 1 倍的取值范围吗？"不得不佩服大家的聪明，也很有想象力，但不够准确。

如果没有了表示正负整数的符号位，那么就没有了负数的表现能力，所存储的全部视为正整数。最终的结果就是正整数的取值范围扩大了一倍，但总的取值范围没变。例如 1 字节所能表示的取值范围从 0（二进制码为"0000 0000"）至 255（二进制码为"1111 1111"），还是 256 个；2 个字节的取值范围从 0（二进制码为"0000 0000 0000 0000"）至 65535（二进制码为"1111 1111 1111 1111"），还是 65536 个。

对于这种没有符号位，全是数据位的整数类型，我们称之为无符号整型，它的关键字为"unsigned"。之前所讲的四种整数类型都是有符号整型，它们也有个关键字"signed"，不过通常不用写，也就是默认的整型就是有符号的，若想使用无符号的整型，前面加上"unsigned"关键字即可。在本书的开发环境下，各种无符号整型的内存大小和取值范围如表 2.2 所示。

表 2.2　无符号整型的内存大小和取值范围

类型	关键字	占用内存	取值范围
无符号短整型	unsigned short	2 字节	0～65535
无符号标准整型	unsigned int 或 unsigned	4 字节	0～4294967295
无符号长整型	unsigned long	4 字节	0～4294967295
无符号长长整型	unsigned long long	8 字节	0～18446744073709551615

2.1.2　实型

整数类型讲完应该讲小数类型了。C 语言把这种带小数点的数值类型称为实型或浮点数类型。虽然实型与整型只有一字之差，但它却有和整型完全不同的内存存储方式，通过上一节的学习，我们知道了有符号整型的最高位是符号位，其他的都是数据位，对于无符号整型来讲，全部都是数据位。而实型却是分为三段进行存储的：符号位、阶码位、数据位。其中最高位是符号位，中间部分是阶码位（或称指数位），最后部分是数据位（或称尾数位），如图 2.2 所示。

图 2.2　实型内存存储示意图

这种类似于科学计数法的内存存储方式，能够轻松存储一个比较大的数值，并拥有非常大的取值范围，但是在数值的精度上可能会有所损失，毕竟鱼与熊掌不可兼得。由于实型的这种特殊的内存存储方式，导致在处理速度上没有整型的快，所以如果程序中不涉及小数的话，尽量还是选用整型。

实型按照内存大小分为单精度浮点数类型、双精度浮点数类型和长双精度浮点数类型，关键字分别为"float""double"和"long double"。其中单精度浮点数类型，内存大小为 4 个字节，即 32 位（符号位 1 位，阶码位 8 位，数据位 23 位）；双精度浮点数类型的内存大小为 8 字节，即 64 位（符号位 1 位，阶码位 11 位，数据位 52 位）；长双精度浮点数类型是相对较新的一种实型，它拥有更大的数值表现和存储能力，但由于 C 标准并未对它的内存大小有所规定，所以在不同的系统和编译器上，可能被实现为各种不同字节大小的版本。实型的内存大小和取值范围如表 2.3 所示。

表 2.3　实型的内存大小和取值范围

类型	关键字	大小	精度	取值范围
单精度浮点数类型	float	4 字节	6～7 位有效数字	−3.402823E+038～3.402823E+038
双精度浮点数类型	double	8 字节	15～16 位有效数字	−1.797693E+308～1.797693E+308
长双精度浮点数类型	long double	不同系统和编译器实现出不同的版本		

2.1.3　字符型

也许读者会有疑问，为什么没有 1 字节大小的整型呢？其实是有的，只不过通常我们把它称为字符型，关键字为 char。也就是说，字符型就是 1 字节的整型。那为什么要把它称为字符型呢？为了能够在程序中使用字符，最初 C 语言规定将 1 字节的整型作为字符来使用，更确切地说，是将 0～127 这 128 个正整数作为字符使用，这就是大名鼎鼎的 ASCII 码（美国信息交换标准代码）。

ASCII 码中定义的全是英文字符，例如大写和小写的英文字母、数字字符、标点符号以及特殊的控制字符。例如用整数 10 表示换行字符，整数 32 表示空格字符，整数 48～57 表示数字字符 0～9，整数 65～90 表示大写字母 A～Z，整数 97～122 表示小写字母 a～z 等等。这里需要注意的是数字字符"0"和整数 0 是不同的概念。数字字符"0"对应的整数是 48，而整数 0 也有一个对应的英文字符，它是空字符，通常用它来表示一个字符串的结束。ASCII 码中的其他的一些常用字符见表 2.4。

表 2.4　ASCII常用字符与整数对照表

整数	字符	说明	整数	字符	说明	整数	字符	说明
0	\0	空字符	7	\a	响铃警告	9	\t	水平制表符
10	\n	换行符	13	\r	回车符	32		空格字符
48	0	数字 0 字符	49	1	数字 1 字符	50	2	数字 2 字符
51	3	数字 3 字符	52	4	数字 4 字符	53	5	数字 5 字符
54	6	数字 6 字符	55	7	数字 7 字符	56	8	数字 8 字符
57	9	数字 9 字符	65	A	大写字母 A	66	B	大写字母 B

整数	字符	说明	整数	字符	说明	整数	字符	说明
67	C	大写字母 C	68	D	大写字母 D	69	E	大写字母 E
70	F	大写字母 F	71	G	大写字母 G	72	H	大写字母 H
73	I	大写字母 I	74	J	大写字母 J	75	K	大写字母 K
76	L	大写字母 L	77	M	大写字母 M	78	N	大写字母 N
79	O	大写字母 O	80	P	大写字母 P	81	Q	大写字母 Q
82	R	大写字母 R	83	S	大写字母 S	84	T	大写字母 T
85	U	大写字母 U	86	V	大写字母 V	87	W	大写字母 W
88	X	大写字母 X	89	Y	大写字母 Y	90	Z	大写字母 Z
97	a	小写字母 a	98	b	小写字母 b	99	c	小写字母 c
100	d	小写字母 d	101	e	小写字母 e	102	f	小写字母 f
103	g	小写字母 g	104	h	小写字母 h	105	i	小写字母 i
106	j	小写字母 j	107	k	小写字母 k	108	l	小写字母 l
109	m	小写字母 m	110	n	小写字母 n	111	o	小写字母 o
112	p	小写字母 p	113	q	小写字母 q	114	r	小写字母 r
115	s	小写字母 s	116	t	小写字母 t	117	u	小写字母 u
118	v	小写字母 v	119	w	小写字母 w	120	x	小写字母 x
121	y	小写字母 y	122	z	小写字母 z			

既然字符型就是 1 字节的整型，我们完全可以把字符型当成整型来使用。字符型是不是也分有符号和无符号呢？答案是肯定的。默认的字符型就是有符号的，取值范围为 –128～127。ASCII 码就采用里面的正数部分，若在字符型的前面加上"unsigned"关键字，那么就是无符号的字符类型了，其取值范围为 0～255，具体见表 2.5。

表 2.5　字符型内存大小和取值范围

类型	关键字	占用内存	取值范围
字符型	char	1 字节	–128～127
无符号字符型	unsigned char	1 字节	0～255

2.1.4　设置类型别名

在 C 语言中，允许使用"typedef"关键字来设置类型别名。所谓设置类型别名，就是给数据类型起一个新的名字。设置类型别名的格式为：

```
typedef 原类型名 新类型名;
```

设置类型别名之后，新类型名具有与原类型名相同的数据类型，用户可以随意选择使用新类型名和原类型名，效果是一样的。既然一样，那设置类型别名有什么好处呢？

1. 简化长类型名

C 语言中，有些数据类型的名字比较长，很容易造成书写错误。若给这样的数据类型设置一个简短的别名，就能减少书写上的错误。例如：

```
typedef unsigned int uint;
```

通过 typedef 给 unsigned int 类型设置一个简短的别名 uint，后面代码中需要使用 unsigned int 的地方，可以使用 uint，是不是方便多了，类型名的字符少了，书写错误自然也会减少。

2. 便于代码维护

例如我们给 short 类型设置一个别名"DATATYPE"，并在代码中都使用这个别名：

```
typedef short DATATYPE;
```

过了一段时间后，发现 short 类型太小，不够用，想换成更大的类型 int，那么只需改动设置类型别名的地方：

```
typedef int DATATYPE;
```

现在代码中所有的 DATATYPE 都表示为 int 类型了。是不是很方便？若是没有设置类型别名，就得到代码中一一查找要修改的地方，对代码量大的程序来说工作量很大。

3. 扩展类型信息

举个例子，在保存某人的基本信息的代码中，如果看到一个 int 类型的变量，怎么能知道这个变量所表示的是什么呢？是人的身高、体重还是年龄？这时可以给 int 类型设置类型别名：

```
typedef int Age;
```

在代码中，变量的类型使用 Age，这样一下就能明白这个变量保存的是一个人的年龄。

2.2　常量与变量

C 语言中的常量与变量，首先从名字上就能清楚地看出它们之间这种互斥的关系。"常"有恒久的意思，即在 C 语言中能够保持恒久不变的量就叫作常量，反之，若其值能够发生变化就称为变量。下面先来看看 C 语言中都有哪些常量吧。

2.2.1　常量

常量通常都是以值的形式出现，我们之前所学的 C 语言的基本数据类型，都有与之对应的常量。另外，我们还会认识一个特殊的字符串常量。

1. 整型常量

C 语言中，任意的整数值都是整型常量，而且整数值可以采用八进制、十进制或十六进制的格式来书写。例如有一个整数值 13，分别采用八进制、十进制和十六进制的格式来书写，如表 2.6 所示。

表 2.6　整数值 13 的各种进制书写方式

进制	书写方式	说明
八进制	015	以数字 0 作为前缀
十进制	13	不需要任何前缀
十六进制	0xD、0XD	以数字 0 与字母（x 或 X）作为前缀

还有一点需要知道，默认的整数值是 int 类型，即为标准整型常量，如果在整数的后面加上字母 L（大小写均可），如"13L"，则它就是一个长整型常量了；如果在整数的后面加上字母 U（大小写均可），如"13U"，则它就是一个无符号的标准整型常量了；甚至把这两个结合起来，如"13UL"，这就是个无符号长整型常量了。

2. 实型常量

同样的，在 C 语言中，任何带有小数点的合法数值就是实型常量，如"2.0"，还可以是"2."。哈哈，没写错！如果没有小数点，它就是整型常量，有了这个小数点，它就是个实型常量了。默认的实型常量都是 double 类型的，如果想要一个 float 类型的实型常量，在后面加上字母 F（大小写均可）就可以了，例如"2.0F"或"2.f"。

3. 字符常量

把一个字符用单引号包含起来就是字符常量，'a'、'B'、'5'、'\n'，这些都是字符常量。使用字符常量的时候有三点需要注意：①单引号不能使用中文单引号，'c'是错误的，'c'是正确的；②单引号中只能包含一个字符，'ab'是错误的。有的读者可能会说，之前看到有'\n'，它怎么可以？其实单引号中所包含的"\n"只能算是一个字符，起到换行的作用，称为转义字符。C 语言中用"\"作前缀的字符称为转义字符，也就是说紧跟在"\"之后的那个字符不再是普通字符，而是变为一个有着特殊意义的字符了，常用的一些转义字符见表 2.7；③单引号中不能为空，''是错误的，而' '是正确的。不要惊讶，再仔细看看，后面的那个在两个单引号之间有空格字符，所以正确。

表 2.7　常用的转义字符

转义字符	作用	转义字符	作用
\a	蜂鸣器警报	\n	换行
\r	回车	\t	TAB 键（水平制表）
\000	用三位八进制数来表示字符	\x00	用两位十六进制数来表示字符
\'	将单引号转义为普通字符	\"	将双引号转义为普通字符
\\	将反斜杠转义为普通字符	\0	空字符（字符串结束标记）

由于字符类型本身可以看成是 1 字节的整型，所以字符常量与整型常量有时可以互换使用，例如字符常量'a'就可以看成整数常量 97，其实就是字符所对应的 ASCII 码值。同样的，对于整数常量 48，我们也可以把它当成字符常量'0'来使用。

4. 字符串常量

在 C 语言里，是没有字符串这种数据类型的，但却有字符串常量。用英文双引号括起来的内容称为字符串常量或简称字符串，如"abc"、"123"、""。第一个是由 3 个小写字母组成的字符串；第二个是由 3 个数字字符组成的字符串；第三个比较特殊，双引号中没有任何内容，它是空字符串。回想一下，第 1 章的第一个 C 程序中，在调用 printf 函数的时候，就使用到了字符串，"printf("第一个 C 程序！\n");"，这个字符串是由一串中文字符和一个转义字符 "\n" 构成的。使用字符串的时候也需要注意两点：①双引号必须使用英文的符号，不可使用中文双引号；②字符串不可嵌套使用，即不能在一个字符串中又出现了另外一个字符串，如果想在字符串中使用双引号字符本身，需使用转义字符 "\""。字符串在程序中的使用极其广泛，在后面的学习中，我们会一直和它打交道。

2.2.2　变量

讲完了常量，现在该变量"粉墨登场"了，变量与常量除了在其值是否能发生变化上有区别之外，两者之间的形态也有所不同。常量通常都是以值的形式存在，而变量看上去却像一个"容器"。不同类型的变量就像不同大小的"容器"，里面可以放置不同类型和大小的数据。例如有一个字符型的变量，那么就可以在这个变量里面放置–128~127 的某个整数；如果是一个短整型的变量，就可以在里面放置–32768~32767 的某个整数；如果是一个无符号短整型的变量，就可以在里面放置 0~65535 的某个整数；如果是一个实型的变量，就可以在里面放置一个小数。是不是非常像一个"容器"？变量与常量还有一点不同，常量就是表示值本身，而变量通常拥有名字，我们把这个名字称为变量名。用户通过变量名可以非常方便地访问和操作变量里面所放置的数据。是不是很神奇？下面就来讲述如何定义一个变量。

1. 变量的定义

C 语言中变量的定义格式如下：

类型说明符　　变量名；

其中"类型说明符"是用于说明所定义出的变量将来可以放置什么类型的数据，可以是我们前面讲过的 C 语言的基本类型，也可以是后面才会讲到的其他类型。"变量名"就是我们给变量所起的名字，不过起名字时有三个需特别注意的地方：①不能使用 C 语言里面的关键字作为变量名，所谓关键字就是 C 语言所规定的一些具有特殊意义的标识符。表 2.8 中列出了 C 语言中最经典的 32 个关键字。②变量名必须以字母或下画线 "_" 开头，不能以数字开头。③变量名不可重复定义。

表 2.8　C 语言经典 32 个关键字

auto	break	case	char	const	continue	default	do
double	else	enum	extern	float	for	goto	if
int	long	register	return	short	signed	sizeof	static
struct	switch	typedef	union	unsigned	void	volatile	while

下面就试着定义几个变量吧。

```
char ch;          //定义了 1 个字符型变量，变量名为 ch
short s;          //定义了 1 个短整型变量，变量名为 s
```

```
unsigned int ui;          //定义了 1 个无符号整型变量，变量名为 ui
double d;                 //定义了 1 个双精度浮点数型变量，变量名为 d
```

下面再来几个有错误的。

```
long 12aa;                //变量名错误，不能以数字开头
xxxx yy;                  //类型错误，没有 xxxx 这种数据类型
float f lt;               //变量名错误，不能有空格出现
int a#b;                  //变量名错误，不能出现除字母、数字和下画线之外的其他字符
```

C 语言是区分大小写的，所以使用大小写不同的变量名是可以的，并不算重复，例如同样的三个字母可以定义出不同的变量名出来："abc""Abc""aBc""abC""ABc""aBC""AbC""ABC"，不过不建议这么用。

另外，还可以一次定义多个同类型的变量，变量名之间用逗号分隔，如：

```
int a, b, c;              //定义了 3 个整型变量，变量名分别为 a,b,c
```

2. 变量的初始化与赋值

我们学会了如何定义一个变量，但现在这个变量的值是不确定的，如果想让这个变量拥有一个确定的值，就得对这个变量进行初始化或赋值的操作。这时就需要用到一个运算符 "="，小学就认识的 "等于号"，但我们不该叫它 "等于运算符"，而应把它称为 "赋值运算符"，因为它在 C 语言中的作用不是用于判断等号两边的值是否相等，而是将右边的值赋给左边的变量。是不是非常像往容器里放置一些物品？如果把这种赋值的操作用在定义变量的同时，就称为变量的初始化：

```
int a = 100;     //定义整型变量 a 的同时将其值初始化为 100
```

反之，如果不是在定义变量的时候进行赋值操作，就不是变量的初始化了，而只是普通的赋值操作：

```
int a;           //定义一个整型变量 a，其值是未确定的
a = 100;         //将整型常量值 100 赋给变量 a
```

现在知道初始化与赋值之间的区别了吧？既然已经遇到了赋值运算符，那就接着再来看看 C 语言中还有哪些其他的运算符吧。

2.3 C 语言运算符

什么是运算符呢？当然是能进行相关运算的一些符号啦！就像小学数学里所学到的 "＋、－、×、÷" 四则运算符。刚才已经学到赋值运算符了，当然 C 语言中还有大量的运算符，这些运算符若从所需要的操作数个数上看，可分为一目、二目和三目运算符。例如赋值运算符，它需要左右两个操作数，所以它就是二目运算符；对于用作说明一个数是正数还是负数的正号运算符 "+" 和负号运算符 "-"，由于它只需要一个操作数，所以它就是一目运算符！至于三目运算符，就是同时需要三个操作数了。其实 C 语言中只有一个三目运算符，物以稀为贵，好东西我们放到后面再讲，不过先提醒一句，C 语言中的所有运算符都需要使用英文字符，千万不要使用中文的标点符号了（初学者常犯的错误）。

2.3.1　算术运算符

算术运算符应该是我们最为熟悉的运算符，加、减、乘、除，从小学就认识它，不过 C 语言里还多了个取模运算符，用于求两个整数相除后所得的余数，因此也被叫作"求余运算符"。这 5 个算术运算符都是二目运算符，使用案例见表 2.9。

表 2.9　算术运算符

运算符	作用	示例	结果
+	对左右两个操作数进行加法运算	7 + 4	11
−	对左右两个操作数进行减法运算	7 − 4	3
*	对左右两个操作数进行乘法运算	7 * 4	28
/	对左右两个操作数进行除法运算	7 / 4	1
%	对左右两个操作数进行取模运算	7 % 4	3

从表里可以看出，与我们从小所熟知的运算相比，有两点不同之处：①乘法运算符是一个星号"*"，而不是传统的"×"；除法运算符是一个斜杠"/"，而不是传统的"÷"。②"7 / 4"的结果是整数值"1"，而不是小数值"1.75"。这是因为 C 语言规定，进行算术运算时，在左右两个操作数中，将以较大的那个数据类型为标准进行运算，也就是会先把较小的那个数据类型转换成较大的数据类型，然后再进行运算。这种把小类型自动转为大类型的过程，我们把它称为"隐式类型转换"。C 语言的基本数据类型从小到大排列如下（在本书中 long 与 int 具有同等大小，所以没有列出 long）：

```
char < unsigned char < short < unsigned short < int < unsigned < float <
long long < double < long double
```

在本例中，由于两个操作数都是整型的，不需要进行隐式类型转换，所以结果仍为整型。若是把其中的一个操作数变成 double 类型的，那么就会发生隐式类型转换，先把 int 类型转换为 double 类型，然后再进行运算。假若现在的式子为"7.0 / 4"，就需要先把整型的"4"转换成 double 类型的"4.0"，然后再运算，得出一个 double 类型的结果"1.75"；同理，若式子为"7 / 4.0"，就会把整型"7"转换为 double 类型的"7.0"，再运算并得出结果"1.75"。

下面再讲一下在使用算术运算符时的一些注意点。

小学数学老师告诉过我们："先乘除、后加减"，这在 C 语言中仍然有效，也就是算术运算符中的乘法、除法以及取模运算符的优先级要比加法、减法的优先级高。

在除法运算中，除数不能为 0，否则就会得到一个错误的结果（例如得到一个表示无穷大或无穷小的值），并且容易使程序出现异常。

取模运算时两边的操作数都应是整型，并且只有左边操作数才会影响到结果的正负关系，即左操作数若为正值，则取模结果也为正值。反之，若左操作数为负值，取模结果也为负值。例如："7 % −4"的结果仍为 3，但"−7 % 4"的结果为−3。

2.3.2　关系运算符

关系运算符和算术运算符一样，也都是二目运算符，算术运算符的作用是为了求值，而关系运算符的作用是用于比较左右两个操作数的大小关系。因此，笔者更喜欢把"关系运算符"称为"比较运算符"。当然比较的结果无非就是"是"与"否"两个，但 C 语言把"是"用"真（1）"来表示，把"否"用"假（0）"来表示。也就是通过关系运算符运算的结果非"1"即"0"。C 语言中关系运算符见表 2.10。

表 2.10　关系运算符

运算符	作用	示例	结果
==	比较左右两个操作数是否相等	5 == 8	0
!=	比较左右两个操作数是否不相等	5 != 8	1
<	比较左操作数是否小于右操作数	5 < 8	1
<=	比较左操作数是否小于或等于右操作数	5 <= 8	1
>	比较左操作数是否大于右操作数	5 > 8	0
>=	比较左操作数是否大于或等于右操作数	5 >= 8	0

对于每一种关系运算，我们可以把它想象成是老师在向我们提问。例如老师问："5 和 8 是否相等？"同学们回答："否"，否的话就表示假，那么结果就是 0。反之，如果老师问："5 和 8 是否不相等？"同学们回答"是"，是的话就表示真，结果就是 1。

不过不得不提的是，能够表示真的值不仅仅只是 1，而是任何的非零值。也就是说在 C 语言中，只有值为 0 表示假，其他的都表示真，只不过通常都用 1 来表示真罢了。

最后还有一点，对于由两个字符组成的运算符，书写的时候，字符的顺序不可颠倒，除非构成运算符的两个字符是相同的。例如"!="不可写成"=!"，">="不可写成"=>"。

2.3.3　逻辑运算符

C 语言中有 3 个逻辑运算符，分别是逻辑非（!）、逻辑与（&&）、逻辑或（||），通过逻辑运算的结果和关系运算符一样，都是真（1）或假（0），所以也常把这种值称为逻辑值。逻辑运算符是把操作数当成逻辑值来看待，并进行相关运算。

具体的逻辑运算符使用方式如表 2.11 所示。

表 2.11　逻辑运算符

运算符	类型	作用	示例	结果
!	单目	得到一个反转操作数的逻辑值	! 0	1
			! 1	0
&&	双目	当左右两边的逻辑值都为真时，结果为真，其他情况结果全为假	1 && 1	1
			0 && 1、1 && 0、0 && 0	0
||	双目	当左右两边的逻辑值都为假时，结果为假，其他情况结果全为真	0 || 1、1 || 0、1 || 1	1
			0 || 0	0

逻辑非运算符的作用是得到一个反转操作数的逻辑值，即操作数若为真（非零值），则得到的结果为假，反之，若操作数为假（零值），得到的结果就为真（值为 1）。

使用逻辑与运算符和逻辑或运算符的时候也要注意，这两个运算符有"短路"效果，不过不要害怕机器会爆炸，它不是电路的短路，而是运算的短路。当使用逻辑与运算符时，若左操作数的结果为假，则直接返回结果为假，而不会去检查右操作数；同样地，使用逻辑或运算符时，若左操作数的结果为真，则直接返回结果为真，也不会再去检查右操作数了。这种只要通过左操作数就能得知结果，而不用去检查右操作数的行为就称为逻辑运算的"短路"现象。

2.3.4　位运算符

前面讲过，二进制码中最小的单位是位（bit），8 位构成 1 字节。但我们前面所讲的算术运算符、关系运算符和逻辑运算符都不能对位直接进行操作，如果想要对位进行相应的操作就需要用到位运算符，如表 2.12 所示。

表 2.12　位运算符

运算符	名称	作用	类型
<<	按位左移运算符	将所有的位向左（高位）移动，低位补 0	双目
>>	按位右移运算符	将所有的位向右（低位）移动，高位补符号	双目
~	按位取反运算符	将所有位反转（由 0 变 1，由 1 变 0）	单目
&	按位与运算符	将两操作数按位进行与操作	双目
|	按位或运算符	将两操作数按位进行或操作	双目
^	按位异或运算符	将两操作数按位进行异或的操作	双目

为了更好地理解位运算符，下面举例说明整数 23，其 8 位的二进制码为"0001 0111"。

23 << 1：进行按位左移 1 位的操作，则会把这 8 位都向左移动 1 位，原来的最高位 0 被移出抛弃，最低位补 0，最终得到"0010 1110"这样一个 8 位的二进制码，对应的整数值为 46，正好是 23 的 2 倍。

23>>1：进行按位右移 1 位的操作，则会把这 8 位都向右移动 1 位，原来的最低位 1 被移出抛弃，最高位补符号位 0，最终得到"0000 1011"这样一个 8 位的二进制码，对应的整数值为 11，正好是 23 被 2 整除的结果。

~23：对 8 位二进制码进行按位取反，得到结果"1110 1000"，最高位由 0 变成了 1，所以成了一个负数，对应的整数值为–24。

现在再来一个整数 50，其 8 位二进制码为"00110010"。

23 & 50：将两个整数的二进制码的每一位进行按位与的操作，即对应的两位都为 1 时，结果为 1，否则为 0，得到结果码为"0001 0010"，对应的整数值为 18。

23 | 50：将两个整数的二进制码的每一位进行按位或的操作，即对应的两位都为 0 时，结果为 0，否则为 1，得到结果码为"0011 0111"，对应的整数值为 55。

23 ^ 50：将两个整数的二进制码的每一位进行按位异或的操作，即对应的两位不同（一个为 1，一个为 0）时，结果为 1，两位相同（同为 1 或同为 0）时为 0，得到结果码为"0010 0101"，对应的整数值为 37。

这里的按位与运算符与逻辑与运算符、按位或运算符与逻辑或运算符、按位取反运算符与逻辑非运算符看起来是有些类似，但有着本质的不同：逻辑运算符都是对操作数进行运算的，而位运算符是对操作数的二进制位进行运算的，这一点要谨记。

2.3.5　复合赋值运算符

把前面所学的赋值运算符与算术运算符或部分位运算符结合就会构成复合赋值运算符，使用复合赋值运算符可以起到简化代码、提高编译效果的作用。不过这些运算符只能对可修改的变量使用，不可用于常量。假设有整型变量 a，可通过复合赋值运算符对它进行操作，具体如表 2.13 所示。

表 2.13　复合赋值运算符

运算符	作用	示例	相当于
+=	将左边变量值与右操作数相加后再赋值给左边变量	a += 1	a = a + 1
−=	将左边变量值与右操作数相减后再赋值给左边变量	a −= 1	a = a − 1
*=	将左边变量值与右操作数相乘后再赋值给左边变量	a *= 1	a = a * 1
/=	将左边变量值与右操作数相除后再赋值给左边变量	a /= 1	a = a / 1
%=	将左边变量值与右操作数取模后再赋值给左边变量	a %= 1	a = a % 1
<<=	将左边变量值按位左移右操作数指定位后再赋值给左边变量	a <<= 1	a = a << 1
>>=	将左边变量值按位右移右操作数指定位后再赋值给左边变量	a >>= 1	a = a >> 1
&=	将左边变量值与右操作数进行按位与后再赋值给左边变量	a &= 1	a = a & 1
|=	将左边变量值与右操作数进行按位或后再赋值给左边变量	a |= 1	a = a | 1
^=	将左边变量值与右操作数进行按位异或后再赋值给左边变量	a ^= 1	a = a ^ 1

2.3.6　带副作用的运算符

算术运算符、关系运算符、逻辑运算符和位运算符，不管是单目还是双目，都有一个共同之处：这些运算符不会修改操作数，只会通过运算产生一个新值作为结果返回。例如"!0"，表示对操作数 0（假）进行逻辑非运算，这会产生一个新的值 1（真）作为结果返回，而不是把 0（假）修改成 1（真）；再例如"23 << 1"，表示将左操作数 23 按位左移 1（右操作数）位后，产生一个新值 46 作为结果返回，它并不会修改左操作数 23 和右操作数 1 的值。

那么有没有可以修改操作数的运算符呢？答案是肯定的，例如之前学过的赋值运算符和复合赋值运算符，这些运算符都会把产生的结果赋值给左操作数，也就是它修改了左操作数的值。我们通常把这些能够改变操作数的行为称为"副作用"，把拥有这类行为的运算符称为"带副作用的运算符"。赋值运算符和复合赋值运算符就是属于这种带副作用的运算符。这时，肯定有读者会好奇，想刨根问底，C 语言中还有其他带副作用的运算符吗？哈哈，你猜！

2.3.7　自增、自减运算符

这两个运算符的名字挺有趣，不过先在这儿告诉大家，这两个运算符是最简单的，同时也是最让人头疼的两个运算符，很容易让人疑惑。

先说它简单的原因吧，它们都是一目运算符，作用就是对操作数进行加 1 或减 1 的操作，自增运算符就是让操作数加 1，自减运算符就是让操作数减 1，是不是很简单？当然看到这也该知道它们都是带副作用的运算符了吧。

那又为什么会说它们是容易让人疑惑的运算符呢？因为它们会"变身"。不可思议吧，它们"摇身一变"就会各自多出个孪生的兄弟出来，让人不小心就被迷惑，分不清谁是谁了。也就是说自增、自减运算符不是两个，而是四个运算符。为了分清它们，把它们中的一个称为"前缀的"，另一个称为"后缀的"，所以就有了两个前缀的自增、自减运算符和两个后缀的自增、自减运算符。

还是通过一个例子让它们露出"庐山真面目"吧，例如现在有一个整型变量 a，它的初始值为 1，现通过自增、自减运算符来对它进行操作，看看是何结果，具体见表 2.14。

表 2.14　自增、自减运算符

运算符	形式	作用	示例	结果
++	前缀自增	将操作数加 1 并返回操作数的新值	++a	2
	后缀自增	将操作数加 1 并返回操作数的原值	a++	1
——	前缀自减	将操作数减 1 并返回操作数的新值	——a	0
	后缀自减	将操作数减 1 并返回操作数的原值	a——	1

先来看自增运算符，所谓前缀就是运算符在操作数的前面，后缀就是运算符在操作数的后面，不管是使用前缀或是后缀，通过运算都会让操作数加 1，也就是变量 a 的值都会被修改（运算符的副作用产生的效果）为 2。也许有读者注意到表里的后缀自增所对应的"结果"栏里明显是 1！注意！"结果"栏里显示的不是变量 a 的最终值，而是通过这个自增运算符运算后产生的新值。如果使用前缀自增运算符，新值就是操作数加 1 之后的值，如果使用的是后缀自增运算符，则新值就是操作数加 1 之前的值。

重点就在这里：如果我们只是单纯地希望操作数加 1，而不会去使用这个新值，则不管使用前缀的或后缀的自增运算符都可以；反之，如果需要使用这个新值，则前缀的与后缀的就有区别了，下面再用代码片段来说明一下：

```
int a = 10, b = 10, m, n;    //定义 4 个整型变量 a、b、m、n，并将 a、b 初始为 10
m = ++a;                     //使用前缀自增运算符，将新值 11 赋给变量 m
n = b++;                     //使用后缀自增运算符，将新值 10 赋给变量 n
```

最终 4 个变量中，由于经过自增运算，变量 a 和 b 的值都被修改为 11，变量 m 得到的新值为变量 a 修改（加 1）之后的值，所以也是 11，而变量 n 得到的新值为变量 b 修改之前的值，所以是 10。

自增运算符如果搞懂了，那么自减运算符也就自然懂了，此处不再赘述。

2.3.8　其他运算符

一下学了这么多的运算符，是不是 C 语言的运算符都学完了呢？没有！不过剩下的也不太多了，而且部分运算符会留到后面的章节中再讲。下面再来讲几个比较常用的运算符。

1. 类型转换运算符"( )"

在讲算术运算符的时候说过，如果左右两个操作数类型不同，那么相对较小的数据类型会自动地转换成较大的数据类型，然后再进行运算，这种自动将小类型转换为大类型的行为就属于隐式类型转换。那么现在要讲的这个类型转换运算符就属于显式的类型转换，它不但可以像隐式类型转换一样将一个小类型转换为大类型，而且也可以将一个大类型转换为一个小类型，这是隐式类型转换做不了的，所以它的功能更强大。类型转换运算符的使用方式如下：

```
( 数据类型 ) 操作数
```

其中"()"为类型转换运算符，小括号内的数据类型表示要转换的目的数据类型，即在操作数的基础上，得到一个目的数据类型的值作为结果返回。例如：

```
double d = 3.14;    //定义一个双精度浮点数类型变量d，其初始值为3.14
int a = (int)d; //对变量d进行类型转换，得到整型值3作为整型变量a的初始值
```

这个例子中，变量 d 是 double 类型的，其值为 3.14，通过类型转换运算符将其进行转换，得到一个整型新值 3（抛弃了小数部分），并把它赋给整型变量 a。需要注意的是，类型转换运算符不是带副作用的运算符，所以它的操作数（变量 d）并不会被修改，它仍然是 double 类型的，值也依然是 3.14。

此外，在 C 语言中小括号"()"并非都是作为类型转换运算符来使用的，例如下面的逗号运算符例子中，会将小括号用于一个赋值表达式中，从而起到提升优先级的作用。

2. 逗号运算符

逗号也是个运算符？没错！但不是 C 语言中所有的逗号都是运算符，例如前面在定义变量的时候可以使用逗号：

```
int a, b, c;
```

这里定义了三个整型变量，每个变量名之间用逗号隔开。这儿的逗号就不是运算符，它只是个分隔符。其实不只是这里，在很多时候逗号也不算为运算符。例如在函数的参数列表中也会用逗号来分隔各个参数；在为数组初始化的时候，也会在初始值列表里用逗号来分隔各个值。关于函数与数组我们会在后面讲到。

那什么情况下逗号才是运算符呢？我们先来看看逗号运算符的使用方式：

```
操作数1，操作数2，操作数3，…
```

像这样位于多个操作数间的逗号，就是逗号运算符，是不是很简单？那逗号运算符有什么作用呢？其实也很简单，既然是运算符，就会有运算的结果，逗号运算符的运算结果就是最后一个操作数的值。例如：

```
int a;
a = (3, 4, 5);
```

上面的小括号内共有 3 个操作数，操作数之间的逗号就是逗号运算符。由于最后一个操作数的值是 5，所以逗号运算符的运算结果就是 5，也就是最终会把 5 赋值给整型变量 a。需要注意的是，这儿的小括号不是类型转换的意思，而是为了提升小括号内逗号表达式的优先级，因为逗号运算符的优先级比赋值运算符的优先级低（逗号运算符是 C 语言所有运算符中优先级最低的），所以若没有小括号，就会把"a = 3"作为第一个操作数来使用了，而逗号运算符的运算结果 5 被抛弃，最终变量 a 的值为 3。

3. 条件运算符

C 语言中唯一的三目运算符出场啦！它就是条件运算符，符号为"?:"，一个英文的问号和一个英文的冒号。它的使用方式如下：

```
操作数1 ? 操作数2 : 操作数3
```

三个操作数被问号和冒号所分隔，那这个条件运算符的运算结果是什么呢？有两种情

况：①若操作数 1 为真（非零值），则将操作数 2 的值作为运算结果；②若操作数 1 为假（零值），则将操作数 3 的值作为运算结果。也就是根据操作数 1 是真是假这个条件，来决定结果是操作数 2 还是操作数 3，二者中必选其一。例如：

```
int a, b;
a = 1 ? 10 : 100;          //条件运算符的结果为操作数 2 的值
b = 0 ? 10 : 100;          //条件运算符的结果为操作数 3 的值
```

由于 1 为真，所以变量 a 的值被赋为操作数 2 的值 10；而 0 表示假，所以变量 b 的值为操作数 3 的值 100。

4. sizeof运算符

前面所学的运算符都是由符号构成的，而 sizeof 运算符是 C 语言中唯一一个由字母构成的运算符。它的作用是获取操作数的大小。这个操作数可以是一种数据类型，也可以是某种数据类型的常量或变量。它的使用方式是：

```
sizeof (操作数);
```

在小括号中放入一个操作数，sizeof 运算符就可以返回它的大小，以字节为单位。通过 sizeof 运算符就可以很方便地获知某种数据类型在内存中所占用的空间大小。例如：

```
sizeof(char);          //获取字符类型的大小，结果为 1
sizeof(int);           //获取整型的大小，结果为 4
sizeof(double);        //获取双精度浮点数类型大小，结果为 8
sizeof(30);            //获取整型常量大小，结果为 4
float f;               //定义单精度浮点数类型变量 f
sizeof(f);             //获取单精度浮点数类型变量 f 的大小，结果为 4
```

sizeof 运算符是不是很厉害啊？另外，还有一个小窍门：若操作数是一种数据类型，那么必须使用小括号，如果操作数并非是数据类型的话，就可以省略小括号，像下面这样来使用：

```
sizeof 30;             //获取整型常量大小，结果为 4
float f;               //定义单精度浮点数类型变量 f
sizeof f;              //获取单精度浮点数类型变量 f 的大小，结果为 4
```

2.4　表达式与语句

2.4.1　表达式

前面讲述了很多的 C 语言运算符，其中每一个运算符的使用会构成一个表达式，即有赋值表达式、算术表达式、关系表达式、逻辑表达式、位运算表达式、条件表达式、逗号表达式等。不光这些运算符能构成表达式，函数调用也可以称为 C 语言的表达式，而 C 语言中最简单的表达式莫过于单个的常量值，如整型常量"10"、字符常量'A'等。

C 语言中每个表达式都会产生一个值，例如最简单的表达式的值是常量值，赋值表达式的值是最终左操作数的值，而关系表达式和逻辑表达式的值非 0（假）即 1（真）。

表达式中若含有运算符，那么根据运算符优先级的不同，表达式的求值顺序也会发生变化，不过我们可以通过"( )"来改变优先级。例如一个算术表达式：2 + 3 * 5，由于乘法的优先级比加法高，所以会先计算 3 * 5，然后再将结果 15 与 2 相加，得到整个表达式的值 17。在一个表达式中的各运算符的优先级情况如表 2.15 所示。

表 2.15 运算符优先级

优先级	运算符	名称	使用方式	结合性
1	( )	优先级提升运算符	(表达式)	从左至右
2	+	正号运算符	+表达式	从右至左
	–	负号运算符	–表达式	从右至左
	~	按位取反运算符	~表达式	从右至左
	!	逻辑非运算符	!表达式	从右至左
	++	自增运算符	++变量名或变量名++	从右至左
	––	自减运算符	––变量名或变量名––	从右至左
	( )	类型转换运算符	(数据类型)表达式	从右至左
	sizeof	数据大小运算符	sizeof(表达式)	从右至左
3	*	乘法运算符	表达式*表达式	从左至右
	/	除法运算符	表达式/表达式	从左至右
	%	取模运算符	整型表达式%整型表达式	从左至右
4	+	加法运算符	表达式+表达式	从左至右
	–	减法运算符	表达式–表达式	从左至右
5	<<	按位左移运算符	表达式<<整型表达式	从左至右
	>>	按位右移运算符	表达式>>整型表达式	从左至右
6	>	大于运算符	表达式>表达式	从左至右
	>=	大于等于运算符	表达式>=表达式	从左至右
	<	小于运算符	表达式<表达式	从左至右
	<=	小于等于运算符	表达式<=表达式	从左至右
7	==	等于运算符	表达式==表达式	从左至右
	!=	不等于运算符	表达式!=表达式	从左至右
8	&	按位与运算符	表达式&表达式	从左至右
9	^	按位异或运算符	表达式^表达式	从左至右
10	|	按位或运算符	表达式|表达式	从左至右
11	&&	逻辑与运算符	表达式&&表达式	从左至右
12	||	逻辑或运算符	表达式||表达式	从左至右
13	?:	条件运算符	表达式?表达式: 表达式	从右至左
14	=、+=、–=、*=、/=、%=、<<=、>>=、&=、^=、|=	赋值运算符 复合赋值运算符	变量名=表达式 变量名+=表达式 变量名–=表达式 …	从右至左
15	,	逗号运算符	表达式,表达式,…	从左至右

我们把这些运算符按照优先级的不同划分为 15 个等级，1 级为最高优先级，15 为最低优先级。另外，需要注意的是表中的最后一项"结合性"，所谓结合性就是当一个表达式中出现了多个同一优先级的运算符时的求值顺序，例如"3+4–5"，这个表达式中的两个运算符"+"和"–"具有相同的优先级，那么就按照从左至右的顺序进行运算，即先求"3+4"，得出结果 7，然后再求"7–5"，最终表达式的值为 2。而对于"a=b=10"这样的

表达式也是合法的，因为赋值运算符的结合性是从右至左，所以首先会把 10 赋给变量 b，然后再把变量 b 的值赋给变量 a，而整个表达式的值就是变量 a 的值。

2.4.2　语句

当我们去欣赏一篇文章时，总是从头一句一句细细地阅读，从中品味作者的思想和意境。C 程序也是如此，程序启动后通过不断地执行语句来实现所要达到的功能。对于文章，通常都是以一个句号"。"来表示一句话的结束，而 C 程序代码则是以一个分号";"来表示一个语句的结束。假如我们在一个表达式后面加上了分号，就构成了一条 C 语言的表达式语句，例如：

```
int a=10;
3+4+5;
```

第一条语句的作用是定义了一个整型变量 a，并把常量值 10 初始化给了它；第二条语句的功能是计算三个数相加的和，但这个结果没有被使用，所以这样的语句对于程序而言没什么实质性的作用，仅仅说明了它是一条语句，徒增代码量而已。我们可以称之为"垃圾语句"，大家在以后所写的代码中不要出现这样的"垃圾语句"。

不过，在 C 语言中可以有只包含一个分号的语句，我们称为"空语句"，通常会出现在一个循环中。关于循环我们后面会讲到，现在只研究这个空语句，它和前面所讲的垃圾语句有所不同。在程序中若出现垃圾语句会让代码的阅读者一头雾水，产生疑问。是不是代码写错了？它的作用和意义是什么？虽然空语句和垃圾语句一样也没什么实际功能，但代码阅读者看到空语句就会明确地知道编写者的意图：哦！原来这儿什么事情都不用做。

在第一个 C 程序中，我们在主函数里有这样一条语句：

```
printf("第一个 C 程序! \n");
```

我们在主函数中调用了标准库里的 printf 函数，这样的语句就称为函数调用语句。这种语句的作用是让程序通过函数的调用来实现某些特殊的功能，例如这里使用 printf 函数在控制台窗口上打印输出一条信息。关于这个 printf 函数的强大功能，我们在下一小节会详细讨论。

除了表达式语句、空语句和函数调用语句之外，C 语言中还有标签语句、流程控制语句等等，这些语句将在后面的章节中进行学习。最后，讲一下 C 语言中比较特殊的一种语句：复合语句。

在 C 语言中，把一条或多条语句用大括号"{}"括起来就构成了复合语句。我们甚至可以把一个复合语句看成是单条语句，也就是把复合语句中的所有语句看成是一个整体，程序执行的时候，复合语句中的所有语句要么都被执行，要么都不被执行。在第 3 章的分支和循环里会经常用到这种复合语句。

2.5　标准 I/O 函数

一个好的程序应该会将运行的状态和执行的结果以信息的形式告知用户，甚至在某些情况下会要求得到用户的特定信息，这种与程序进行交流的行为就称为交互。我们把一个程序获取用户的信息称为程序的输入，将信息告知用户称为程序的输出，拥有这种功能的函数就称为 I/O 函数(Input/Output)，即输入/输出函数。如果是通过控制台窗口来完成这些 I/O 操作的，即为标准 I/O 函数，C 语言中有许多标准 I/O 函数，其中使用最广泛、功能最强大的是 printf 函数和 scanf 函数了。

2.5.1 再谈 printf 函数

在第 1 章的第一个 C 语言程序中使用了 printf 函数，程序通过这个函数在控制台的窗口上输出一行文本字符串。其实这只是 printf 函数最基本的用法，它还拥有更多强大的功能，值得我们进一步了解。

printf 函数通常被称为"格式化打印函数"，它的第一个参数称为"格式化字符串"，在"格式化字符串"中可以使用"占位符"（或称转换说明符）把一些其他类型的数据镶嵌到文本字符串中进行打印输出。

不知大家在上学时有没有去图书馆抢座位的经历呢？先让某个腿快的同学跑去图书馆，找到空的座位，就在上面放一本书或一个文具盒，表示这个座位已经有主人了，直到同学来了，再把东西收起来，然后坐到座位上。"占位符"与占座非常类似，我们可以在"格式化字符串"的某个位置放一个"占位符"，表示这儿会有数据出现。一个"格式化字符串"中可以放置多个"占位符"，当程序进行打印输出时，这些"占位符"就会被真正的数据所替代。这些"占位符"都是以百分号"%"开头的，常用的占位符见表 2.16。

表 2.16 printf函数的占位符

占位符	表示内容	占位符	表示内容
%c	字符	%d	整数
%f	浮点数	%o	八进制数
%s	字符串	%u	无符号整数
%x	十六进制数	%%	%字符

通过在格式化字符串中使用占位符，可以很灵活地将一些实时的数据嵌入到输出字符串中进行打印，每一个占位符对应一种类型的数据。例如我们要使用 printf 函数来格式化打印一个学生的姓名、身高和体重，可以这样写：

```
int iHeight = 180;
float fWeight = 76.5F;
printf("Name:%s, Height:%dcm, Weight:%fkg\n", "XiaoMing", iHeight, fWeight);
```

在 printf 函数的格式化字符串中，出现了 3 个占位符：第一个占位符是"%s"，表示这儿会有一个字符串出现，在程序执行时，它会被后面的字符串常量"XiaoMing"所替代；第二个占位符是"%d"，表示这儿会有一个整数出现，在程序执行时，它会被后面的整型变量 iHeight 的值所替代；第三个占位符是"%f"，表示这儿会有一个浮点数出现，在程序执行时，它会被后面的浮点型变量 fWeight 的值所代替。所以在使用 printf 函数时，在格式化字符串中出现了多少个占位符，在后面就要跟上相应数量的参数。一个萝卜一个坑。

当所有的占位符都被后面的数据替代后，最终输出在控制台窗口上的文本字符串为："Name:XiaoMing, Height:180cm, Weight:76.500000kg"。

细心的读者可能会发现，表示体重的浮点数的最后多出了 5 个 0。这是正常的，因为默认对浮点数的输出格式就是要求保留 6 位有效小数。这么多的 0 跟在后面，是不是感觉不太美观？能不能改变一下，让它不出现 0，或者少出现几个 0 呢？可以的，所以说 printf 函数功能强大，它除了可以使用占位符来给数据预留位置，还可以通过搭配"修饰符"来对这些数据进行输出格式上的精细控制，例如利用"控制符"来设置数据的输出宽度、对齐方式、数据精度等等。一些常用的"修饰符"见表 2.17。

表 2.17　printf 函数的修饰符

修饰符	意义
digit(数字)	指定数据的输出宽度，以字符为单位。如果指定的宽度不够，以实际宽度为准
.digit(数字)	指定数据的输出精度，对于浮点数是指有效小数位数，对于字符串是指输出的字符个数，对于整数是指输出的最小位数（位数不够，高位补 0）
−	指定数据对齐方式为左对齐。默认数据输出是右对齐的方式
+	对于有符号的数据，则显示出正、负号
#	显示数据的前缀，对于八进制数显示前缀 0，对于十六进制数显示前缀 0x 或 0X
hh	和整型数据搭配使用，表示输出数据为 char 类型
h	和整型数据搭配使用，表示输出数据为 short 类型
l	对于整型，表示输出数据为 long 类型，对于实型，表示输出数据为 double 类型
ll	和整型数据搭配使用，表示输出数据为 long long 类型
L	和实型数据搭配使用，表示输出数据为 long double 类型
0	对于整型，当输出数据的位数少于指定的输出宽度时，用前导 0 来填充

这些修饰符是搭配占位符来使用的，不能单独使用。假如想让学生体重在输出的时候只保留两位有效小数，需要这样修改：

```
printf("Name:%s, Height:%dcm, Weight:%.2fkg\n", "XiaoMing", iHeight,
fWeight);
```

由原来的"%f"改为"%.2f"，这样就会让体重的输出结果只有两位小数，最终输出在控制台窗口上的文本字符串变为："Name:XiaoMing, Height:180cm, Weight:76.50kg"。少了一大堆 0，是不是感觉美观多了？

2.5.2　scanf 函数

既然 printf 函数是用于打印输出的，那么有没有进行数据输入的函数呢？当然有，就是 scanf 函数。scanf 函数与 printf 函数类似，第一个参数是一个"格式化字符串"，并且也可以根据需要来使用"占位符"和"修饰符"。scanf 函数的功能是将用户在控制台窗口中的输入依据"占位符"的指示转换成相应类型的数据保存到变量中。再形象一些，用户使用键盘在控制台窗口里的输入虽然都是些字符，但通过"占位符"可以把这些字符理解为整型、实型、字符型或字符串等数据类型，把它们收集起来并存储在相应的变量中。

因为要将数据保存到变量中，所以在使用 scanf 函数时要注意，需要在后面的参数变量名前加上一个"&"符号，表示取变量的内存地址。至于为什么要加取地址符，现在不必纠结，等到后面学习使用指针的时候就明白了。

下面用例子展示一下 scanf 函数的使用方式。

```
int n;                        //整型变量 n
```

```
scanf("%d", &n);            //获取用户输入，按照整数形式保存到变量 n 中
printf("you input integer is : %d\n", n);  //打印变量 n
```

在这个 scanf 函数中，格式化字符串里只有一个占位符 "%d"，它表示将用户的输入按照整数的形式读取并保存到变量 n 中。变量 n 前面的 "&" 符号是必需的。

把这三行代码放在 main 函数中，编译生成可执行文件。然后执行程序时，会看到窗口中的光标不停地闪烁，它表示程序正在等待用户的输入。我们通过键盘在窗口输入一串数字字符 "1234"，然后按下回车键，这时 scanf 函数就会把 "1234" 作为一个整数 1234 读取并保存到变量 n 中，最后会通过 printf 函数在窗口打印输出 "you input integer is : 1234"。

如果我们把代码修改一下：

```
float flt;                  //单精度浮点数型变量 flt
scanf("%f", &flt);          //获取用户输入，按照单精度浮点数形式保存到变量 flt 中
printf("you input float is : %f\n", flt);  //打印变量 flt
```

变量类型从 int 改为 float，scanf 函数中的占位符也就相应从 "%d" 改为 "%f"。程序运行后，同样地，我们还是在窗口中输入一串数字字符 "1234"，然后按下回车键。这次 scanf 函数就会把 "1234" 作为一个单精度浮点数读取并保存到变量 flt 中，最后通过 printf 函数在窗口打印输出 "you input float is : 1234.000000"。

我们还可以使用 scanf 函数一次性读取多个不同数据类型的数据，例如：

```
char ch;
int n;
float flt;
scanf("%c%d%f", &ch, &n, &flt);
```

在 scanf 函数的格式化字符串中连续有 3 个占位符，表示会分别把用户的输入按字符、整型和单精度浮点数的形式进行读取，并保存到相应的变量中。用户在输入时要注意，每个数据之间要留有空白字符（例如空格字符），不要连在一起，如："A 100 3.14"，这样通过 scanf 函数最终会让变量 ch 的值为'A'，变量 n 的值为 100，变量 flt 的值为 3.14。如果把所有输入字符都连在一起，如 "A1003.14"，那么最终结果就会有所不同，变量 ch 的值依然为'A'，但变量 n 的值变为 1003，变量 flt 的值变为 0.14。

下面再讲一下使用 scanf 函数时的一些注意点。

scanf 函数在读取字符型数据时，会将用户输入的第一个字符（包含空白字符）读取进来，并保存到字符变量中。所谓空白字符包括空格、水平制表符以及换行符等这些不可见的字符。

scanf 函数在读取非字符型数据时，会自动跳过用户输入中的前导空白字符，从第一个合法字符开始读取，直到遇到空白字符或非法字符时才停止读取，然后把这些字符转换成对应的数据保存到变量中。什么是合法字符呢？例如，如果读取的是一个十进制整数，合法字符就是指 0～9 这些数字字符；如果读取的是一个八进制数，合法字符就是指 0～7 这些数字字符；如果读取的是一个十六进制数，合法字符就是指 0～9 这些数字字符以及 A～F、a～f 这些字符；如果读取的是一个浮点数，那么合法字符除了包括 0～9 这些数字字符外，还包括一个表示小数点 "." 的字符。

scanf 函数的格式化字符串中尽量不要包含占位符之外的其他字符，因为用户必须严格按照格式化字符串的格式进行输入，否则很容易导致错误。

```
int n;
scanf("Num:%d", &n);          //格式化字符串中使用了占位符之外的字符
```

在此例中，格式化字符串内容为"Num:%d"，那么在程序执行后，如果想让变量 n 的值为 1234，则用户在控制台窗口进行输入时，不可直接输入"1234"，必须严格按照格式进行输入，如"Num:1234"，否则就会造成读取错误，导致变量 n 得不到期望的数值。

2.6　本章小结

C 语言基本数据类型有整型、实型和字符型。

整型按字节大小可分为短整型（short）、标准整型（int）、长整型（long）和长长整型（long long），平常我们所说的整型即为标准整型 int。按有无符号又可将整型分为有符号整型和无符号整型，整型类型前加上"signed"关键字，即为有符号整型；整型类型前加上"unsigned"关键字，即为无符号整型。默认整型为有符号的，可省略"signed"关键字。

实型按字节大小可分为单精度浮点数型（float）、双精度浮点数型（double）和长双精度浮点数型（long double）。

字符型可看作 1 字节大小的整型。按有无符号可分为有符号字符型（signed char）和无符号字符型（unsigned char）。默认情况下为有符号字符型，可省略"signed"关键字。字符按用途可分为普通字符、控制字符和转义字符等，每个字符都有对应的 ASCII 码值。

常量就是在程序运行期间保持不变的量，变量则是可以发生改变的。通常常量是以值的形式存在，而变量则像一个"容器"，里面可以盛放特定类型的值，我们可以通过变量名来访问和修改"容器"中的值。

变量的定义方式：数据类型　变量名[, 变量名…];

变量的赋值方式：变量名 = 值;

在变量定义的同时进行赋值的操作称为变量的初始化。

C 语言的运算符丰富，按不同功能可分为赋值运算符、算术运算符、关系运算符、逻辑运算符、位运算符、复合赋值运算符、自增自减运算符和其他运算符。

本章所学的运算符如下。

赋值运算符：=

算术运算符：+、−、*、/、%

关系运算符：==、!=、>、>=、<、<=

逻辑运算符：!、&&、||

位运算符：~、<<、>>、&、|、^

复合赋值运算符：+=、−=、*=、/=、%=、<<=、>>=、&=、|=、^=

自增自减运算符：++、−−

其他运算符：( )、,、?:、sizeof

表达式的求值顺序与运算符的优先级和结合性有关，但可以通过小括号来改变和提升表达式的优先级。C 语言运算符的优先级从高到低共有 15 级，大多数单目运算符的结合性都是从右至左，双目运算符的结合性都是从左至右，但赋值运算符和复合赋值运算符虽然

是双目的，但结合性却是从右至左，C 语言唯一的三目运算符也是从右至左的结合性。

C 语言中的语句以分号作为结束标记。按语句的功能不同，可分为表达式语句、函数调用语句、流程控制语句、标签语句、空语句和复合语句等。

printf 函数和 scanf 函数可以通过占位符和修饰符的配合使用，来进行强大的数据信息输出和输入功能，让用户非常方便地和程序进行交互。

第 3 章 C 语言流程控制

本章学习目标

- 熟悉 C 语言的 3 种流程结构
- 掌握分支结构的使用
- 掌握循环结构的使用
- 熟练使用流程控制语句

本章先介绍什么是程序的流程结构，然后分别运用实例讲解 C 语言中的 3 种流程控制结构的使用方式，最后介绍流程控制语句与跳转语句。

3.1 程序流程结构

大家是否还记得曾经春晚上赵本山和宋丹丹演出的一个经典的小品，是有关考脑筋急转弯的，其中有宋丹丹问赵本山："把大象装冰箱需要几步？"。赵本山顿时一懵，答不出来，宋丹丹笑着说："只需 3 步：第一步把冰箱门打开，第二步把大象装进去，第三步把冰箱门关上。"惹得观众哄堂大笑。

为什么观众会笑？相信大家都明白，真正想把一头大象装进冰箱可不是件容易的事。首先是到哪儿找一个能放下大象的冰箱呢？好吧,即使有个厂家愿意生产出这么大的冰箱，现在冰箱门打开了，大象死活不愿意进去怎么办？再者，就算大象被引诱进冰箱，门还没关，它又突然跑出来了怎么办？一大堆令人挠头的问题和不确定的因素存在，所以想把大象装冰箱并非一件轻而易举的事。

编程与其有相似之处，在某些时候，可能会认为程序所要求的功能比较简单，觉得通过几条语句的依次（顺序）执行就可以轻松完成，以这种方式编写的程序就是具有顺序执行流程的结构。也许大部分情况下，程序都能正常地运行，也能得到正确的结果。但是，万一，不小心，会不会……由于用户不小心输错数据而导致程序的错误或者异常，甚至造成系统的崩溃？这些问题在代码编写的时候就应该充分地考虑，我们需要未雨绸缪，让编写出的程序代码能够更加健壮。例如在用户输错数据的情况下，程序能够及时发现并作出反应，例如有针对性地给出信息提示，并让程序能够重新获取用户的输入，直至输入正确。即在依次（顺序）执行的流程结构中加入检查、判断和重新获取用户输入等这些非顺序执行的流程结构，让程序能够自己发现错误、纠正错误。

C 语言中按照程序的执行流程的不同，分为顺序结构、分支结构和循环结构。下面就用一个简单的案例来展示 C 语言的 3 种流程结构。

3.2　顺序结构

顺序结构是最简单的一种流程结构，它采用自上而下的方式逐条执行各语句。例如下面这个程序就是一个简单的顺序结构。

【例 3-1】编写一个求两个整数相除（要求结果保留两位有效小数）的程序。

代码如下：

```c
#include <stdio.h>
int main()
{
    int a, b;                        //定义两个整型变量，用于存储用户输入的整数
    float res;                       //定义单精度浮点数型变量，用来保存结果
    printf("Please input two integer:\n"); //提示用户输入
    scanf("%d%d", &a, &b);           //获取用户输入
    res = (float)a / b;              //计算结果
    printf("a / b = %.2f\n", res);   //输出结果
    return 0;
}
```

程序在计算结果的时候，用到了类型转换运算符，它把 int 类型变量 a 的类型转换为 float 类型，这么做的目的是为了运算结果能够得到一个拥有小数点的小数值。由于变量 a 被转换为 float 类型，所以变量 b 也会自动地转换为 float 类型，自然就会得到一个 float 类型的运算结果。并把这个结果赋值给了变量 res。最后通过 printf 函数以保留两位有效小数的方式将信息打印在控制窗口上。程序运行及结果显示如下：

```
Please input two integer:
35 10
a / b = 3.50
```

这个程序的执行流程为：①将标准库头文件"stdio.h"包含进来；②执行主函数；③定义两个 int 类型变量 a 和 b；④定义 float 类型变量 res；⑤使用 printf 函数打印一条提示信息；⑥使用 scanf 函数获取用户的输入，并保存到变量 a 和 b 中；⑦对 a 和 b 使用除法运算符进行运算，并将结果赋值给 res；⑧使用 printf 函数打印最终结果；⑨退出主函数，程序执行完毕。可以看出，整个程序是严格按照自上而下逐句执行的。

虽然我们通过简单的顺序结构就实现出了程序的功能，但这个程序的健壮性如何？它能称为一个好的程序吗？

3.3　分支结构

大家还记得在第 2 章所学习的 C 语言的运算符吧？其中对于除法运算符来讲，它有一个要求：除数不能为 0。而我们的例 3-1 竟然没有考虑这一情况，假如用户不小心（或者是故意）把 10 输入成了 0，程序会怎样呢？

```
Please input two integer:
35 0
a / b = 1.#J
```

程序得到一个令人费解的结果"1.#J"（表示无穷大的意思）。为了让程序更健壮一些，我们是不是应该在程序中对用户所输入的除数进行检查呢？一旦发现除数为 0，就不应该让它再进行除法的运算，从而避免出现这样一个令人费解的结果。这就需要用到 C 语言中的分支结构了。C 语言的分支结构可以控制程序的部分流程是否被执行，或是从多条执行路径中选择一条来执行。

3.3.1　if 语句

if 语句可以通过对特定条件的判断，来决定某条语句是否被执行。它的使用格式为：

```
if(表达式)
    语句
```

小括号内的表达式即为判断的条件，当表达式的值为真时，执行语句；当表达式的值为假时，不执行语句。其中的语句可以是单条语句，也可以是复合语句，其执行流程如图 3.1 所示。

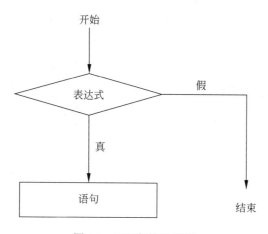

图 3.1　if 语句执行流程

现在就可以通过 if 语句来对除数为 0 的情况进行检查，只有除数不为 0 时，才会进行除法运算。修改部分的代码如下：

```
scanf("%d%d", &a, &b);
if(b)
{
    res = (float)a / b;
    printf("a / b = %.2f\n", res);
}
```

在得到用户输入的两个整数后，我们对变量 b 的值进行检查。将变量 b 放入 if 语句的小括号内，若变量 b 的值为 0，则为假，就不会执行后面的语句；若变量 b 的值不为 0，则为真，就会执行后面的语句。这样的话，当用户输入整数后，程序若发现除数为 0 时，就不会进行除法运算，也不会通过 printf 函数打印输出最终结果了。

这里需要注意的一点是：我们把原先的两条语句通过大括号组成了一条复合语句，也就是这条复合语句中的语句要么都执行，要么都不执行。如果没有这个大括号，意思就完全不同了。如：

```
if(b)
    res = (float)a / b;
printf("a / b = %.2f\n", res); //不属于 if 语句部分
```

由于没有大括号，if 语句只会包含 "res = (float)a / b;" 这一条语句，下面的 printf 函数调用语句就不再属于 if 语句了。这会导致不管变量 b 的值是真是假，printf 函数调用语句都会被执行。

最后再说明一下，我们也可以在 if 语句的条件表达式里写成 "b != 0"，即使用 "if(b != 0)" 的方式，它同样是判断变量 b 的值是否不等于 0。而使用 "if(b)" 的方式会让代码显得更加简练，它们的作用实质是一样的。

3.3.2　if…else 语句

现在这个程序能对除数为 0 的情况进行检查了，但是还不够好，因为当除数为 0 时，没有任何的结果输出，对于程序不太了解的人会产生疑问。更好的设计应该是当除数不为 0 时，程序打印输出正常的结果，除数为 0 时，打印一条信息明确告之用户。

if…else 语句和 if 语句相比，多了 else 部分，其实就是多了一条执行路径，形成了二选一的流程执行情形。就好像我们走到了一个分岔口，是该往左走还是往右走呢？

if…else 语句的使用格式如下：

```
if(表达式)
    语句1
else
    语句2
```

当表达式的值为真时，执行 if 后面的语句 1；当表达式的值为假时，执行 else 后面的语句 2。对于语句 1 和语句 2 来说，无论何种情况，其中之一肯定会被执行，但它们两个永远不会同时被执行。其执行流程如图 3.2 所示。

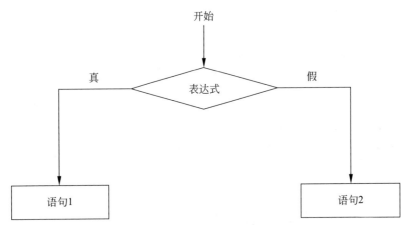

图 3.2　if…else 语句执行流程

利用 if…else 语句可以很好地解决我们前面提到的问题，关键部分代码如下：

```
scanf("%d%d", &a, &b);
if(b)
{
```

```
    res = (float)a / b;
    printf("a / b = %.2f\n", res);
}
else
    printf("Sorry! The divisor cannot be 0.\n");
```

我们将原先代码中的 if 语句部分改用 if…else 语句，其中 if 部分的代码和之前没有变化，而在 else 部分使用了 printf 函数调用语句来打印除数不能为 0 的提示信息。下面显示了当除数为 0 时，程序的运行结果：

```
Please input two integer:
35 0
Sorry! The divisor cannot be 0.
```

这里需要再强调一下，由于 else 部分只有一条语句，所以这里没有使用复合语句。不过并非不可以使用复合语句，像下面这样也是可以的：

```
if(b)
{
    res = (float)a / b;
    printf("a / b = %.2f\n", res);
}
else
{
    printf("Sorry! The divisor cannot be 0.\n");
}
```

即用一对大括号把 printf 函数调用语句括起来，这样就构成了复合语句，虽然这个复合语句中只有一条语句。也就是说，对于只有一条语句的情况，既可以采用单条语句的形式（不使用大括号），也可以采用复合语句的形式（使用大括号），推荐使用大括号，这样对代码的后续增加和维护都更方便。

3.3.3　if…else 语句嵌套

通过 if…else 语句可以实现二选一的流程执行情况，那么通过对 if…else 语句的嵌套使用，就可以让程序实现出多选一的流程执行情形。下面就用一个经典的"评分案例"来演示。

【例 3-2】要求由用户输入一个 0～100 的整数，以表示学生的考试分数，程序能够根据这个分数评定出相应的等级，共有 A、B、C、D 四个等级，其中 90 分及以上为优秀（用大写字母 A 表示），80～89 分为良好（用大写字母 B 表示），60～79 分为及格（用大写字母 C 表示），60 分以下为不及格（用大写字母 D 表示）。

代码如下：

```
#include <stdio.h>
int main()
{
    int score;                       //用于保存分数
    printf("Please enter a score between 0 and 100:\n");
    scanf("%d", &score);             //获取用户输入的分数
    if(score >= 90)
        printf("A\n");               //大于等于 90 分，输出 A
    else
```

```
    {
        if(score >= 80)
            printf("B\n");              //大于等于 80 分，输出 B
        else
        {
            if(score >= 60)
                printf("C\n");          //大于等于 60 分，输出 C
            else
                printf("D\n");          //小于 60 分，输出 D
        }
    }
    return 0;
}
```

在这个代码里，出现了 3 层的 if…else 语句嵌套，即在第一层 if…else 语句的 else 部分嵌套了第二层的 if…else 语句，在第二层的 else 部分又嵌套了第三层的 if…else 语句，如图 3.3 所示。

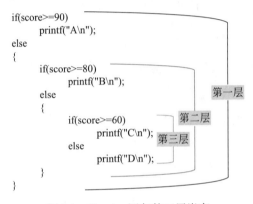

图 3.3   if…else 语句的三层嵌套

当程序运行时，首先会执行第一层 if…else 语句，判断其表达式的值，若为真则执行 if 部分的语句（打印输出 A），若为假则执行 else 部分，即执行第二层的 if…else 语句；接着判断第二层表达式的值，若为真则执行 if 部分（打印输出 B），若为假则执行 else 部分，即第三层的 if…else 语句；最后判断第三层表达式的值，若为真则执行 if 部分（打印输出 C），若为假则执行 else 部分（打印输出 D）。

例如我们在程序运行时，输入整数 70（即整型变量 score 的值为 70）。则程序的执行流程为：

① 判断出第一层表达式 "score >= 90" 的值为假，执行其 else 部分；
② 判断出第二层表达式 "score >= 80" 的值为假，执行其 else 部分；
③ 判断出第三层表达式 "score >= 60" 的值为真，执行其 if 部分；
④ 打印输出结果 C，程序执行完毕。

实际执行的情况如下：

```
Please enter a score between 0 and 100:
70
C
```

3.3.4   if…else if…else 语句

在 C 语言中允许将 if 语句或 if…else 语句看成是一个整体，把它们当作一条语句来处理。也就是说，我们可以把第一层 if…else 语句中的 else 部分（即第二层 if…else 语句）看成是一条语句；同理，把第二层 if…else 语句中的 else 部分（即第三层 if…else 语句）也看成是一条语句。那么现在就可以省去代码里的大括号，并把 else 关键字往上提一行，紧跟在上一层 else 的后面，这样就形成了 if…else if…else 语句。修改之后的相关代码如下：

```
if(score >= 90)
    printf("A\n");
else if(score >= 80)
    printf("B\n");
else if(score >= 60)
    printf("C\n");
else
    printf("D\n");
```

使用 if…else if…else 语句，是不是让程序的逻辑结构变得更加清晰啦？它的执行流程和使用 if…else 语句嵌套的执行流程一样，完全可以认为 if…else if…else 语句就是对 if…else 语句嵌套的一种变形写法。

这里需要注意的一点是 "else if" 中的两个关键字之间，有一个空格字符。即这两个关键字不能连在一起，要用空白字符进行分隔，若写成 "elseif"，就会产生编译时期的语法错误了。

3.3.5　switch…case 语句

C 语言的分支结构中还有一个 switch…case 语句，通过它同样能实现多选一的效果，而且使代码的逻辑更加清晰。switch…case 语句的使用格式如下：

```
switch(整型表达式)
{
    case 整型常量表达式 1：
        [语句 1; break;]
    case 整型常量表达式 2：
        [语句 2; break;]
    case 整型常量表达式 3：
        [语句 3; break;]
    ...
    [default:
        语句 n; break;]
}
```

switch 关键字后面的小括号内是一个整型表达式，下面的大括号内有着一系列的 case 标签和一个可选的 default 标签。每个 case 标签由 "case" 关键字打头，后面跟着一个整型常量表达式（不可使用变量或实型常量），并以冒号 "："结束。其中每个 case 标签中的整型常量表达式的值必须唯一，不可重复。default 标签不需要表达式，直接用 "default" 关键字加上一个冒号 "："即可。在每个 case 标签和 default 标签之后，可以有相应的语句，以及一个 break。switch…case 语句的执行流程如图 3.4 所示。

程序运行时，首先会计算整型表达式的值，然后用该值与后面的所有 case 标签进行一一匹配（即查看该值与 case 标签的表达式的值是否相等）。如果有匹配的 case 标签，则从该 case 标签起，执行后续的语句，直至遇到 break 语句或右大括号时为止；若没有匹配的

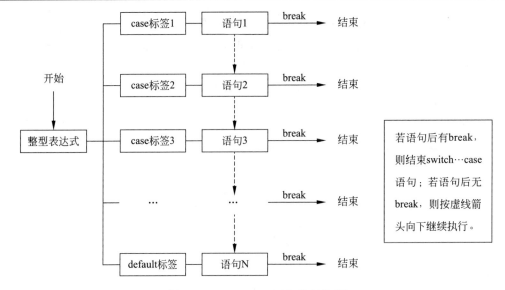

图 3.4　switch…case 语句执行流程

case 标签，则从 default 标签起，执行后续的语句，直至遇到 break 或右大括号时止；若没有匹配的 case 标签，则执行 default 标签，若没有 default 标签，则该 switch…case 语句什么都不做。

现在知道 break 语句的作用了吧，它可以终止 switch…case 语句的执行。如果在某处漏掉了必要的 break，则 switch…case 语句不会被终止，程序会继续执行后面的语句，直到遇见 break 语句或者代表整个 switch…case 语句结束的右大括号。

下面用 switch…case 语句重写一下之前的"评分案例"，代码如下：

```c
#include <stdio.h>
int main()
{
    int score;
    printf("Please enter a score between 0 and 100:\n");
    scanf("%d", &score);
    printf("Grade:");
    switch(score / 10)
    {
        case 10:
        case 9:
            printf("A\n");
            break;
        case 8:
            printf("B\n");
            break;
        case 7:
        case 6:
            printf("C\n");
            break;
        default:
            printf("D\n");
            break;
    }
    return 0;
}
```

在代码中，switch…case 语句的整型表达式为"score / 10"，通过这个表达式，我们就可以得到一个分数对 10 进行整除的结果。例如分数为 75，则得到一个值为 7 的结果。这样做的目的，就是把原来 0～100 的分数，换算到一个 0～10 的范围，如果直接使用分数，就需要对应 101 个 case 标签，而使用分数段，最多也就需要对应 11 个 case 标签了。其中的"case 10:"对应 100 分，"case 9:"对应 90～99 分，…，"case 6:"对应 60～69 分，"default:"对应 0～59 分，明白了吧！

代码中把"case 10:"和"case 9:"放在了一起，即对应着 90～100 分的"优秀等级"，如果出现这个区间的分数，就会被这两个标签之一所匹配，然后通过 printf 函数打印出"Grade:A"；"case 8:"对应着 80～89 分，如果被匹配，就会打印"Grade:B"；同样的，"case 7:"和"case 6:"放在了一起，对应着 60～79 分，如果被匹配，就会打印"Grade:C"；而低于 60 分的情况，没有被任何的 case 标签所匹配，即在 switch…case 语句中没有找到"case 5:、case 4: case 3:、case 2:、case 1:、case 0:"这些 case 标签，所以最终就会匹配"default:"，打印出"Grade:D"。

例如我们在程序运行时，输入数字 65，则在 switch…case 语句中会匹配到"case 6:"，从而在控制台窗口上打印出"Grade:C"。实际运行情况如下：

```
Please enter a score between 0 and 100:
65
Grade:C
```

最后补充说明一点，在 switch…case 语句中，并没有规定 default 标签必须放在所有 case 标签之后，也就是 default 标签可以放置在任何位置，甚至可以出现在所有 case 标签之前，所以 default 标签下的 break 语句不要随意省略。

3.4　循 环 结 构

顺序结构和分支结构讲完了，现在该循环结构了。首先来看一下循环结构的使用场景，也就是什么情况下需要用到循环结构。例如有个朋友请你帮他编写一个程序：

【例 3-3】 由用户输入 3 名学生的考试成绩，要求程序能够计算并输出总分与平均分。

看到题目，读者可能就笑了！太简单了吧，信手拈来。使用顺序结构的几条语句就可以轻松搞定：

```
#include <stdio.h>
int main()
{
    int stu1, stu2, stu3;      //定义 3 个 int 类型变量，保存 3 名学生成绩
    int sum = 0;               //保存总分
    float aver;                //保存平均分
    scanf("%d%d%d", &stu1, &stu2, &stu3);
    sum = stu1 + stu2 + stu3;  //计算总分
    aver = sum / 3.0;          //计算平均分
    printf("Total:%d, Average:%.2f\n", sum, aver);
    return 0;
}
```

代码是正确的，它也的确可以完成程序所要求的功能。但是别高兴得太早，这时那位

朋友急匆匆跑过来对你说："实在不好意思，刚才题目说错了，不是 3 名学生，是 30 名"。"啊！没事，我把代码稍微修改一下就可以了！"。于是，代码中的第一行中的变量数从 3 个一下子变成了 30 个，scanf 函数的格式化字符串中的"%d"也从 3 个变成了 30 个，同样地，格式化字符串后面的参数也从 3 个变成了 30 个。终于完成了！看着这密密麻麻的代码，还有成就感吗？估计现在心里充满着担心和害怕，那位朋友千万不要说学生数量是 300 呀！

其实这还好，顶多不过是受累，多敲些代码而已。若是朋友说现在程序要求变了，学生的数量不固定，由用户在程序运行时输入。这可怎么办啊？需要定义多少个变量？在格式化字符串中要用到多少个"%d"？顿时手足无措了吧。

面对这种"棘手的"问题，就得让循环结构来大显身手啦！所谓循环，即是能够重复地、多次性地进行某一特定动作。而 C 语言中的循环结构就是让语句能够重复、多次地被执行的一种流程结构。下面就赶紧来认识一下吧。

3.4.1　while 语句

while 语句，也称 while 循环，是循环结构中的一员。它的使用格式为：

```
while(表达式)
    语句
```

while 语句根据小括号内表达式的值来决定是否执行语句，当表达式的值为假时，循环结束，语句不会被执行；若表达式的值为真，则语句被执行，然后会再次去判断表达式的值，如此反复，直至表达式的值为假。这里的语句可以是单条语句，也可以是复合语句，由于语句在循环结构内，所以通常也将其称为循环体，其执行流程如图 3.5 所示。

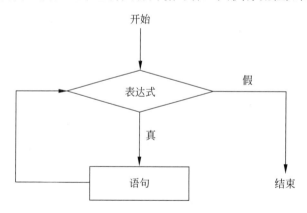

图 3.5　while 语句的执行流程

下面用 while 语句来解决前面所提出的那个"棘手的"问题，代码如下：

```
#include <stdio.h>
int main()
{
    int i, n, score, sum = 0;
    float aver;
    printf("Please enter the number of students:\n");
    scanf("%d", &n);
```

```
    printf("Please enter the scores of %d students:\n", n);
    i = n;
    while(i--)
    {
        scanf("%d", &score);
        sum += score;
    }
    aver = (float)sum / n;
    printf("Total:%d, Average:%.2f\n", sum, aver);
    return 0;
}
```

主函数中第一行定义了 4 个 int 类型变量,其中变量 i 是为后面的 while 语句所使用的,变量 n 用于保存学生的数量,变量 score 用于保存用户所输入的成绩,变量 sum 用于保存总分,其中变量 sum 被初始化为 0。为什么非要对变量 sum 进行初始化的操作呢?答案一会揭晓。

然后通过 scanf 函数获取用户所输入的学生的数量,保存在变量 n 中,并根据学生数量使用 printf 函数打印一条提示用户输入相应数量成绩的信息。

注意在 while 语句之前,通过"i = n;"把变量 n 的值赋给了变量 i,因为我们要保存好学生数量,后面计算平均分时还需要用到它。即在 while 语句中我们操作和修改的只是变量 i,不会对变量 n 有影响。

在 while 语句被执行时,它首先会检查表达式"i--"的值,如果为真,就会执行循环体,如果为假,则会结束 while 语句的执行。循环体里有两条语句,第一条语句是通过 scanf 函数获取用户所输入的学生成绩,保存到变量 score 中;第二条语句是通过复合赋值运算符把刚刚读取到的学生成绩累加到变量 sum 中。在 sum 变量定义时必须对它进行初始化的操作,即让变量 sum 的初始值为 0,若不这样做的话,初始时 sum 变量的值未知,即使将学生的成绩都累加进去,最终计算出的总分也不会正确。

在 while 语句之后,通过总分除以学生数量得到平均分,赋给变量 aver。在这儿又见到了类型转换运算符,通过它将 int 提升为 float,目的是让运算的结果为拥有小数点的 float 类型。

下面我们就来实际运行一下程序,结果如下:

```
Please enter the number of students:
3
Please enter the scores of 3 students:
80 75 60
Total:215, Average:71.67
```

首先程序提示用户输入学生的数量,我们输入数字 3 并按下回车键,程序读取这个数字并保存到变量 n 中,然后根据变量 n 的值提示用户输入 3 个学生的成绩,接着把变量 n 的值赋给变量 i,并准备开始执行 while 语句。下面详细描述一下 while 语句被执行的整个过程:

① 表达式"i--"的值为 3(变量 i 的值变为 2 了),为真,执行循环体;

② 获取用户输入的 80,保存到变量 score 中;

③ 将变量 score 的值累加到变量 sum,此时 sum 的值为 80;

④ 表达式"i--"的值为 2(变量 i 的值变为 1 了),为真,执行循环体;

⑤ 获取用户输入的 75,保存到变量 score 中;

⑥ 将变量 score 的值累加到变量 sum,此时 sum 的值为 155;

⑦ 表达式"i--"的值为 1（变量 i 的值变为 0 了），为真，执行循环体；

⑧ 获取用户输入的 60，保存到变量 score 中；

⑨ 将变量 score 的值累加到变量 sum，此时 sum 的值为 215；

⑩ 表达式"i--"的值为 0（变量 i 的值变为–1 了），为假，结束 while 语句。

这里的表达式使用的是后缀自减运算符，要注意表达式的值和变量的值之间的区别，如果忘了，可回到运算符一节再温习一下。

前 3 次表达式的值都为真，所以循环体被执行了 3 回，每一回都会读取一个用户所输入的数字，保存到变量 score 中，然后再累加至变量 sum。第 4 次时，表达式的值变为假，于是 while 语句结束。所以正常情况下，使用 while 语句时，要能顺利地通过表达式来结束循环，不要让它变成一个无限循环状态。而对于如何通过表达式来结束循环，没有标准和统一的答案，可以根据自己的习惯来决定。例如我们把表达式换成"i"，而把自减的操作放到循环体里面完成，效果和原来也是一样的：

```
while(i)
{
    scanf("%d", &score);
    sum += score;
    i--;
}
```

3.4.2 do…while 语句

do…while 语句也称为 do…while 循环。仅从名字上看，do…while 语句与 while 语句非常相似，但是在使用格式和执行顺序上有着明显的不同。do…while 的使用格式如下：

```
do
    语句
while(表达式);
```

由 do 关键字打头，接着是循环体语句（单条语句或复合语句），最后是 while 关键字与表达式。当 do…while 语句被执行时，首先会执行一次循环体语句，然后再判断 while 后面小括号内表达式的值。当表达式的值为假时，do…while 语句执行完毕；若表达式的值为真，则会再次执行循环体语句，并再次去检查表达式的值，如此反复，直至表达式的值为假，其执行流程如图 3.6 所示。

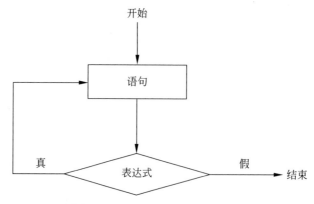

图 3.6 do…while 语句的执行流程

下面用 do…while 语句来重新写一下前面的程序。代码如下：

```
#include <stdio.h>
int main()
{
    int i, n, score, sum = 0;
    float aver;
    printf("Please enter the number of students:\n");
    scanf("%d", &n);
    printf("Please enter the scores of %d students:\n", n);
    i = n;
    do
    {
        scanf("%d", &score);
        sum += score;
    }while(--i);
    aver = (float)sum / n;
    printf("Total:%d, Average:%.2f\n", sum, aver);
    return 0;
}
```

这份代码和之前的代码内容基本相同，只是把原来的 while 语句部分换成了 do…while 语句。所以现在把眼光就聚焦在这个 do…while 语句上，和之前的 while 语句对比一下发现，其中的循环体部分也没有任何变化，只有小括号内的表达式不一样了。在之前的 while 语句中表达式使用的是后缀的自减运算符，而在 do…while 语句中的表达式却使用了前缀的自减运算符。为什么不能和之前一样使用后缀的自减运算符呢？相信读者已经有疑问了。

带着疑问，先来看一下 do…while 语句的实际运行情况：

```
Please enter the number of students:
3
Please enter the scores of 3 students:
80 75 60
Total:215, Average:71.67
```

这个运行情况和结果也和之前的一模一样，do…while 语句的执行步骤如下：
① 获取用户输入的 80，保存到变量 score 中；
② 将变量 score 的值累加到变量 sum，此时 sum 的值为 80；
③ 表达式 "--i" 的值为 2（变量 i 的值同为 2），为真，执行循环体；
④ 获取用户输入的 75，保存到变量 score 中；
⑤ 将变量 score 的值累加到变量 sum，此时 sum 的值为 155；
⑥ 表达式 "--i" 的值为 1（变量 i 的值同为 1），为真，执行循环体；
⑦ 获取用户输入的 60，保存到变量 score 中；
⑧ 将变量 score 的值累加到变量 sum，此时 sum 的值为 215；
⑨ 表达式 "--i" 的值为 0（变量 i 的值同为 0），为假，结束 while 语句。

从这个执行步骤上看，比之前使用 while 语句时少了一步。原来的 while 语句的第一步是检查表达式的值，如果为真执行循环体，如果为假则结束；而现在的 do…while 语句并不是这么做，它首先执行了循环体部分，然后才去检查表达式的值。也就是 while 语句是先检查表达式，再执行循环体；而 do…while 语句是先执行循环体，再进行表达式的检查。因此，按表达式检查顺序的不同，while 语句属于入口检查的循环，而 do…while 语句属于出口检查的循环。

由于 while 是入口检查的循环，所以当表达式的初始值为假的话，会造成循环体一次也执行不了。而 do…while 是出口检查的循环，所以即使表达式的初始值为假，循环体也仍会被执行一次。所以现在可以解释读者刚才的疑问了，在这个 do…while 语句中，如果也使用后缀的自减运算符，就会让表达式出现 3 次为真的情况，再加之它会首先执行一次循环体，所以最终的程序运行中会执行 4 遍循环体，这明显是不正确的。

但是这个程序使用 do…while 语句真的好吗？如果有用户输入的学生数量为 0 会怎样？由于使用 do…while 语句，即使学生数量为 0，也会去尝试读取一个学生的成绩。而使用 while 语句就不会出现这个问题，因为它首先就能够检查出表达式的值为假，所以就不会去执行循环体，当然也就不可能去尝试读取学生的成绩了。所以当无法确定循环体是否应该被执行时，不应该使用 do…while 语句；反之，如果可以断定这个循环体至少也要被执行一次时，再去使用 do…while 语句。这样才是最明智的选择。

3.4.3 for 语句

循环结构中的最后一个，也是最复杂的一个语句，就是 for 语句，也可以称作 for 循环。为什么说它复杂呢？看一下它的使用格式就知道了：

```
for(表达式 1;表达式 2;表达式 3)
    语句
```

在之前的 while 语句和 do…while 语句中，小括号内只有一个表达式，而 for 语句的小括号内却有三个表达式，表达式之间使用分号“；”进行分隔。这三个表达式各自的作用和执行时期见表 3.1。

表 3.1 for语句中三个表达式的作用

表达式	作用	执行时期
表达式 1	通常在此对循环变量进行初始化或赋值	初始时执行一次
表达式 2	表达式的值为真时执行循环体，为假时结束 for 语句	循环体执行前
表达式 3	通常在此对循环变量进行修改、更新操作	循环体执行后

在 for 语句被执行时，它首先会执行表达式 1，然后检查表达式 2 的值：若为假，则结束 for 语句；若为真，则执行循环体语句。在执行完循环体语句后，再去执行表达式 3，并再次去检查表达式 2，如此反复，直至表达式 2 的值为假，执行流程如图 3.7 所示。

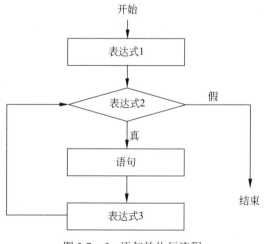

图 3.7 for 语句的执行流程

下面再次用 for 语句来实现例 3-3，代码如下：

```c
#include <stdio.h>
int main()
{
    int i, n, score, sum = 0;
    float aver;
    printf("Please enter the number of students:\n");
    scanf("%d", &n);
    printf("Please enter the scores of %d students:\n", n);
    for(i = 0; i < n; ++i)
    {
        scanf("%d", &score);
        sum += score;
    }
    aver = (float)sum / n;
    printf("Total:%d, Average:%.2f\n", sum, aver);
    return 0;
}
```

这次由于我们使用了 for 语句，所以之前代码中的 "i = n;" 就不再需要了。我们把对变量 i 的赋值操作，放到了 for 语句中，作为它的第一个表达式，在这里我们把变量 i 赋值为 0；第二个表达式中是判断变量 i 的值是否小于变量 n 的值（学生数量），如果为真则执行循环体，如果为假则结束 for 语句；第三个表达式是对变量 i 的自增运算，由于这里只是需要将变量 i 的值自增，并没有去使用表达式的值，所以不论采用前缀的自增运算符或是后缀的自增运算符都是可以的。

现在以同样的输入来执行一次这个程序，结果如下：

```
Please enter the number of students:
3
Please enter the scores of 3 students:
80 75 60
Total:215, Average:71.67
```

依然得到了相同的结果，for 语句的实际执行过程如下：

① 将变量 i 赋值为 0；

② 表达式 "i < n" 的值为真（此时变量 i 的值为 0，变量 n 的值为 3），执行循环体；

③ 获取用户输入的 80，保存到变量 score 中；

④ 将变量 score 的值累加到变量 sum，此时 sum 的值为 80；

⑤ 变量 i 进行自增运算后，值从 0 变成 1；

⑥ 表达式 "i < n" 的值为真（此时变量 i 的值为 1，变量 n 的值为 3），执行循环体；

⑦ 获取用户输入的 75，保存到变量 score 中；

⑧ 将变量 score 的值累加到变量 sum，此时 sum 的值为 155；

⑨ 变量 i 进行自增运算后，值从 1 变成 2；

⑩ 表达式 "i < n" 的值为真（此时变量 i 的值为 2，变量 n 的值为 3），执行循环体；

⑪ 获取用户输入的 60，保存到变量 score 中；

⑫ 将变量 score 的值累加到变量 sum，此时 sum 的值为 215；

⑬ 变量 i 进行自增运算后，值从 2 变成 3；

⑭ 表达式 "i < n" 的值为假（此时变量 i 的值为 3，变量 n 的值为 3），结束 for 语句。

现在，大家应该对 for 语句有所了解了吧！其实，对于 for 语句来说，它还有一些比较另类的使用方式，赶紧来认识一下。

当 for 语句中不需要进行变量的初始化或赋值操作，或者这些操作已经在 for 语句之前完成，则可以省略掉表达式 1，即格式为：

```
for(;表达式 2;表达式 3)
    语句
```

当 for 语句中不需要进行变量的修改、更新操作，或者将这些操作放在 for 语句的循环体之内来完成，则可以省略掉表达式 3，即格式为：

```
for(表达式 1;表达式 2;)
    语句
```

若将条件表达式放到 for 语句的循环体内来完成，则可以省略掉表达式 2，即格式为：

```
for(表达式 1;; 表达式 3)
    语句
```

也就是说，for 语句小括号中的 3 个表达式是可以省略掉其中的一个、两个，甚至是全部都不要，像这样：

```
for(;;)
    语句
```

这完全是合法的，但是需要注意的是，表达式虽然可以省略，但表达式之间的两个分号是不可省略的。

在 for 语句的小括号中，如果表达式 2 被省略，则表示条件永远为真，这样它就变成了一个无限执行的循环，导致 for 语句无法结束，我们通常将这种无限执行的循环称之为"死循环"。不光 for 语句会出现死循环，若把 while 语句和 do…while 语句中小括号内的表达式设为一个非零常量值，也会形成死循环。

这时大家肯定又有疑问了，像这种死循环有什么用？为什么 C 语言里允许死循环的存在？有终止死循环的方法吗？

其实在程序中经常会用到死循环。例如有这样一个程序，它需要去读取用户所输入的数据，当用户输入数字 0 时表示输入结束。即在程序运行前，是无法预知用户一共会输入多少个数据的。对于这种情况，我们就可以使用死循环，让程序不断地读取用户所输入的数据，直至读取到数字 0 时结束。

看到这里，相信大家已经明白了。我们是有办法来对付死循环的，至于这种办法是什么，在下一节中再告诉大家。

3.4.4　循环的嵌套使用

循环结构的各语句是可以嵌套使用的，即在一个循环里可以包含另外一个循环。下面通过实例代码来看一下两个 for 语句进行嵌套使用的方式。

```
for(int i = 1; i <= 5; ++i)
{
    for(int j = 1; j <= 9; ++j)
        printf("%2d ", i * j);
    printf("\n");
}
```

程序中外层的 for 语句的循环体中又包含了一个内层的 for 语句。外层 for 语句的循环变量 i 为 1～5，会使外层的循环体执行 5 次；内层 for 语句的循环变量 j 为 1～9，会使内层的循环体执行 9 次。也就是内层 for 语句的循环体一共会执行 45 次。

外层 for 语句的循环体中，除了一个内层的 for 语句外，还有一条 printf 函数调用语句，它会在内层 for 语句执行完毕（内层循环体被执行 9 次）后，进行一个换行的操作。

最后看一下内层 for 语句的循环体，它只有一条 printf 函数调用语句，它会以 2 字符宽度来打印输出变量 i 与变量 j 的乘积。

程序的运行结果如下：

```
1  2  3  4  5  6  7  8  9
2  4  6  8 10 12 14 16 18
3  6  9 12 15 18 21 24 27
4  8 12 16 20 24 28 32 36
5 10 15 20 25 30 35 40 45
```

3.5　流程控制语句

在 C 语言中，除了顺序、分支和循环三大结构外，还有一些语句可以起到流程控制的作用。例如在循环结构的循环体中，仍然是按照顺序结构（自上而下）来执行各语句的，C 语言提供了 continue 和 break 两种语句，可以用来控制循环体内语句的执行流程（让某些语句不被执行，或直接终止循环）。另外，在函数中，可以通过 goto 语句让流程在语句中跳转，还可以通过 return 语句来终止函数的执行。

下面就来一一讲解。

3.5.1　continue 语句

continue 语句由关键字"continue"后跟一个分号组成，格式为：

```
continue;
```

在循环结构的循环体中，若出现了 continue 语句，则会令其后的语句无法得到被执行的机会。例如：

```
while(1)
{
    语句 1;
    continue;
    语句 2;
}
```

这是一个由 while 语句构成的死循环，由于小括号内的表达式为常量值 1，永远为真，所以循环体会被无休止地执行。但现在我们暂不考虑死循环的问题，只看循环体中的语句。

在语句 1 与语句 2 之间的 continue 语句，会导致语句 2 永远无法被执行到。也就是每次循环体被执行时，只会执行语句 1，而不会执行语句 2。大家想一想，这样使用 continue 明显不太合理，既然语句 2 永远没有被执行的机会，还不如把它从循环体中删掉，对吧？所以，通常在使用 continue 语句的时候会搭配 if 语句，让语句 2 只是在某些特定情况下才不会被执行。示例如下。

```c
for(int i = 1; i <= 10; ++i)
{
    if(i % 2)
        continue;
    printf("%d ", i);
}
```

这是一条 for 语句构成的循环，变量 i 的值被初始化为 1，条件表达式检查变量 i 的值是否小于等于 10，每次执行循环体后变量 i 的值被自增 1。变量 i 的值从 1 自增到 10，循环体共会被执行 10 次。

在循环体中使用 printf 函数打印变量 i 的值。但是在 printf 函数之前有一条 if 语句，其条件表达式为 "i % 2"，当变量 i 的值为奇数时，该表达式的值为真，这会导致 continue 语句被执行。一旦 continue 语句被执行，那么其后的 printf 函数调用语句就不再被执行。也就是只有当变量 i 的值为偶数时，continue 语句不会被执行，printf 函数调用语句才有被执行的机会，所以最终的打印结果为：

```
2 4 6 8 10
```

需要注意的是，continue 语句只会对包含它的循环起作用。例如 continue 语句出现在一个双层循环中，如果它属于外层循环，则对外层循环起作用，如果它属于内层循环，则只会对内层循环起作用，而不会影响到外层的循环。

现在来总结一下 continue 语句的特点：①只能用在循环结构的语句中；②通常和 if 语句搭配使用；③一旦被执行，则会跳过其后的语句，直接进入下次迭代（循环过程）。

3.5.2　break 语句

对于 break 语句，大家不应该陌生，在之前的 switch…case 语句中出现过，利用 break 语句能够结束 switch…case 语句的执行。在循环结构中，它同样能达到中断循环的效果，它就是我们翘首以盼的对付死循环的"利器"。下面就用实例代码来演示一下 break 语句在循环结构中的使用。

```c
for(int i = 1; i <= 10; ++i)
{
    if(i > 5)
        break;
    printf("%d ", i);
}
```

还是和前面一样的 for 语句，但在循环体内的 if 语句中使用了 break 语句，并把条件表达式换成 "i > 5"，即当变量 i 的值大于 5 时，表达式的值为真，会使得 break 语句被执行。先来看一下程序的运行结果：

```
1 2 3 4 5
```

只打印出了数字 1~5。默认情况下循环体应该被执行 10 次，打印出数字 1~10。但由于在变量 i 的值为 6 时，if 语句中的表达式 "i > 5" 的结果为真，导致 break 语句被执行，从而使 for 循环被强制结束，数字 6~10 不会被打印。

如果在循环的嵌套中使用 break 语句，要注意，break 语句只会对包含它的那层循环起作用。例如在一个双层的循环当中，如果 break 语句是属于外层循环的，那么它会结束外层的循环；如果 break 语句是属于内层循环的，那么它只会结束内层的循环，不会对外层的循环有影响。例如：

```
#include <stdio.h>
int main()
{
    for(int i = 0; i < 3; ++i)
    {
        for(int j = 0; j < 10; ++j)
        {
            if(j >= 6)
                break;
            printf("%d ", j);
        }
        printf("\n");
    }
    return 0;
}
```

代码中，主函数内有一个双层的 for 循环，外层的 for 语句会使循环体执行 3 次，而内层的 for 语句会使循环体执行 10 次。在内层 for 语句的循环体中出现了 break 语句，当变量 j 的值大于等于 6 时，break 语句会被执行，这会导致内层的 for 语句终止执行。也就是内层 for 语句被执行时，它的循环体实际只会被执行 6 次，并分别通过 printf 语句在控制台窗口打印输出 0～5。但这个 break 语句并不会影响到外层的 for 语句，它依然会顺利地让其循环体被执行 3 次。因此，最终的结果就是在控制台窗口上打印输出 3 行 0～5。

我们编译运行程序，结果如下：

```
0 1 2 3 4 5
0 1 2 3 4 5
0 1 2 3 4 5
```

break 语句在使用时需要注意以下几点：①只能用在 switch…case 语句或循环结构的语句中；②通常和 if 语句搭配使用；③一旦被执行，则会强制中断流程，结束语句的执行。

3.5.3　goto 语句

goto 语句也被称为"跳转语句"，是不是从名字上就可感受到它的厉害？是的，它可让流程在不同的语句间进行跳转。它的使用格式为：

```
goto 标签;
```

goto 语句中需要用到标签，标签由一个标识符和一个冒号组成，例如：

```
AAA:    //AAA 标签
```

上例为由三个大写字母 A 构成的标签，即标签名为"AAA"，它可以放置在函数体中的任何位置。当 goto 语句被执行时，流程就会转到所指定的标签处继续往下执行。可以利用 goto 语句来达到循环的效果。

```
#include <stdio.h>
int main()
```

```
{
    int i = 1;                //定义整型变量 i 并初始化其值为 1
AAA:                          //标签 AAA
    printf("%d ", i);         //打印变量 i 的值
    ++i;                      //对变量 i 进行自增
    if(i <= 10)
        goto AAA;             //将执行流程跳转到标签 AAA 处
    return 0;
}
```

在主函数的 if 语句中，当变量 i 的值小于等于 10 的时候，条件表达式为真，因此 goto 语句被执行，goto 语句会将程序的执行流程跳转至标签 AAA 处。如此反复执行，直至变量 i 的值为 11 时，条件表达式的值为假，才会停止执行 goto 语句。所以最终会使 printf 函数被执行 10 次，程序运行结果如下：

```
1 2 3 4 5 6 7 8 9 10
```

在使用 goto 语句时，需要注意几点：①一条 goto 语句只能对应一个标签；②goto 语句与所对应的标签要在同一个函数内；③不要用 C 语言中的关键字作为标签名；④同一函数内的标签名不可重复；⑤goto 语句通常和 if 语句搭配使用。

像上面这个案例结构很简单，主函数中语句很少，使用 goto 语句没什么问题。但如果是在的一个语句比较多的函数中，并且里面充斥着大量的标签和 goto 语句，程序的执行流程在众多的 goto 语句和标签间来回跳转，用户会不会晕头转向呢？的确如此，使用 goto 语句会让代码的逻辑结构变得混乱，代码维护变得艰难。所以在代码中尽量避免使用 goto 语句，可以利用循环来代替 goto 语句。毕竟代码结构清晰，方便阅读和维护是最重要的。

3.5.4 return 语句

return 语句一直陪伴在我们左右，几乎每个案例里都可以见到它。return 语句的使用格式是：

```
return [表达式];
```

关键字 "return" 后面可以跟一个表达式，也可以没有，具体要根据函数的性质来决定，这部分内容我们留到后面的 "函数" 一章中再讲。return 语句能够起到强制中止函数的功能，也就是在函数中如果有 return 语句被执行，即使后面还有其他语句，整个函数的执行流程也将结束，例如：

```
#include <stdio.h>
int main()
{
    printf("AA\n");
    return 0;
    printf("BB\n");
}
```

在主函数的函数体中共有三条语句，由于第二条语句为 return 语句，一旦被执行，会导致函数被强制结束，造成第三条语句没有被执行的机会。程序执行结果如下：

```
AA
```

可以看到，在窗口中只打印出了"AA"，并没有"BB"。因此，在大多情况下，要么把 return 语句放在函数体的最后位置；要么搭配 if 语句，在满足某种特定条件时，让函数提前结束。

需要注意的是，return 语句必须在函数内使用，不论是在顺序结构、分支结构还是循环结构，都会造成函数的执行流程被强制结束。如果被关闭的是主函数，则会导致整个程序的结束。

关于 return 语句的其他功能，我们把它放在第 4 章"函数"中来继续。

3.6　本章小结

C 语言中按照程序的执行流程的不同，分为顺序结构、分支结构和循环结构。

顺序结构是最简单的一种流程结构，它采用自上而下的方式逐条执行各语句。

分支结构可以控制程序的部分流程是否被执行，或是从多条执行路径中选择一条来执行。它包括 if 语句、if…else 语句、if…else if…else 语句和 switch…case 语句。

if 语句可以通过对特定条件的判断，来决定某条语句是否被执行。

if…else 语句为程序提供了二选一的流程控制能力。

通过对 if…else 语句的嵌套使用，就可以让程序实现多选一的流程执行情况，通过对其"变形"，产成 if…else if…else 语句。

switch…case 语句同样能达到多选一的效果，而且使代码的逻辑更加清晰。

循环结构就是让执行流程能够重复、多次地被执行的一种流程结构。包括 while 语句、do…while 语句和 for 语句。

while 语句和 for 语句属于入口检查的循环语句。

do…while 语句属于出口检查的循环语句。

循环结构中的各语句是可以相互嵌套使用的。

在 C 语言中，还有一些可以起到流程控制作用的语句：continue 语句、break 语句、goto 语句和 return 语句。

continue 语句必须在循环结构中使用，它可以让循环的执行流程跳过其后的语句，直接进行下次迭代。

break 语句可以用在 switch…case 语句中，或者用在循环结构中，它的作用是结束包含 break 语句的 switch…case 语句或循环结构语句的执行流程。

对于在循环的嵌套中使用的 continue 语句和 break 语句，它们只会对包含自己的那层循环起作用。

goto 语句必须用在函数中，它可以让执行流程在不同语句之间进行跳转。

return 语句必须使用在函数中，它可以强制结束函数的执行流程。

第 4 章　函　　数

本章学习目标

- 了解自定义函数
- 了解函数的参数与返回值
- 掌握函数的调用方式
- 了解变量的存储类型、生命期与作用域
- 掌握库函数的使用方法

本章先介绍函数的功能、库函数与自定义函数的区别以及自定义函数的定义、调用和声明的方式；然后从函数参数和返回值的角度对函数进行分类，并进行各类函数的具体实现；接着对函数的嵌套调用与递归调用进行详细讲解，并再次对变量进行深层次的介绍；最后介绍库函数，并对常用的一些库函数进行讲解和示例。

4.1　自定义函数

大家小时候有没有玩过积木呀！许许多多小块的积木，有长的、有方的、有圆的……，运用灵巧的手和细致的心，就能够搭建出一间漂亮的小房子，甚至是一座壮观的城堡。

C 语言是一种结构化程序设计语言，也可以叫作面向过程的程序设计语言。什么是结构化？什么是面向过程？就是把一个大的程序划分为若干个小的子程序，或者叫作子过程。由许许多多各种功能的子程序或子过程，通过相互组合、搭建，就可以实现出一个大的程序。子程序或子过程就像那许许多多的小块积木，而最终搭建出的漂亮的小房子或者壮观的城堡就像是我们所需要完成的程序。

这种以大化小、化整为零的程序设计过程就是模块化，而最终形成的那些子程序或子过程称为模块，也就是本章的主角——函数。

我们在之前所写的程序代码算是比较简单的，只有一个主函数。其实说得不太正确，我们在主函数中又使用了 printf 函数或者 scanf 函数，不过这些函数是 C 语言的标准库为用户提供的，通常把这类函数称为库函数。若想使用这些库函数，只需用 "#include" 将其对应的头文件包含进来就可以了。例如需要使用 printf 函数或者 scanf 函数，只需要把名字为 "stdio.h" 的头文件包含进来就可以了。后面我们还会用到很多其他的库函数以及它们所对应的头文件。

本章的重点是学会如何做一个自己的函数。大家或许有疑问，既然有库函数了，为什么还要自己做函数呢？其实库函数虽然很多，但也无法做到面面俱到：①毕竟世上没有真正的 "完美"，即使想得再全，也总会有遗漏；②如果函数过多，将导致库容量的体积过于庞大。所以，库函数都是一些使用比较频繁、通用性较强的函数。当遇到某些比较专业、特殊的功能时，还是需要用户自己来编写。相对于库函数，用户自己所编写的函数就称为自定义函数。

4.1.1　函数的定义

就像变量在使用前需要定义一样，函数在使用前也需要定义，不然在编译后的链接时期就会出现链接错误。函数的定义格式如下：

```
数据类型　函数名([数据类型 参数1][, 数据类型 参数2]…)
{
    语句
}
```

数据类型可以是 C 语言的基本数据类型，也可以是数组、指针、结构体等数据类型。在 C 语言中，大多数函数都会通过 return 语句返回一个值，这个数据类型就是该返回值的类型。函数名和变量名的定义规则一样，不能使用 C 语言中的关键字作为函数名，必须以字母或下画线开头，且函数名不能重复。函数名之后是一对小括号，小括号用于放置参数。小括号内可以有 0 个、1 个或多个参数，若为多个参数，参数间必须用逗号分隔。每个参数也和变量的定义类似，需要有参数的数据类型及参数的名字。这里需要注意的是，即使函数没有参数（即参数个数为 0），小括号也是不可省略的。若没有这个小括号，是不是更像在定义一个变量呢？在小括号之后是用一对大括号所包含的语句，这些语句就是实现函数功能的主体，通常把这一块称之为函数体。相应地，将位于函数体之前的数据类型、函数名、小括号及内部的所有参数合在一起，称为函数头，如图 4.1 所示。

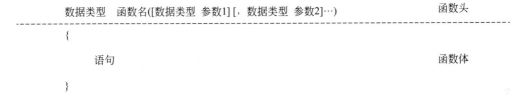

图 4.1　函数头与函数体

在 C 语言中，函数是不允许嵌套定义的，即不能在一个函数中定义另外一个函数，所有的函数都是平行的关系、平等的地位。即便是主函数，除了它是由系统进行调用，这点比较特殊之外，其他地方都与库函数或自定义函数无异。

但在 C 语言中是可以在一个函数中调用另外一个函数，例如之前的许多案例中都会在主函数中调用 printf 函数。

4.1.2　函数的调用

函数在定义好后就可以使用了，不过，我们一般不说函数的使用，这样显得太业余了，而更喜欢"高大上"地称为函数的调用。函数的调用就是为了让程序流程开始执行这个函数。函数调用的格式如下：

函数名([[参数 1] [，参数 2]…)

函数名后面的小括号内根据需要给出相应的参数。同样地，即使不需要参数，这个小括号也不可省略。

我们把函数调用时的小括号内的参数称为实际参数，简称实参，而把函数定义时的小括号内的参数称为形式参数，简称形参。当函数被执行时，会将实参的值赋给相对应的形参，所以实参的类型、顺序和数量要和形参的类型、顺序和数量——匹配。

在进行函数调用时，程序的执行流程会从当前语句转入函数，在函数执行完毕后，再返回至函数调用的语句，继续向下执行，如图 4.2 所示。

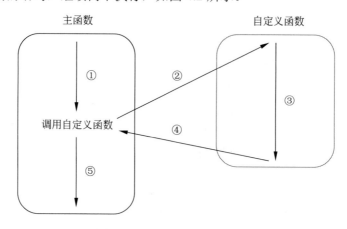

图 4.2　函数调用时的执行流程

4.1.3　函数的声明

函数在调用前需要定义，不然在编译后的链接时期就会出现链接错误。其实还有一点，就是函数在调用前需要进行声明，不然编译时会出现错误或警告。例如在使用标准库的 printf 函数时，不去包含"stdio.h"这个头文件，代码如下：

```c
int main()
{
    printf("Test string\n");
    return 0;
}
```

现在使用 gcc 编译器对其进行编译，会出现如下的警告信息：

```
test.c: In function 'main':
test.c:3:2: warning: implicit declaration of function 'printf' [-Wimplicit
-function-declaration]
```

问题就在于调用 printf 函数前没有对它进行声明。那么怎么进行函数的声明呢？其实很简单，将函数的函数头部分取出来，后面加上一个分号，这就是函数的声明。

下面把 printf 函数的声明放在调用 printf 函数之前：

```c
int main()
{
    int printf(const char*,...);    //printf 函数的声明
```

```
    printf("Test string\n");          //调用 printf 函数
    return 0;
}
```

在函数声明中，形参的变量名是可以被省略的，但形参的数据类型不可省略。先不用关心 printf 函数声明中的那些"奇怪"的参数，在后面的章节中会有介绍。

保存源文件，再次对它进行编译，这回就没有任何错误或警告的信息了。在前面的案例中，我们调用 printf 函数时并没有进行函数声明，只是包含了"stdio.h"头文件，其实在这个头文件中就包含了 printf 函数的声明。

这里需要注意的是函数的定义已经包含了函数的声明，也就是说在调用函数之前的代码中，已经有了函数的定义，这时就不需要再进行单独的函数声明了。但如果函数的定义是在函数调用的代码之后，还是需要进行函数声明的，如图 4.3 所示。

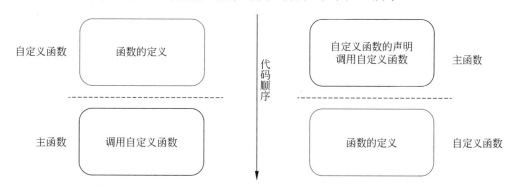

图 4.3　函数的声明情况

最后需要说明的是，在 C 语言中，函数声明的位置和次数是无限制的。我们可以把函数声明和函数的调用放在同一个函数中，那么在该函数中，函数声明可以覆盖之后的所有函数调用，但其他函数中的函数调用仍然需要进行函数声明；也可以把函数声明放于包含函数调用的函数之前，这样函数声明可以覆盖其后的所有函数中的函数调用，如图 4.4 所示。

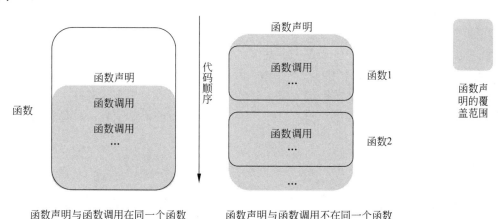

图 4.4　函数声明的覆盖范围

例如我们把 printf 函数的声明放在主函数的前面，这也是完全可以的：

```
int printf(const char*,...);        //printf 函数的声明
int main()
{
    printf("Test string\n");        //调用 printf 函数
    return 0;
}
```

4.2   函数的分类

在讲述了函数的定义、函数的调用和函数声明后，现在就可以开始编写函数了。大家是不是已经摩拳擦掌、跃跃欲试啦？但在编写函数之前，还要先了解一下函数都有哪些分类，然后根据不同的分类，编写出相应的函数。

上一节讲过，从函数的撰写者的角度，可以把函数分为库函数和自定义函数。从函数有无返回值的角度，我们又可以把函数分为有返回值的函数和无返回值的函数；而从函数有无参数的角度，还可以把函数分为有参数的函数（带参函数）和无参数的函数（无参函数）。

4.2.1   无返回值的函数

在 C 语言中，大多数函数会通过 return 语句返回一个值，而这个返回值的类型就是在函数名之前所标明的数据类型。读者应该注意到了，这句话里我们使用是"大多"，而不是"所有"，即 C 语言中的函数也可以没有返回值。若没有返回值，那函数名之前的数据类型，该怎么写呢？很简单，用关键字"void"就可以了。

在 C 语言中，void 表示空类型。这个空类型比较抽象，初学的时候比较难以理解。大家可以简单地把这种类型想象为是一个空的、虚无的数据类型。C 语言中的其他数据类型都可以定义出一个相应的变量，然后把这个变量作为容器，往里面存入数据。而 void 是表示空的数据类型，是无法存入数据的，所以它就无法定义出对应的变量，即在 C 语言中不能出现下面这样的变量定义语句：

```
void a; //错误! 不能定义 void 类型的变量
```

我们可以把 void 放在函数名的前面，用来表示这个函数是没有返回值的。那无返回值的函数可以做些什么呢？我们先来看一个案例。

【例 4-1】编写一个程序，由用户按顺序输入两个整数，程序能够打印输出两个整数的和。

这个案例如此简单，相信难不倒大家，分分钟代码就可以写出来。有些人为了让程序的界面更加友好，于是在获取用户输入之前，给出一个漂亮的提示信息，具体代码如下：

```
#include <stdio.h>
int main()
{
    int a, b;
    printf("~~~~~~~~~~~~~~~~~~~~~~~~\n");
    printf("Please enter an integer:\n");
    printf("~~~~~~~~~~~~~~~~~~~~~~~~\n");
    scanf("%d", &a);
```

```
    printf("~~~~~~~~~~~~~~~~~~~~~~~\n");
    printf("Please enter an integer:\n");
    printf("~~~~~~~~~~~~~~~~~~~~~~~\n");
    scanf("%d", &b);
    printf("Result:%d\n", a + b);
    return 0;
}
```

程序运行结果如下:

```
~~~~~~~~~~~~~~~~~~~~~~~
Please enter an integer:
~~~~~~~~~~~~~~~~~~~~~~~
5
~~~~~~~~~~~~~~~~~~~~~~~
Please enter an integer:
~~~~~~~~~~~~~~~~~~~~~~~
8
Result:13
```

程序的算法非常简单,我们就不去深究了。我们把焦点放到代码本身,通过观察,我们发现代码中两处用于提示用户输入信息的格式和内容是一致的,都是由 3 条 printf 函数调用语句构成,第 1 条和第 3 条都是为了打印一行波浪线,而中间一条是提示用户输入整数的信息。于是,我们就可以编写一个名为"showInfo"的无返回值函数,把这 3 条语句放入函数体中:

```
void showInfo()
{
    printf("~~~~~~~~~~~~~~~~~~~~~~~\n");
    printf("Please enter an integer:\n");
    printf("~~~~~~~~~~~~~~~~~~~~~~~\n");
}
```

这样做有什么好处呢? 第一,可以精简代码,即原先主函数中的 3 条 printf 函数调用语句,现在只需 1 条 showInfo 函数调用语句即可;第二,便于代码维护。若是突然感觉用波浪线没有短横线好看,只需要修改 showInfo 函数中的代码就可以了。若不使用自定义函数,就得到主函数中逐一修改,若是一个比较大的程序代码,可能需要修改的地方有几百上千处,那真是苦不堪言呀。使用自定义函数后的完整代码如下:

```
#include <stdio.h>
void showInfo()
{
    printf("----------------------\n");
    printf("Please enter an integer:\n");
    printf("----------------------\n");
}
int main()
{
    int a, b;
    showInfo();                    //调用自定义函数
    scanf("%d", &a);
    showInfo();                    //调用自定义函数
    scanf("%d", &b);
    printf("Result:%d\n", a + b);
    return 0;
}
```

在 showInfo 函数中，将原先的波浪线修改为短横线。主函数中原先的 6 条 printf 函数调用语句，现在被 2 条 showInfo 函数调用语句代替。由于自定义函数位于函数调用语句之前，所以就不需要进行函数声明了。修改后的程序运行结果如下：

```
------------------------
Please enter an integer:
------------------------
5
------------------------
Please enter an integer:
------------------------
8
Result:13
```

4.2.2 有返回值函数

前面的 showInfo 函数中只有 3 条 printf 函数调用语句，只是在窗口上打印输出 3 行提示信息，所以不需要返回值。但细心的读者可能会发现，程序代码中的两个 scanf 语句都是为了获取用户输入的整数，我们可不可以把它也放入到函数中呢？没错，是可以的。那现在这个函数就不应该是无返回值的函数，因为它需要得到用户所输入的整数，然后把这个整数返回给调用函数的地方，所以就应该是一个有返回值的函数了。

由于函数的功能不仅是能够打印提示信息，而且还会获取用户的输入，所以把这个新的函数命名为 "getUserEnter"，然后把 scanf 函数调用语句也加入到函数体中：

```c
int getUserEnter()
{
    int n;
    printf("------------------------\n");
    printf("Please enter an integer:\n");
    printf("------------------------\n");
    scanf("%d", &n);
    return n;
}
```

函数名之前的 int，表示函数是有返回值的，而且返回值的类型是 int。在函数体中，首先定义了一个 int 类型变量 n，用于存放用户的输入；后面 3 条 printf 函数调用语句与之前相同；紧接着是 scanf 函数调用语句，获取用户输入，并保存至变量 n 中；最后通过 return 语句把变量 n 的值作为返回值返回，并结束 getUserEnter 函数的执行。

有了 getUserEnter 函数后，现在的主函数可以修改为：

```c
int main()
{
    int a, b;
    a = getUserEnter();
    b = getUserEnter();
    printf("Result:%d\n", a + b);
    return 0;
}
```

代码中，首先定义了两个 int 类型变量 a 和 b，然后通过两次调用 getUserEnter 函数，并把函数的返回值分别赋给变量 a 和 b；最后打印输出变量 a 和 b 的和。

我们甚至可以在主函数中不使用变量，将代码写成下面这样：

```
int main()
{
    printf("Result:%d\n", getUserEnter() + getUserEnter());
    return 0;
}
```

在主函数中，只有一条 printf 函数调用语句，由两条 getUserEnter 函数调用语句构成的算术表达式作为 printf 函数的参数，它会将两次 getUserEnter 函数调用的返回值相加，并将结果打印输出在窗口上。

有返回值函数中，数据类型必须是非 void 的，而且在函数体中必须有 return 语句。函数能够通过 return 语句返回一个值，即采用"return 表达式;"的形式，return 关键字后面的表达式（的值）的类型必须和函数名前所定义的数据类型匹配。一旦 return 语句被执行，它会结束函数的执行流程，并将表达式的值返回到函数调用的地方。

在无返回值函数中，也可以有 return 语句，只不过在 return 关键字后面不能有表达式的存在，即采用"return;"的形式。它不会返回值，只是起到结束函数的作用。

最后需要注意的是，有返回值的函数才可以作为赋值表达式的右操作数或者函数的参数，对于无返回值的函数，是不能这样使用的，没有返回值，如何赋值给某个变量呢？

4.2.3　无参函数

所谓无参函数，就是没有参数的函数，即函数名后面是一对空的小括号。例如之前编写的无返回值函数"showInfo"和有返回值函数"getUserEnter"都是无参函数。在调用无参函数时直接由函数名加上一对空的小括号即可，不需要给出实际参数：

```
showInfo();
getUserEnter();
```

在 C 语言中，定义无参数函数的时候，小括号内可以是空的，也可以放入一个 void 关键字。例如：

```
void showInfo2(void)
{
    printf("----------------------\n");
    printf("Please enter an integer:\n");
    printf("----------------------\n");
}
```

在 showInfo2 函数的定义中，小括号内放入了一个 void 关键字。void 在这儿就是表示函数没有参数的意思。那它与之前的 showInfo 函数，有何不同呢？

对于 showInfo 函数，虽然是无参函数，但是我们在调用的时候，强行给它一个实参也是没有问题的：

```
showInfo(10);          //调用的时候强行给一个实参值 10
```

运行结果：

```
----------------------
Please enter an integer:
----------------------
```

对于 showInfo2 函数，我们也强行给它一个实参：

```
showInfo2(10);        //调用的时候强行给一个实参值 10
```

在编译的时候，就会出现错误信息：

```
error: too many arguments to function 'showInfo2'
```

可见，由于 showInfo2 函数在定义时，参数列表位置使用了 void，在函数调用的时候，就不允许出现实参，否则就会引起编译错误，错误的原因是函数的参数过多。

4.2.4　带参函数

和无参函数相对应的是带参函数，也就是需要参数的函数，即在函数名后面的小括号内必须有一个或多个的参数，如果是多个参数，参数之间使用逗号进行分隔。

现在主函数当中还剩一条 printf 函数调用语句，用来打印输出最终的结果。能否把它也编写成一个函数呢？完全可以。因为函数需要将最终的结果传入，所以要把它定义为一个带参的函数，函数名为"printResult"：

```
void printResult(int res)
{
    printf("result:%d\n", res);
}
```

由于函数的功能只是简单地打印输出一条信息，所以函数不需要返回值，故函数名之前使用 void 关键字。小括号中只有一个参数，参数类型为 int，参数名为 res。在函数体中只有一条语句，即调用 printf 函数在窗口上打印输出一条包含参数值的结果信息。

现在我们的主函数就可以写成这样：

```
int main()
{
    int a, b;
    a = getUserEnter();
    b = getUserEnter();
    printResult(a + b);        //调用函数 printResult
    return 0;
}
```

在主函数中，我们调用了 printResult 函数，并将表达式"a+b"的值作为函数的参数，在 printResult 函数被执行时，会首先计算表达式"a+b"，并将其值作为实参传递给形参 res，然后调用 printf 函数打印输出结果。

如果在主函数中不使用变量，用一条 printResult 函数调用语句即可：

```
int main()
{
    printResult(getUserEnter() + getUserEnter());
    return 0;
}
```

printResult 函数被执行时，首先会调用两次 getUserEnter 函数，获取用户输入的两个整数，然后通过加号运算符将两个整数相加，并将其和作为实参传递给形参 res，最终通过 printf 函数在窗口上打印输出结果。

最后，再总结一下之前所介绍的四种类型的函数头定义示例，见表 4.1。

表 4.1　四种函数头定义示例

返回值情况	参数情况	示例
无返回值	无参数	void func( )
	有参数	void func(int a, float b, double c)
有返回值	无参数	int func( )
	有参数	int func(int a, float b, double c)

4.3　再谈函数调用

前面已经介绍过函数的调用，这里要再谈一下，为什么呢？因为函数写得再好，它也只是个"静止物"，不会主动运行，最终还得经过调用才能让它"动起来"，完成用户所期待的功能。所以，除了要灵活地掌握函数调用的时机、方式和规则，还需要了解函数在调用时的一些特殊方式，这样才能让函数发挥最大的"潜能"，迎刃有余地解决问题。

4.3.1　函数的嵌套调用

前面讲过，C 语言中函数是不能嵌套定义的，但函数是可以嵌套调用的。所谓函数的嵌套调用，就是在一个函数的函数体中又出现了函数调用语句。简单说，就是函数又调用了函数。其实前面所有的案例都使用了函数的嵌套调用，包括第一个 C 语言程序（在主函数中又调用了 printf 函数），虽然这两个函数有点特殊，一个是主函数，一个是库函数。

下面就用自定义函数来展示一下函数的嵌套调用，并从中厘清函数嵌套调用时程序的执行流程。

首先定义一个函数 A，在函数体中使用两条 printf 函数分别打印开始和结束函数 A 的提示信息。

```
void A()
{
    printf("Start function A.\n");
    printf("End function A.\n");
}
```

再定义一个函数 B，同样在函数体中使用 printf 函数分别打印开始和结束函数 B 的提示信息，在两条 printf 函数调用语句之间再加入一条对函数 A 的调用语句。

```
void B()
{
    printf("Start function B.\n");
    A();
    printf("End function B.\n");
}
```

最后在主函数中，也是使用 printf 函数分别打印开始和结束主函数的提示信息，在两条 printf 函数调用语句之间再加入一条对函数 B 的调用语句。

```
int main()
{
    printf("Start main function.\n");
```

```
    B();
    printf("End main function.\n");
    return 0;
}
```

保存源文件，编译生成可执行文件，执行后运行结果如下：

```
Start main function.
Start function B.
Start function A.
End function A.
End function B.
End main function.
```

从打印输出的结果，可以清晰看出程序的执行流程：程序运行后，程序的执行流程首先执行主函数，在函数体中的第一条语句是 printf 函数调用语句，它会在窗口上打印输出"Start main function."，第二条语句是函数 B 调用语句，这会让程序的执行流程转到函数 B 中，在函数 B 的函数体中，首先通过 printf 函数调用语句，在窗口上打印输出"Start function B."，然后又执行了对函数 A 调用的语句，此时程序流程又会转到函数 A 中，在函数 A 的函数体中，通过两条 printf 函数调用语句分别打印"Start function A."和"End function A."，这时函数 A 执行完毕，程序流程回退到当初调用函数 A 的地方，即函数 B 中的第二条语句，然后接着向下执行，通过 printf 函数调用语句打印输出"End function B."，这时函数 B 也执行完毕，程序流程再次回退到当初调用函数 B 的地方，即主函数中的第二条语句，接着向下执行，通过 printf 函数调用语句打印输出"End main function."。最后通过 return 语句返回一个 0 给系统，结束整个程序。

如图 4.5 所示，虚线箭头指示程序的实际执行流程。

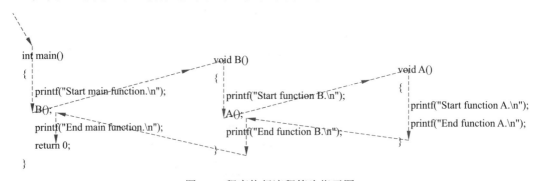

图 4.5　程序执行流程箭头指示图

4.3.2　函数的递归调用

在理解了函数的嵌套调用之后，下面来认识一下函数的递归调用。不得不说，递归调用对于初学者来说，是个较为困难的知识点，想要搞懂它，并能掌握它的执行流程，需要有足够的耐性并保持一颗清醒的头脑。

1. 递归调用与递归函数

递归调用的原理很简单，就是函数的自身调用。它其实就是一种特殊的函数嵌套调用。在上一节的例子中，我们在主函数中调用了函数 B，在函数 B 中又调用了函数 A。也就是嵌套调用的这几个函数是各不相同的。那我们可不可以嵌套调用同一个函数呢？可以的，C 语言允许函数调用自身，也就是在一个函数的函数体中，又调用了函数自己。例如：

```
void A()
{
    A();            //递归调用
}
```

首先定义一个函数 A，在它的函数体中又出现对函数 A 的调用，C 语言中就把这种调用函数自身的行为称为递归调用，而把拥有这种调用自身能力的函数称为递归函数。也就是说，函数 A 是一个递归函数，通过它的执行能引起函数的递归调用。

2. 递归调用的终止

函数 A 被执行后，它的执行流程如图 4.6 所示。

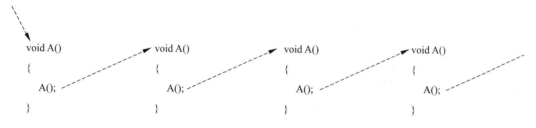

图 4.6　函数 A 的递归调用

这个图中只显示了起始的执行流程片段，由于每次执行函数 A 时都会进行递归调用，所以它会无休止地进行下去，变成了无限递归，或称死递归。是不是想起了死循环？道理是差不多的。当这样的程序被执行后，程序会陷入死递归，容易造成系统瘫痪，最终导致程序栈空间被耗尽，引发程序出现崩溃现象。

为了防止死递归的发生，需要有效地控制递归调用，也就是在某种情况下能够让递归调用终止。怎么才能让递归调用终止呢？还得依靠我们的老朋友——return 语句。也就是在进行递归调用时，需要在满足某种条件的情况下，通过 return 语句来终止递归调用，即形成如图 4.7 所示的递归调用效果。

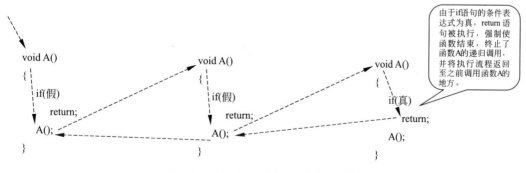

图 4.7　使用 return 语句终止递归调用

3. 递归调用的算法原理

大家有没有考虑过，为什么要有递归调用？什么情况下才需要使用递归调用？这就需要了解递归调用的算法原理，也就是需要知道如何通过递归调用来达到所要求的功能。

递归调用的算法原理有点类似于我们所熟知的"愚公移山"，它的主体思想就是对于一个我们不容易完成的、比较大的目标，通过不断地对它进行分解化小，直到小到极致，也就是可以轻松完成的时候，再反过来一点点地由小到大，最终完成那个大的目标。

举个简单的例子，例如我们现在的大目标是"求 1～5 的累加和"，来看一下按照递归思想，如何对它逐步进行分解化小：

① 想要得到"1～5 的累加和"，现在只需得到"1～4 的累加和"，再与 5 相加；
② 想要得到"1～4 的累加和"，现在只需得到"1～3 的累加和"，再与 4 相加；
③ 想要得到"1～3 的累加和"，现在只需得到"1～2 的累加和"，再与 3 相加；
④ 想要得到"1～2 的累加和"，现在只需得到"1～1 的累加和"，再与 2 相加；
⑤ "1～1 的累加和"是 1。

通过前 4 步的分解化小，在第 5 步得到了"1～1 的累加和"，它的结果为 1。由于这个结果是明确的，所以就不需要继续往下分解化小了。

接下来，以"1～1 的累加和"为 1 进行反推：

① 通过"1～1 的累加和"与 2 相加，得到"1～2 的累加和"为 3；
② 通过"1～2 的累加和"与 3 相加，得到"1～3 的累加和"为 6；
③ 通过"1～3 的累加和"与 4 相加，得到"1～4 的累加和"为 10；
④ 通过"1～4 的累加和"与 5 相加，得到"1～5 的累加和"为 15。

通过 4 步反推，最终得出了大目标"1～5 的累加和"为 15，如图 4.8 所示。

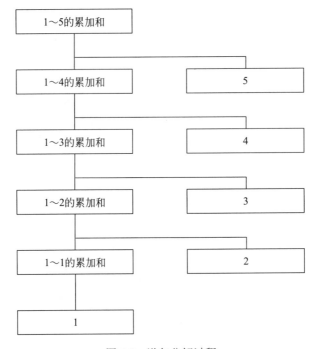

图 4.8　递归分解过程

4. 编写递归函数

了解了递归的算法原理后，下面就来真正地实现这样功能的递归函数。

【**例 4-2**】编写一个递归函数，能够计算 1～n 的累加值，其中 n 的值大于等于 1，并在主函数中调用该函数。

我们将递归函数命名为"sum"，其形参定义为 int 类型，变量名为 n。返回值也是 int 类型。函数的具体代码如下：

```
int sum(int n)
{
    if(n == 1)                //若 n 的值等于 1，则表示求"1～1 的累加和"
        return 1;             //通过 return 语句返回 1，并终止递归调用
    return sum(n - 1) + n;    //若 n 的值不为 1，则进行分解
}
```

在函数体中，首先使用 if 语句来判断形参变量 n 的值，若是等于 1，相当于求"1～1 的累加和"，对于这种情况，可确切地知道结果为 1，因此就通过第一个 return 语句终止递归调用，并将 1 作为结果返回。若形参变量的值并非是 1，则 if 语句中的表达式的值为假，第一个 return 语句就不会被执行，而第二个 return 语句会被执行。

第二个 return 语句被执行时，首先要计算表达式"sum(n – 1) + n"的值，表达式是一个加号运算符的算术表达式，而加号运算符的左操作数是一个递归调用。这个递归调用就相当于是一个分解化小的过程，它把原参数变量 n 的值减 1 之后作为新的参数进行递归调用。假设原形参变量 n 的值为 5，则递归调用时，新的函数参数值则为 4。所以表达式"sum(n – 1) + n"，就是把原来的求"1～5 的累加和"，分解化小为先求出"1～4 的累加和"，再将结果与 5 相加。

虽然递归调用是函数调用自身，但是在递归调用过程中，我们可以把它们理解为是不同的函数。也就是虽然它们有着相同的函数名，有着相同的函数体，但函数调用时的参数值是各不相同的。下面就以求"1～5 的累加和"为例，递归调用期间，各函数的参数和执行过程如图 4.9 所示。

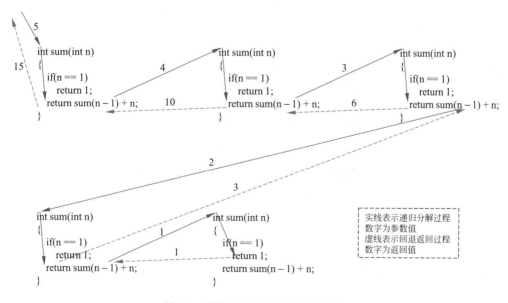

图 4.9　递归调用时参数和执行过程

下面在主函数中来调用这个递归函数：

```
int main()
{
    int a;
    printf("Please enter an integer greater than 1:\n");
    scanf("%d", &a);
    printf("The sum from 1 to %d is %d.\n", a, sum(a));
    return 0;
}
```

在主函数中，首先定义一个 int 类型变量 a，用于保存用户所输入的整数，然后使用 printf 函数提示用户输入一个大于 1 的整数，接着使用 scanf 函数获取用户的输入，最后通过 printf 函数打印输出 1 至用户指定整数的累加和。注意，我们直接将递归函数 sum 的调用语句作为 printf 函数的第 3 个参数（它对应着格式化字符串中的第 2 个点位符），这是没问题的，因为 sum 函数是一个有返回值类型的函数。

运行一下程序，结果如下：

```
Please enter an integer greater than 1:
5
The sum from 1 to 5 is 15.
```

4.4　再　谈　变　量

变量与函数，是 C 语言程序代码的两大主角。可能有人会反驳道："指针和数组在 C 语言中也非常重要"，是的，它们也很重要，但指针其实就是一种变量，而数组也可以说是某种变量的集合，它们与变量之间有脱离不了的关系。这些内容会留在后面的章节中介绍。在对函数有了进一步了解之后，本节将再进一步地对变量进行讨论和研究。

4.4.1　自动变量与静态变量

变量在定义的时候，除了需要指定数据类型之外，还可以指定它的存储类型。在 C 语言中，可以使用"auto"和"static"两个关键字来指定变量的存储类型。例如：

```
auto int a;      //自动存储类型变量，简称自动变量
static int b;    //静态存储类型变量，简称静态变量
```

"auto"表示变量是自动存储类型的，简称为自动变量，"static"表示变量是静态存储类型的，简称为静态变量。默认情况下，在函数中定义的变量属于自动变量，所以前面的"auto"关键字是可以省略的，即"auto int a"与"int a"是一样的，都表示自动变量。

自动变量与静态变量之间有哪些区别呢？

1. 存储位置

自动变量存储在栈中，而静态变量存储在静态区。当用户用鼠标双击".exe"后缀的可执行文件时，程序被启动，系统会为该程序分配一块内存，而这块内存又会被划分为代码区、静态区、堆和栈四个区块，分别存储程序所使用的各种不同类型的数据，如图 4.10 所示。

程序文件的 二进制码	字符串常量、全局 变量、静态变量等	由程序员管理 的内存区域	自动变量、函数参 数等，这是由系统 管理的内存区域
代码区	静态区	堆	栈

图 4.10　内存四区

栈是由系统管理的一块内存区域，例如我们定义一个自动变量时，系统会根据变量的数据类型大小在栈内开辟一块内存，当不再使用这个变量时，系统会将它所使用的内存回收。

而堆是由程序员管理的一块内存区域，其中内存的分配、使用和回收都是由程序员通过调用相应的内存管理函数来完成。关于这方面内容，将在第 8 章进行介绍。

2. 初始化

自动变量不会被默认初始化，而静态变量会被默认初始化。也就是说，当定义一个变量时，若该变量是自动类型的，除非用户主动对它进行初始化，编译器是不会对它进行初始化的；若该变量是静态类型的，如果没有对它进行初始化，编译器会默认对其进行初始化，通常会将变量初始化值为 0。例如：

```
void test()
{
    int a = 10;
    int b;
    static int c = 20;
    static int d;
}
```

在 test 函数中，定义了 4 个 int 类型的变量，其中变量 a 和 b 属于自动变量，变量 a 被初始化值为 10，而变量 b 没有初始化，编译器是不会为其进行初始化，所以变量 b 的值是不确定的。变量 c 和 d 属于静态变量，其中变量 c 被初始化值为 20，虽然变量 d 没有被初始化，但编译器会为其进行初始化，值为 0。

3. 生命期

就像人有生老病死一样，C 语言中的变量也是有生命的，我们把它称为变量的生命期。只有在变量的生命期内，用户才可以去使用这个变量。在变量的生命期之前或变量生命期已经结束，就无法再使用这个变量了。所以用户要清晰地知道变量生命期的开始和终结点。

自动变量的生命期是从变量所在的函数被执行后，变量被定义时开始，至函数结束时，其生命期结束，也可以说自动变量是属于函数生命期。

静态变量的生命期是从程序运行时开始，至程序结束时，其生命期结束，也可以说静态变量属于程序生命期。

test 函数中的变量 a 和 b 的生命期是从 test 函数被执行后，变量被定义时开始，至 test 函数结束时止。所以每次 test 函数被执行后，编译器都要为变量 a 和 b 在栈上分配内存空间（位置有可能会发生变化），在 test 函数结束后，编译器会将变量 a 和 b 所占用的内存空间回收。

test 函数中的变量 c 和 d 是静态变量，它们存储在静态区，所以位置不会发生变化。

由于它们拥有程序生命期，即使 test 函数结束了，它们的生命期仍然存在，所占用的内存空间也不会被回收，所以只有当 test 函数第一次被执行时，编译器会对其进行初始化的操作，之后都不会再进行初始化了，直至程序结束时，它们所占用的内存空间才会被系统回收。

4.4.2 局部变量与全局变量

在 C 语言中，按照定义的位置不同，变量还可以分为局部变量与全局变量。在函数内定义的变量是局部变量，包括形参变量；在函数外定义的变量是全局变量。例如：

```c
int a;
void test(int b)
{
    int c;
    static int d;
}
```

变量 a 定义在函数之外，它是全局变量，而变量 b、c、d 都是在函数之内，所以它们是局部变量。

在使用局部变量与全局变量时，需注意以下几点。

1. 作用域

只有在变量的生命期内，才可以使用这个变量。其实这句话说得不太完整，因为确定一个变量是否可以使用，需要两个必要条件：①在生命期内；②在作用域内。也就是说，只有在变量的生命期内，并且处于变量的作用域内，用户才能使用这个变量。生命期控制着变量的生命权限，而作用域控制着变量的访问权限。就好像你要向小明借一本书，第一必须保证这本书是存在的，第二必须得见着小明，这两个条件缺一不可。

局部变量的作用域从定义处开始，直到函数的结尾处。变量 b、c、d 是局部变量，它们的作用域是从各自的定义处开始，至函数结尾，在其他地方是访问不到它们的。即使变量 d 是静态变量，虽然它的生命期在函数结束后仍然存在，但在作用域外仍然无法使用。

全局变量的作用域是所有程序文件。变量 a 是全局变量，它的作用域是所有的程序文件，即在程序的任何地方都可以使用。如果程序有多个文件，全局变量在所有的文件里都是可以访问和使用的。

2. 全局变量的声明

函数的作用域也是所有的程序文件，所以全局变量和函数拥有同样的作用域。而且在使用时，全局变量与函数也非常相似，即全局变量在使用前也需要进行声明。

C 语言中，使用关键字 "extern" 来进行全局变量的声明，它的使用格式为：

```
extern 数据类型 全局变量名;
```

例如在使用全局变量 a 之前，我们可以对它进行声明：

```
extern int a;
```

"extern" 翻译成中文是外部的意思，所以还经常将全局变量称为外部变量。因为所声明的全局变量有可能定义在程序的其他的文件之中。

与函数的定义包含对函数的声明一样，全局变量的定义也包含了对全局变量的声明。如果全局变量的定义与全局变量的使用位于同一个文件中，并且定义在使用之前，则不必再通过"extern"进行声明。反之，当全局变量的定义与全局变量的使用不在同一个文件时，或者全局变量的定义位于全局变量的使用之后，则需要在使用前通过"extern"对全局变量进行声明。

注意，在对全局变量进行声明时，不要对它进行初始化。例如：

```
extern int a = 100;
```

若这样使用，在 gcc 编译器下会给出一个错误：声明的时候不允许被初始化。

3. 全局变量的存储类型

全局变量存储在静态区，和静态变量一样，也是属于静态存储类型，因此它拥有和静态变量一样的生命期，即程序生命期。

和静态变量另外一个相同之处是，全局变量在定义时，如果没有对其初始化，编译器会自动将其值初始化为 0。

4.4.3 只读变量

在 C 语言中，还可以将一个变量修饰为只读变量，也就是说，只读变量只能被访问，而其值是不允许被修改的。是不是和常量有些类似？但只读变量不是常量，因为它的值并非真正地无法改变，通过后面章节所介绍的指针，还可以间接地去修改它的值的。关于这一点，我们留到后面的章节再讲。

我们可以使用"const"关键字来对变量进行修饰，将其设置为只读变量。例如：

```
const int a = 10;
```

通过 const 对 int 类型变量 a 进行修饰后，变量 a 就成了一个只读变量，我们仍能够通过变量名来访问它的值，但不能通过变量名来修改它的值了。例如访问只读变量 a：

```
int main()
{
    const int a = 10;
    printf("a = %d\n", a);  //访问并打印只读变量a
    return 0;
}
```

程序运行结果：

```
a = 10
```

而如果尝试去修改它：

```
int main()
{
    const int a = 10;
    a = 20;                 //修改只读变量a
    printf("a = %d\n", a);
    return 0;
}
```

则在编译的时候，就会给出错误信息：

```
error: assignment of read-only variable 'a'
```

错误原因很明确：不可以对只读变量 a 进行赋值。

由于只读变量只可被访问，不可被修改，所以在定义只读变量的时候，应该对其进行初始化。如果只读变量属于全局变量，编译器会自动将其初始化为 0；若只读变量属于局部变量，编译器并不会对其进行初始化，其值是未确定的，那使用这个只读变量就变得毫无意义了。

4.5　库　函　数

C 标准库为用户提供了许多功能强大的函数，这些函数都是经过了严格的验证和测试的，因此在程序代码中多使用库函数，不失为明智之举。

使用库函数的方式非常简单，只需要在文件的头部使用 "#include" 指令包含相应的头文件即可。例如将 "stdio.h" 这个头文件包含进来，我们就可以非常方便地使用 printf 函数和 scanf 函数了。

除了 "stdio.h" 之外，还有许多其他的头文件。为了更好地管理众多的库函数，按照不同的函数功能，把一些功能相近的库函数放在一起，并把它们的函数声明都定义在一个头文件中。下面就以标准库头文件为例，简单介绍一些常用的库函数。

在介绍库函数的时候，我们经常会使用 "函数原型" 这个说法，函数原型就是前面所介绍的函数声明。

4.5.1　标准输入/输出函数

从第一个例子开始，我们就一直在使用 "stdio.h" 这个头文件。该头文件中包含了和标准输入/输出相关的一系列库函数的声明，除了我们比较熟悉的 printf 和 scanf 这两个函数之外，还有许多其他的标准输入/输出的库函数。

1. getchar

函数原型：

```
int getchar( void );
```

函数功能：从标准输入（STDIN）获取一个字符，如果到达文件尾则返回 EOF(–1)。其中标准输入就是我们在窗口中通过键盘所输入的字符，若我们将窗口看作一个文件，那窗口中最后一个字符之后的位置就是文件尾。EOF 是一个宏，关于宏，我们会在后面章节介绍，现在只需记住它的值通常被定义为–1 就可以了。

使用示例：

```
#include <stdio.h>
int main()
{
    int ch = getchar();
```

```
        printf("ch = %d\n", ch);
        return 0;
}
```

在主函数中定义 int 类型变量 ch，保存 getchar 函数的返回值，然后通过 printf 函数将变量 ch 的值以整数的形式打印在窗口上。程序运行后，光标处于闪烁状态，等待用户的输入，我们可以输入一个小写字母 a，然后按下回车：

```
a
ch = 97
```

从程序打印输出的结果中可见，getchar 函数会读取字符 a，97 为字符 a 的 ASCII 码值。

Windows 系统中，在程序运行的时候，也可以通过组合键 Ctrl + Z 在窗口中生成一个文件尾标识：

```
^Z
ch = -1
```

getchar 函数在读取到这个文件尾标识后，会返回一个 EOF，其值为–1。

2. putchar

函数原型：

```
int putchar(int ch);
```

函数功能：将形参变量 ch 以字符的形式写到标准输出(STDOUT)，即控制台窗口，返回值为被写的字符，函数发生错误时返回 EOF。

使用示例：

```
putchar('A');
putchar('\n');
putchar(98);
```

第一个函数的实参为字符常量 A；第二个函数的实参为转义字符（换行符）；第三个函数的实参为整型常量 98，它是字符 b 的 ASCII 码值。

把这三个函数放到主函数中，然后编译执行程序，结果如下：

```
A
b
```

首先打印大写字符 A，接着是一个换行，最后是小写字符 b。

在初次接触 getchar 函数与 putchar 函数时，初学者可能会迷惑，它们都是和字符打交道的函数，为什么参数和返回值没有使用 char 类型，而被定义成 int 类型呢？其实在 C 语言中，用一个大的类型来保存小的数据是没问题的，但反过来，用一个小的类型来保存大的数据就可能出错。char 类型只有 1 字节大小，所表示的数据范围为–128～127，而 int 类型无论是大小还是所表示的数据范围都远远超过 char。

"stdio.h" 头文件中，还有很多实用的库函数，在后面的章节中还会继续介绍。

4.5.2　数学函数

在编写 C 程序代码时，很可能会用到和数学相关的一些函数，例如求幂、平方根、自然对数以及三角函数等等。在 C 语言中，只需包含"math.h"这个头文件，就可以使用这些和数学相关的库函数啦。

下面列出几个数学库函数的原型：

```
double pow(double base, double exp);
```

函数返回以参数 base 为底的 exp 次幂。

```
double sqrt(double num);
```

函数返回参数 num 的平方根，参数 num 不能为负。

```
int abs(int num);
```

函数返回参数 num 的绝对值。

```
double sin(double arg);
```

函数返回参数 arg 的正弦值，参数 arg 以弧度的形式给出。

```
double cos(double arg);
```

函数返回参数 arg 的余弦值，参数 arg 以弧度的形式给出。

这些数学函数的使用方法都非常简单，就不再展示它们的使用示例了。

4.5.3 日期时间函数

通过包含"time.h"头文件，就可以使用 C 标准库中关于日期和时间相关的一些库函数。下面讲解几个常用的日期时间函数。

1. time

函数原型：

```
time_t time(time_t *t);
```

函数功能：函数返回自 1970 年 1 月 1 日 0 时 0 分 0 秒到现在所经过的秒数值。其参数 t 是指针类型（变量名前面有星号*），在 time 函数被调用时，如果参数 t 的值为 NULL（NULL 表示空指针的意思，即其值为 0 的指针），则函数就不会保存这个秒数值；如果参数 t 不为 NULL，那么函数会将这个秒数值保存到 t 所指向的内存空间中。函数的参数和返回值的类型都是 time_t，它其实是一个类型别名，大家还记得如何设置类型别名吗？就像下面这样：

```
typedef long time_t;
```

2. ctime

函数原型：

```
char *ctime(const time_t *t);
```

函数功能：函数按照参数 t 所指向的时间秒数，生成并返回一个包含日期和时间的字符串。返回值类型为 char *，即字符指针类型，C 语言中可以使用字符指针来指向一个字符串。参数类型的前面有 const 修饰符，它表示在函数中不会修改参数 t 所指向的内存。

示例：

```
#include <stdio.h>
#include <time.h>                    //日期时间库函数的头文件
int main()
{
    time_t t;                        //定义变量 t
    t = time(NULL);                  //获取时间秒数值，保存到变量 t 中
    printf("%s\n", ctime(&t));       //打印日期时间字符串
    return 0;
}
```

程序运行结果：

```
Sun Jul 07 22:53:12 2019
```

由于所介绍的两个日期时间函数，突然牵涉到了指针相关的内容，可能大家会感觉有些吃力。那暂且先用"照葫芦画瓢"的方式来练习，不必深究，待我们真正学习指针之后，再回过头来看这里，一切都会变得清晰。

4.5.4　随机数函数

在很多程序中需要用到随机数，通过包含"stdlib.h"头文件，就可以使用库函数来产生随机数了。

【例 4-2】编写程序，在控制台窗口上打印 1～10 的 5 个随机数。

1. rand

我们可以通过库函数 rand 来获得一个 0～32768 的随机数，但程序要求的随机数是 1～10 之间。怎么办呢？

可以利用下面的公式来得到指定区间的随机数：

```
rand() % (max - min + 1) + min
```

其中 max 表示区间的最大值，min 表示区间的最小值。例如想要得到一个 1～10 之间的随机值，max 就是 10，而 min 就是 1。将其代入公式后变为：

```
rand() % (10 - 1 + 1) + 1
```

再简化一下，变为：

```
rand() % 10 + 1
```

任何值对 10 进行求模后，得到的值肯定为 0～9，将这个值加上 1 后，区间自然就变成 1～10 了。

下面就可以完成这个程序了，代码如下：

```
#include <stdio.h>
#include <stdlib.h>
int main()
{
    for(int i = 0; i < 5; ++i)
        printf("%d ", rand() % 10 + 1);
    return 0;
}
```

代码中，首先包含了随机数函数需要用到的头文件"stdlib.h"，在主函数中使用了一个 for 循环语句，它会让循环体被执行 5 次，每次都会使用"rand() % 10 + 1"得到一个介于 1～10 之间的随机数，然后通过 printf 函数打印到窗口上。程序的运行结果如下：

```
2 8 5 1 10
```

读者在测试时，可能会发现一个问题：每次运行这个程序后，打印输出的结果是完全相同的，也就是程序的运行结果全是"2 8 5 1 10"。那这还算是真正的随机数吗？哈哈，我们通常将这样的随机数称为"伪随机数"，那如何获得真的随机数呢？

2. srand

在通过 rand 函数获取随机数时，它需要用到一个被称之为"种子"的初始值，根据不同的种子，才能获得不同的随机数，通常情况下种子的默认值为 1。

库函数 srand 就是用来设置这个种子的，例如：

```
srand(100);
```

这条语句的作用是通过 srand 函数将种子的值设为 100。如果我们把这条语句放在 for 循环语句之前：

```
srand(100);
for(int i = 0; i < 5; ++i)
    printf("%d ", rand() % 10 + 1);
```

现在重新编译运行这个程序，结果会变成：

```
6 7 6 5 5
```

打印的结果和之前不一样了。但是……

后面再运行这个程序，会发现结果又都变成"6 7 6 5 5"了。这时有人可能会说，再使用 srand 函数改一下种子就行了。是的，但这是"笨方法"，因为每次修改种子后，都需要重新编译这个程序，非常麻烦。那有没有一劳永逸的解决办法呢？

通过思考，发现解决问题的关键是种子值。如果种子值是固定的，那得到的随机数就会相同。如果种子值是不断变化的，那得到的随机数是不是就不一样啦？非常正确。现在的问题，就在于用什么办法，能让种子值不断变化呢？

之前介绍的 time 函数可以返回从 1970 年到现在所经过的时间秒数。程序是在不同的时间运行的，那这个时间秒数肯定是不断变化的，若将这个时间秒数作为种子，是不是就能完美解决问题啦？按照这个思路，将代码修改如下：

```
#include <stdio.h>
#include <stdlib.h>
#include <time.h>                   //包含时间头文件
int main()
{
    srand(time(NULL));             //将时间秒数设为种子
    for(int i = 0; i < 5; ++i)
        printf("%d ", rand() % 10 + 1);
    return 0;
}
```

现在每次运行程序后，就能在控制台窗口打印各不相同的随机数啦。若两次程序的运行时间间隔小于 1 秒，还是可能会发生随机结果相同的情况。为什么会这样，相信此时的你已经能够知晓。

4.5.5　字符处理函数

在 C 标准库里还有一组和字符相关的库函数，使用这些函数可以非常方便地对字符进行分类、检测和转换操作。若想使用这些库函数，需包含 "ctype.h" 头文件。

由于这些函数的使用很简单，所以就不再占用过多的篇幅来逐一示例，表 4.2 列出了其中常用的一些函数原型及简单的功能介绍，以供读者练习。

表 4.2　常用字符处理函数

函数原型	功能
int isalnum(int ch);	检查 ch 是否字母或数字字符，是就返回真，不是则返回假
int isalpha(int ch);	检查 ch 是否字母，是就返回真，不是则返回假
int isdigit(int ch);	检查 ch 是否数字字符，是就返回真，不是则返回假
int islower(int ch);	检查 ch 是否小写字母，是就返回真，不是则返回假
int ispunct(int ch);	检查 ch 是否标点符号，是就返回真，不是则返回假
int isspace(int ch);	检查 ch 是否空白字符（空格、换行等），是就返回真，不是则返回假
int isupper(int ch);	检查 ch 是否大写字母，是就返回真，不是则返回假
int tolower(int ch);	若参数 ch 为大写字母，返回对应的小写字母，否则返回原参数字符
int toupper(int ch);	若参数 ch 为小写字母，返回对应的大写字母，否则返回原参数字符

需要大家注意的是，这些字符处理函数都是针对英文字符的，即有对应的 ASCII 码值的字符。不要使用中文字符，尤其是标点符号，初学者很容易将中文的标点符号和英文的标点符号搞混。

C 标准库中的函数有几百个之多，而本节所介绍的只有几个，更多的库函数，需要读者自己去学习和研究。毕竟库函数都是大师们的精华之作，经历了千锤百炼，多多地熟悉和掌握它们，肯定会受益匪浅。

4.6　本　章　小　结

函数就是具有特殊功能的语句的集合，它是结构化程序设计中的一个子过程、子程序，也是模块化设计思想当中的模块。从撰写者的角度，可以将函数分为库函数和自定义函数。

函数在使用前必须有定义，否则在编译时会产生链接错误。在函数定义时，将小括号内的参数称为形式参数，简称形参。形式参数必须指明数据类型。

函数可以分为函数头和函数体两部分。

函数调用格式为函数名加上小括号，小括号内可以给出参数。函数调用时，小括号内的参数称为实际参数，简称实参。函数被执行时，会将实参的值复制给形参。因此，实参的类型、顺序和数量必须和形参的类型、顺序和数量匹配。

函数声明的方式为函数头加上分号。函数定义包含了函数声明。如果函数定义在函数调用之前，则无须单独的函数声明；若函数定义位于函数调用之后，则必须在函数调用前进行函数声明。

函数按有无返回值，可分为无返回值函数和有返回值函数。

函数按有无参数，可分为无参函数和带参函数。

函数不允许嵌套定义，但允许嵌套调用，即在一个函数中调用另外一个函数。

若函数调用自身，则称为递归调用，拥有递归能力的函数称之为递归函数。递归调用时，必须有终止递归的条件。递归调用的算法思想是将大目标不断分解化小，直至拥有明确结果（条件成立）时，终止递归并进行反推，最终实现目标。

在递归调用时，可以把函数想象成是不同的函数，即把递归调用看成普通的嵌套调用，这样会更容易理解递归的原理。

变量按存储类型的不同，可以分为自动变量和静态变量。自动变量使用"auto"关键字，静态变量使用"static"关键字。函数中的变量默认为自动变量，"auto"关键字可以被省略。

程序所使用的内存空间可以分为代码区、静态区、堆和栈四个部分。自动变量使用栈，而静态变量使用静态区。对于静态区中的变量，如果在定义时没有进行初始化，编译器会对其进行默认初始化（将其值设置为 0）。

自动变量具有函数生命期，即自动变量的生命期从定义时起，至函数结束时止。

静态变量具有程序生命期，即静态变量的生命期从程序启动时起，至程序结束时止。在函数中的静态变量只会在函数第一次被执行时进行初始化的操作。

变量按作用域的不同，分为局部变量和全局变量。局部变量位于函数内，全局变量位于函数外。全局变量存储在静态区，因此，如果在定义时没有进行初始化，编译器会将其初始化为 0。

局部变量的作用域，从定义处起，至函数结束时止。

全局变量的作用域覆盖所有的程序文件。

和函数一样，在使用全局变量前，要有全局变量的声明。全局变量的定义包含对全局变量的声明，即全局变量的定义在使用之前，无须单独的声明；若全局变量的定义和使用位于不同的文件中，或全局变量的定义位置在使用之后，则需要进行全局变量的声明。

可以使用"extern"关键字对全局变量进行声明，格式为：

extern 数据类型 全局变量名;

如无特殊需要，在对全局变量进行声明时不应该对其进行初始化的操作。

可以通过"const"将一个变量修饰为只读变量，只读变量只可被访问，不可被修改。

C 标准库为我们提供了许多功能强大的函数，这些函数都经过了严格的验证和测试，因此在程序代码中多使用库函数，不失为明智之举。

在使用库函数时，需要在文件头通过"#include"包含相应的头文件。

第5章 数　　组

本章学习目标

- 掌握一维数组的使用
- 了解数组作为函数参数
- 了解字符数组与字符串
- 掌握二维数组的使用
- 学会数组的实际应用

本章先介绍一维数组的定义、初始化方式、数组元素的访问、数组的大小和数组的长度，以及将数组元素作为函数参数与将数组作为函数参数之间的区别；然后介绍 C 语言中字符串的使用要点，以及如何利用字符数组存储字符串；接着对二维数组的定义、初始化方式和数组元素的访问进行详细介绍，并用另一种思维模式来解释多维数组；最后通过冒泡排序算法和转置矩阵，向读者演示一维数组与二维数组的两个经典应用。

5.1　一　维　数　组

在 1993 年的春节晚会上，歌手付笛生演唱了一首《众人划桨开大船》，歌曲优美，节奏性强，深受观众喜欢。其中有歌词唱道："一支竹篙耶难渡汪洋海，众人划桨哟开动大帆船；一棵小树耶弱不禁风雨，百里森林哟并肩耐岁寒，耐岁寒。"这是告诉大家要团结一致，心往一处想，力往一处使，才能把事情做好，做成功，突出了团队协作的重要性，也彰显了那句名言：团结就是力量。

在前面所讲的案例代码中，都是使用变量来保存数据。一个变量只能保存一份数据，在程序数据量小的情况下，使用起来比较方便。但是对于大规模的数据，单纯的变量就显得有些单薄，若坚持采用变量来保存数据，对于数据的管理和维护来说，将变得异常艰难。例如，为了保存 100 个随机数，需要定义出 100 个变量，书写 100 个不同的变量名，密密麻麻的变量名充斥在代码中，稍有不慎，就可能导致"张冠李戴"。如果把随机数的数量从 100 提升至 1000，甚至更多，还能坚持使用变量吗？显然，对付大规模的数据，我们需要更强大的数据类型。

一个变量虽然单薄，但是我们可以把众多的变量"团结"起来，那么自然就有"力量"了。而将众多的变量凝聚在一起，也就构成了我们本章的主题——数组。

5.1.1　数组的定义

数组是同一类型数据的集合，我们更习惯将数组中的数据单元称为数组的元素，甚至可以将其作为一个普通变量来使用。C 语言中，数组的定义格式如下：

```
数据类型    数组名[整型常量表达式];
```

数据类型就是数组元素的类型，数组中所有的元素都必须具有相同的数据类型。数组名就是数组的名字，这与变量、函数的命名规则是一致的。在数组名之后，是一对中括号"[]"，中括号内的整型常量表达式指示了数组元素的个数。C 语言中，通常将数组名后的中括号称为"维"，而将中括号内的表达式的值称为"维的大小"。只有一个维的数组就是一维数组，默认情况下，我们所说的数组就是指一维数组。此外，还有二维数组、三维数组……，这些内容放到后面再讲，现在只讨论一维数组。

了解了数组的定义格式，下面实际定义几个数组：

```
char a[5];
int b[10 + 5];
float c['A'];
```

第一条语句定义了一个 char 类型的数组 a，整型常量表达式的值为 5，表示它共有 5 个元素。在描述数组元素的个数时，我们喜欢将其称为数组的长度，例如数组 a 的长度为 5。第二条语句定义了一个长度为 15 的 int 类型的数组 b。在第三条语句中，整型常量表达式为常量字符 A，虽然看着有些别扭，但是没问题，表达式的值就是字符 A 的 ASCII 码值 65，所以这里就是定义了一个长度为 65 的 float 类型数组 c。

数组在定义时，若中括号内使用了变量或者非整型的常量，都是错误的，例如：

```
int n = 10;
char d[n];          //错误，不可将变量 n 作为维的大小
char e[3.5];        //错误，不可将非整型常量 3.5 作为维的大小
```

此外，中括号内的表达式的值不要为 0，毕竟定义一个长度为 0 的数组也没有意义，在某些编译器上是不允许定义长度为 0 的数组的。

最后，若数组和变量的类型一致，可以放在一起进行定义，例如：

```
int m, g[10];        //定义了 int 类型的变量 m 和长度为 10 的数组 g
```

5.1.2 数组的大小

数组在定义后，其大小就确定了。我们可以通过 sizeof 运算符来获得数组的大小：

```
int a[5];
printf("Size of the array: %u Bytes.\n", sizeof a);
```

首先定义了一个长度为 5 的 int 类型数组 a，然后使用 sizeof 运算符对数组 a 进行运算，也可以使用"sizeof(a)"的格式，并将运算的结果通过 printf 函数打印在窗口上，程序运行结果如下：

```
Size of the array: 20 Bytes.
```

数组的元素在内存中是连续、依次排列的，就像弹匣中的子弹一样，一个挨着一个，如图 5.1 所示。

数组 a 共有 5 个 int 类型的元素，每个元素大小为 4 字节，所以数组 a 的大小就是数组元素大小与数组元素个数的乘积，即 4×5 = 20 字节。

图 5.1　数组 a 的内存大小

同样地，若是知道了数组的大小，通过数组大小除以数组元素大小，可以得知数组元素的个数，例如：

```
printf("The number of array elements is %u.\n", sizeof a / sizeof(int));
```

由于数组 a 的元素都是 int 类型的，所以可以通过"sizeof(int)"获得数组元素的大小（int 是数据类型，所以 sizeof 后面的小括号不可省略）。将数组大小与数组元素大小相除，即可得到数组元素的个数。程序运行结果如下：

```
The number of array elements is 5.
```

5.1.3　数组的初始化

大家有没有想过，在定义好数组后，数组中各元素的值是什么呢？其实数组和变量类似，如果将数组定义成全局的或者静态的，那么编译器会将数组存储在静态区，并对数组进行默认初始化，将数组中所有元素的值初始化为 0。而局部的非静态的数组存储在栈上，编译器不会对其进行默认初始化，因此数组中各元素的值就是未确定的。

1. 全部初始化

可以通过手工的方式对数组进行初始化，格式为：

```
数据类型 数组名[整型常量表达式] = {初始值列表};
```

即在数组定义的后面跟上一个赋值运算符和一对大括号，在大括号内是初始值列表，可以把数组元素的初始值放在大括号内，如果有多个初始值，则用逗号进行分隔。数组中的所有元素都具有相同的数据类型，因此，所有的初始值必须和数组元素的数据类型匹配。例如：

```
int a[5] = {10, 20, 30, 40, 50};
```

定义了一个长度为 5 的 int 类型数组 a，同时对其进行初始化，初始值列表由 5 个整型常量构成，即初始值的个数与数组元素个数相同，这就是全部初始化方式。编译器会将各数组元素初始化为所对应的那个初始值，如图 5.2 所示。

	第1个元素	第2个元素	第3个元素	第4个元素	第5个元素
数组a	10	20	30	40	50

图 5.2　数组 a 全部初始化后各元素的值

采用全部初始化方法时，初始值列表中的初始值个数不要多于数组元素的个数，不然编译的时候会给予警告或错误的信息，毕竟也没有这么多数组元素需要初始化。

另外，采用全部初始化方法时，C 语言允许使用空中括号的形式进行数组的定义。例如：

```
int a[] = {10, 20, 30, 40, 50};
```

对于这种情况，编译器会根据初始值列表中初始值的个数来确定数组的大小，即保证数组拥有和初始值个数相同的数组元素，并将各数组元素初始化为对应的初始值。

若无初始值列表，则不可使用空中括号形式进行数组的定义：

```
int a[];            //错误
```

由于无初始值列表，编译器无法确定数组的大小，所以这是一种错误的行为。

2. 部分初始化

数组初始化时，还可在初始值列表中给出少于数组元素个数的初始值。例如：

```
int a[5] = {10, 20};
```

初始值列表中只有 2 个初始值，少于数组元素的个数，称为部分初始化方式。针对这种情况，编译器会将前 2 个数组元素初始化为对应的初始值，而剩余的数组元素值被初始化为 0，结果如图 5.3 所示。

	第1个元素	第2个元素	第3个元素	第4个元素	第5个元素
数组a	10	20	0	0	0

图 5.3　数组 a 部分初始化后各元素的值

部分初始化的方式常用来将数组中的元素全部初始化为 0：

```
int a[5] = {0};
```

初始值列表中只有 1 个 0，编译器会将它作为数组中第 1 个元素的初始值，而剩余的数组元素值也都会被编译器初始化为 0。结果就是数组中所有元素的值全部为 0。

3. 指定初始化

采用部分初始化方式，只能给位置靠前的数组元素赋初始值。我们也可以通过指定初始化的方式，给数组中任意位置的数组元素赋初始值。在初始值之前使用中括号加数字来指定它所对应的数组元素的下标，即"[下标] = 初始值"。什么是下标呢？下标就是数组元素的位置或者索引。需要注意的是，C 语言规定，数组的下标是从 0 开始的，不像我们日常生活中的计数都是从 1 开始的。也就是说，数组中第 1 个元素的下标是 0，第 2 个元素的下标是 1，最后一个元素的下标是数组元素个数减 1。

下面就采用指定初始化的方式对数组进行初始化：

```
int a[5] = {[2] = 10, [4] = 20};
```

在初始值列表中，初始值 10 前面的下标为 2，表示将数组中的第 3 个元素初始化为 10；初始值 20 前面的下标为 4，表示将数组中的第 5 个元素初始化为 20。剩余的数组元素，编译器会将其初始化为 0，结果如图 5.4 所示。

	第1个元素	第2个元素	第3个元素	第4个元素	第5个元素
数组a	0	0	10	0	20
下标	0	1	2	3	4

图 5.4　数组 a 指定初始化后各元素的值

采用指定初始化的方式，初始化顺序仍是按照初始值列表的初始值的先后顺序完成的，与下标值的大小无关。例如：

```
int a[5] = {[4] = 20, [2] = 10};
```

虽然下标 2 所对应的数组元素的位置靠前，但由于初始值列表中第一个初始值的下标为 4，所以编译器先将数组第 5 个元素初始化为 20，然后才将数组第 3 个元素初始化为 10。

需注意的是，指定初始化方式是可以与非指定初始方式结合使用的，例如：

```
int a[5] = {[4] = 20, [2] = 10, 30};
```

可以看到，在初始值列表中，初始值 30 的前面并没有指定下标，编译器会根据它的前一个（下标为 2 的）初始化对象，将下一个（下标为 3 的）数组元素作为初始化对象，即将数组中第 4 个数组元素初始化为 30。

最后需要说明的是，对于数组来说，只能被初始化，而不可以被赋值。例如：

```
int a[5];
a = {1, 2, 3, 4, 5};        //错误，数组不能被赋值
```

数组虽然不能被赋值，但数组元素是可以的。

5.1.4　数组元素的访问

定义数组的目的主要是使用数组元素。那如何访问数组中的元素呢？很简单，使用数组名加下标就可以了，即访问数组元素的格式为：

```
数组名[下标值]
```

中括号与下标值构成了数组的下标。下标值必须是一个整数，它可以是常量、变量，甚至是一个表达式或函数调用语句。

需再次强调的是，数组元素的下标是从 0 开始的，即数组中的第一个元素对应的下标值为 0。若我们要访问数组 a 中的第 2 个元素，需使用"a[1]"。

通过下标，可以像使用普通变量一样来使用数组元素，所以也将数组中的元素称为下标变量。例如，可以使用下标来获取数组元素的值，或是给数组元素赋新值，甚至对其进行自增、自减运算：

```
printf("%d\n", a[3]);        //获取第 4 个数组元素的值，并打印输出
a[0] = 10;                   //将第 1 个数组元素赋值为 10
a[2] = 20;                   //将第 3 个数组元素赋值为 20
++a[1];                      //对第 2 个数组元素进行自增运算，使其值增 1
```

配合循环结构语句，可以非常方便地遍历数组的所有元素。

【例 5-1】编写程序，由用户输入 5 个整数，保存到数组中，并按逆序方式打印数组所有元素。

首先定义一个长度为 5 的 int 类型数组，接着在循环内使用 scanf 函数获取用户输入的整数，并按照下标值从小到大的顺序保存至数组中，最后再次通过循环，按照下标值从大到小的方式，逆序打印输出数组元素的值，具体代码如下：

```c
#include <stdio.h>
int main()
{
    int i, a[5];
    printf("Please enter 5 integers:\n");
    for(i = 0; i < 5; ++i)        //i为0,1,2,3,4时执行循环体，为5时循环结束
        scanf("%d", &a[i]);       //将i作为下标值，给数组元素赋新值
    printf("Print array elements in reverse order:\n");
    for(i = 4; i >= 0; --i)       //i为4,3,2,1,0时执行循环体，为-1时循环结束
        printf("%d ", a[i]);      //将i作为下标值，打印数组元素的值
    return 0;
}
```

主函数中，首先定义了 int 类型的变量 i 与长度为 5 的数组 a，接着在第一个 for 循环语句中，i 采用自增的方式，0～4 时执行循环体，5 时结束循环，并将 i 作为下标值访问数组元素，为其赋新值。我们可以将数组元素看成是变量，而将 "a[i]" 看成是下标为 i 的数组元素的变量名，所以在 scanf 函数中，仍然需要在 a[i] 的前面加上 "&" 符号。最后，在第二个 for 循环语句中，i 采用自减的方式，4～0 时执行循环体，-1 时结束循环，并将 i 作为下标值访问数组元素，通过 printf 函数打印输出。程序的实际运行结果如下：

```
Please enter 5 integers:
10 20 30 40 50
Print array elements in reverse order:
50 40 30 20 10
```

需要注意的是，在使用数组下标时，不要越界访问，以免访问到数组之外的内存区域。我们应控制下标值在合理区间范围内，既不应小于 0，也不应大于等于数组元素的个数。C 的编译器并不会对数组的越界访问进行检查，这项工作得由编程人员自己做，所以一定要睁大眼睛、时刻小心。

5.2　数组与函数参数

由于可以将数组元素看成是一个变量，所以可以将数组元素作为实参进行函数调用。C 语言还允许将整个数组作为函数的参数，那它与数组元素作为函数参数有什么不同的地方吗？本节就来讲述数组与函数参数之间的微妙关系。

5.2.1　数组元素作为函数参数

数组在定义时就确定了数组元素的数据类型，用户可以通过下标轻松地访问数组元素，并将数组元素像具有相同数据类型的变量一样来使用，包括将它作为函数调用的实际参数。

下面在主函数中定义一个长度为 5 的 int 类型的数组 a，并对其进行初始化：

```c
int a[5] = {1, 2, 3, 4, 5};
```

然后再定义一个函数 printElement：

```
void printElement(int e)
{
    e *= 10;              //将参数值扩大 10 倍
    printf("%d ", e);     //以参数加空格的格式进行打印
}
```

该函数无返回值，并且只有一个 int 类型、名字为 e 的参数。在函数体中，首先通过乘号复合赋值运算符，将参数值扩大 10 倍，然后通过 printf 函数调用语句将这个参数值打印在窗口上。注意，在参数值后面还有一个空格。

最后，我们在主函数里通过 for 循环语句遍历数组，并将数组元素作为参数调用 printElement 函数：

```
for(int i = 0; i < 5; ++i)
    printElement(a[i]);
```

编译运行这个程序，它会在窗口上打印出如下结果：

```
10 20 30 40 50
```

对于这样的输出结果，大家应该没有什么疑问。但是需要大家考虑的是，数组中的元素值改变了吗？是否被扩大了 10 倍？

C 语言中，函数在调用时，实参与形参之间是采用值传递的形式进行传递的，即将实参的值复制一份给形参。虽然初始时形参会具有和实参相同的值，但由于实参与形参各自都有自己单独的内存空间，所以不管形参的值如何改变，都不会影响实参的值。

因此，数组中各元素仍保持着原来的值，不会被扩大 10 倍。想要验证也很简单，大家可以利用循环，将所有的数组元素重新打印一遍。

5.2.2　数组作为函数参数

C 语言允许将数组作为函数的参数，即可以将数组名作为函数的实参进行传递。在函数一章介绍过，函数的实参与形参的类型要匹配，既然实参是数组，那形参也应该是数组，如何定义一个具有数组类型形参的函数呢？

可以在参数名后面加上中括号的形式，表示该参数是一个数组类型。下面定义一个以数组为参数的函数 printArray：

```
void printArray(int arr[])
{
    for(int i = 0; i < 5; ++i)
    {
        arr[i] *= 10;
        printf("%d ", arr[i]);
    }
}
```

printArray 函数只有一个参数，由于在参数名 arr 的后面有个中括号，所以参数的类型就表示为 int 类型的数组。需要注意的是，这里使用的是空的中括号，其实在中括号内也可以写一个整数，只不过无论这个整数的值是多少，都没有意义，编译器会忽略它，具体原因后面会介绍。

在函数体内使用了 for 循环语句，它会使循环体被执行 5 次，按照下标值 0～4 的顺序，依次访问数组中的各元素，并将数组元素的值扩大 10 倍，然后通过 printf 语句打印到窗口上。

现在，我们再使用这个 printArray 函数来打印数组 a，完整代码如下：

```c
#include <stdio.h>
void printArray(int arr[])
{
    for(int i = 0; i < 5; ++i)
    {
        arr[i] *= 10;
        printf("%d ", arr[i]);
    }
}
int main()
{
    int a[5] = {1, 2, 3, 4, 5};
    printArray(a);
    return 0;
}
```

编译运行该程序，结果如下：

```
10 20 30 40 50
```

看到了和之前相同的结果。那使用"数组作为参数"与以前的使用"数组元素作为参数"相比，有什么特殊的地方吗？下面就来仔细分析。

1. 值复制的内容

数组作为参数进行传递时，虽然也是值复制方式，但这个值并不是数组中的元素，而是这个数组在内存中的位置。就如例子中，将数组 a 作为实参调用 printArray 函数时，编译器只会将数组 a 的内存位置复制给形参 arr。也就是形参 arr 得到的仅是数组 a 的内存位置，并不是数组 a 的所有元素。由于形参 arr 只能保存数组 a 的内存位置，而无法保存数组 a 的数组元素，因此，形参 arr 不会知道数组 a 中到底有多少个数组元素。所以，形参 arr 在定义时，它后面的中括号只能算是标记符，起到标明参数是数组类型的作用，所以都是使用空的中括号，并不会去填入一个整数，因为它并不能真正地表示数组元素的个数。

2. 改变实参

使用 printElement 函数打印数组元素时，形参 e 保存的是数组元素的值，因此，在 printElement 函数中将形参 e 的值扩大 10 倍，不会影响到实参（即数组中的元素）。

在 printArray 函数中，形参 arr 为数组类型，它保存的是数组 a 所在内存位置，因此，在使用"arr[i]"时，会到 arr 所保存的内存位置，去寻找下标为 i 的数组元素。而 arr 所保存的是数组 a 的内存位置，所以找到的就是数组 a 中下标为 i 的数组元素。即"arr[i]"和"a[i]"指的是同一个数组元素。因此，在 printArray 函数中，将"arr[i]"扩大 10 倍，也就是将"a[i]"扩大 10 倍。也就是在 printArray 函数中，隐含地将数组 a 中的元素也改变了。这一点可以通过修改主函数，在调用 printArray 函数语句后，再次打印数组 a 中的元素来验证：

```
int main()
{
    int a[5] = {1, 2, 3, 4, 5};
    printArray(a);
    printf("\nPrint all elements of array a:\n");
    for(int i = 0; i < 5; ++i)
        printf("%d ", a[i]);
    return 0;
}
```

程序运行结果如下：

```
10 20 30 40 50
Print all elements of array a:
10 20 30 40 50
```

可见，数组 a 中的元素都已经被扩大了 10 倍。

3. 需要数组长度信息

现在再看一下 printArray 函数的定义，在它的函数体中，我们使用了 for 循环语句，循环变量 i 的值为 0～4，使循环体被执行 5 次，当 i 的值为 5 时，循环结束。大家仔细想一下，这会导致什么样的问题呢？

printArray 函数只适合打印长度为 5 的数组。如果数组的长度大于 5，那么使用 printArray 函数只能打印出前 5 个数组元素；反之，如果数组的长度小于 5，那么会更加糟糕，在 printArray 函数中发生了数组的越界访问。

究其原因，是我们使用了固定循环 5 次的 for 循环语句。如果我们能根据数组元素的个数来决定循环执行的次数，就不会出现问题了。

只要 printArray 函数能够获得数组长度的信息，就可以很好地解决这个问题。于是，我们给 printArray 函数添加一个参数，用这个参数来指示数组的长度：

```
void printArray(int arr[], int len)
{
    for(int i = 0; i < len; ++i)
    {
        arr[i] *= 10;
        printf("%d ", arr[i]);
    }
}
```

新的 printArray 函数拥有了两个形式参数，第一个参数能够保存数组的内存位置，第二参数能够保存数组的长度。有了这两个信息，我们就可以非常方便地访问数组中的所有元素了。在函数体内的 for 循环语句中，我们把"i < 5"修改为"i < len"。这样就不会让循环体永远执行 5 次，而是能够根据数组的长度来决定循环体的执行次数。

由于 printArray 函数的定义被修改，现在拥有了两个形式参数，所以在调用 printArray 函数的时候也需要给出两个实际参数，例如：

```
printArray(a, 5);
```

或是通过 sizeof 运算符来计算出数组长度：

```
printArray(a, sizeof a / sizeof(int));
```

这里又使用了 sizeof 运算符，通过数组大小除以数组元素大小的方式，获得了数组元素的个数，即数组长度，然后将其作为 printArray 函数的第二个实参进行调用。

4. 并非真正数组

看到了 sizeof 运算符，可能不少人会有"柳暗花明""恍然大悟"的感觉。其实我们完全不必让 printArray 函数带两个参数，可以在 printArray 函数内使用 sizeof 运算符来计算出数组的长度。

唉！想象很丰满，现实很骨感。若真能这样简单，前面就不必如此地大费周折了。在 printArray 函数中，是无法通过 sizeof 运算符来计算出数组长度的，原因是无法通过 sizeof 运算符获得数组的大小。虽然 printArray 函数中的形参 arr 是数组类型的，但它却并非真正的数组。

如果我们在 printArray 函数中使用 sizeof 运算符来获取形参 arr 的大小，得到的结果会是 4，而并非想象中的 20。

大家想真正弄懂形参 arr 的意义，还需要对指针有一定的了解，数组和指针的关系非常密切。第 6 章会介绍指针，我们就把这些问题放到那儿再讲解吧！现在只需知道，形参 arr 能够保存数组的内存位置，但它并非真正的数组，想要在 printArray 函数中获得数组的长度信息，我们需要单独设置一个参数来进行传递。

5.3　字　符　数　组

在进行数组定义时，只是要求所有的元素具有相同的数据类型，并没有要求何种数据类型才可以构成数组。C 语言中，几乎所有的数据类型都可以被定义为数组，例如定义 unsigned 类型的数组、float 类型的数组、double 类型的数组等，甚至还可以将数组作为数据类型来进行数组的定义，即形成数组的数组。

本节只讨论字符数组，因为字符数组在 C 语言中的运用极为广泛，主要原因是它可以存储字符串。

在数据类型那一块，我们已经介绍了字符串常量，即用双引号括起来的一段字符序列。但字符串常量有个特性，它是不允许被修改的，而很多时候，我们需要在程序中使用能够被修改的字符串。于是，字符数组就派上用场了。

5.3.1　字符数组与字符

所谓字符数组就是数据元素全是 char 类型的数组。在 C 语言中，想要定义一个字符数组很简单，例如：

```
char a[5];
```

这条语句定义了一个长度为 5 的字符数组 a，这个数组最多可以存储 5 个字符。我们也可以在定义字符数组的时候对其进行初始化：

```
char a[5] = {'A', 'B', 'C', 'D', 'E'};
```

在初始值列表中，共有 5 个初始值，分别是大写字母 A～E。经过初始化后，字符数组 a 中的 5 个元素的值，也就分别是大写字母 A～E 了，如图 5.5 所示。

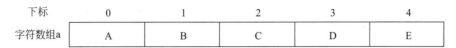

图 5.5　字符数组 a 中各元素

可以像其他类型的数组一样，使用下标来访问或修改元素：

```
char ch = a[0];          //获取下标为 0 的元素值，并赋给 char 类型变量 ch
a[2] = 'c';              //将下标为 2 的元素，重新赋值为小写字母 c
```

也可以通过循环，遍历数组中的所有元素：

```
for(int i = 0; i < 5; ++i)
    printf("%c ", a[i]);    //以字符形式打印数组元素
```

注意的是，在 printf 函数调用语句中的格式化字符串里使用的是 "%c"，这表示以字符的格式进行打印输出。程序运行结果如下：

```
A B c D E
```

由于之前对下标为 2 的元素重新赋值，所以现在打印的第 3 个字符为小写的 c。

也可以用 "%d" 替换 "%c"，采用整数的形式来打印字符数组中的元素：

```
for(int i = 0; i < 5; ++i)
    printf("%d ", a[i]);    //以整数形式打印数组元素
```

再次编译运行该程序，打印结果如下：

```
65 66 99 68 69
```

所打印的这些整数就是字符数组 a 中各字符所对应的 ASCII 码值了。

大家可能会认为，字符数组 a 中全部是字符，是不是可以用 "%s" 的格式，以字符串的形式来打印数组内容呢？

```
printf("%s\n", a);      //以字符串的形式打印数组 a
```

虽然字符数组 a 中保存的全是字符，但它并不是字符串，所以不要用 "%s" 的格式来打印，不然的话，结果可能会这样：

```
ABcDEA
```

前面 5 个字符是字符数组中的字符，但后面还跟着不属于数组 a 的内容。这些内容是字符数组所在内存位置之后的内存数据。至于这些数据表示什么，谁也无法预料，并且这些内容并非固定，所以如果大家做这个测试，发现打印输出的结果与书上不同，也不要奇怪。

5.3.2　字符数组与字符串

字符数组中的所有元素都具有字符类型，而字符串也是由字符构成的一个序列。因此，我们可以将一个字符串保存到字符数组中。但在将字符串保存到数组之前，需要对 C 语言中的字符串有更深入的了解。

1. 字符串

虽然 C 语言中没有字符串这种数据类型，但字符串在程序中的使用极为普遍，从本书的第一个例子起，我们就一直在与字符串打交道。

之前，我们介绍字符串就是用双引号括起来的一段字符序列。现在要告诉大家的是，字符串还有一个重要的特征：字符串必须以空字符作为结尾。所谓空字符，就是 ASCII 码值为 0 的字符，用转义字符'\0'表示。即使是字符串常量，也会隐含地拥有这个空字符。例如：

```
"abc"
```

这是一个字符串常量，虽然字符串看起来只有 a、b、c 3 个字符，但其实在最后一个字符 c 的后面还隐含着一个空字符，即这个字符串是由 4 个字符构成的，即字符 a、字符 b、字符 c 以及空字符，它的大小为 4 字节，如图 5.6 所示。

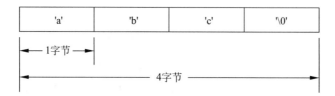

图 5.6　字符串"abc"所占用的内存

所以，字符串的更准确的定义应该是：以空字符作为结尾的一段字符序列。只不过用双引号括起来的是字符串常量，它会在结尾位置隐含地包含一个空字符，我们看不到而已。

即便是空字符串，它同样也拥有空字符：

```
""          //空字符串，只有一个空字符
```

所以，只包含一个空字符的字符串，就是空字符串了，即空字符串的大小是 1 字节。

现在大家应该能明白，printf 函数为什么能够以"%s"的格式来打印字符串了，其实道理很简单，它会一个一个地打印字符串中的字符，直到遇见空字符时停止。

知道了字符串的特点后，现在就可以考虑字符串的存储问题了。由于字符串常量不可修改的原因，因此，在 C 语言中，通常都会将一个字符串存储在字符数组中，以方便对字符串的处理。C 语言中，若要将字符串存储到字符数组中，可以有很多种方式，下面就介绍最常用的几种。

2. 字符式存储

所谓字符式存储，就是将字符串"以字符为单位"的形式保存到字符数组中。

例如，我们要将字符串"abc"保存到字符数组中，可以用下面的方法：

```
char str[4] = {'a', 'b', 'c', '\0'};
```

定义一个长度为 4 的字符数组 str，并对其进行初始化，将字符串中的所有字符（包括空字符）都初始化给数组元素。

这里要特别注意的是,要确保数组足够容纳得下字符串(3 个普通字符和 1 个空字符),所以字符数组在定义时，它的长度不可小于 4（大于 4 是没问题的）。

鉴于空字符的 ASCII 码值为 0，我们也可以采取数组的部分初始化的方式：

```
char str[4] = {'a', 'b', 'c'};
```

初始值列表中只有 3 个初始值，编译器会将数组的前 3 个数组元素初始化为对应的初始值，而将第 4 个数组元素初始化为 0，这样，就隐含地达到将第 4 个数组元素初始化为空字符的目的了。

当然啦，如果不嫌麻烦，我们还可以采用对数组元素赋值的方式，将字符串保存到字符数组中：

```
char str[4];            //定义长度为 4 的字符数组
str[0] = 'a';           //将第 1 个数组元素赋值为 a
str[1] = 'b';           //将第 2 个数组元素赋值为 b
str[2] = 'c';           //将第 3 个数组元素赋值为 c
str[3] = '\0';          //将第 4 个数组元素赋值为空字符
```

3. 字符串式存储

此时，大家可能会想，用字符式存储的方法来存储字符串比较麻烦，有没有更简单的方法呢？答案是肯定的。C 语言中，允许用字符串常量替代初始值列表，来进行字符数组的初始化。这种以字符串常量来进行字符数组初始化的方式称为"字符串式存储"，例如：

```
char str[4] = "abc";
```

用字符串常量""abc""替代了原来的初始值列表，它的初始化效果与使用字符式存储一样，编译器同样会将 4 个数组元素分别初始化值为字母 a、b、c 以及空字符。

在进行字符串式存储时，我们也经常采用空中括号的数组定义方式，即：

```
char str[] = "abc";
```

编译器会根据字符串常量的大小来确定数组的长度。这样赋值的好处是不用再担心数组的长度不够，容纳不下所有字符的问题，编译器总会给出一个合适的大小。

可见，使用字符串式存储比字符式存储方便得多。

但是，需要大家注意的是，字符串式存储只能用于字符数组的初始化，而不能用于赋值。毕竟 C 语言中是不允许对数组赋值的，只能对数组元素赋值。例如：

```
char str[4];            //定义长度为 4 的字符数组
str = "abc";            //错误！不可对数组进行赋值
```

4. 字符串的输入/输出

字符式存储和字符串式存储有一个共同特点：必须在程序编译前就确定好。但有些时候，我们需要在程序的运行过程中来获取用户所输入的字符串，显然，之前的方式都不适用了。对于这种情况，我们还得依靠库函数。

【例 5-2】编写程序，能够获取用户输入的字符串，并保存至字符数组中，最后打印出字符数组中的字符串。

对于获取输入问题，首先想到的应该是 scanf 函数，它是我们的老朋友了，在之前的案例中，我们已经多次使用它来获取用户所输入的基本类型数据。其实它不光可以获取基本类型数据，对于字符串，它也可以胜任。

不过，想要获取用户输入的字符串，有一个比较令人头疼的问题：我们需要定义一个长度为多少的字符数组呢？也就是程序运行后，用户所输入的字符串到底有多大，现在是无法确定的。数组定义得小，会容纳不下字符串；数组定义得大，会造成内存的浪费。这个问题我们现在是无法完美解决的，就将它留到动态内存管理那一章吧。

现在怎么办呢？"两害相权取其轻"，数组容纳不下字符串，这太让人尴尬了，那我们就宁肯浪费内存，将数组定义得大一些，确保足够容纳用户输入的字符串：

```
char buf[1024];    //长度为 1024 的字符数组
```

这里定义了一个长度为 1024 的字符数组 buf，除去字符串结尾标记的那个空字符，还剩余 1023 个字符的位置，也就是说，只要用户所输入的字符个数不超过 1023，就没问题。

下面可以使用 scanf 函数获取用户输入的字符串：

```
scanf("%s", buf);
```

在 scanf 函数的格式化字符串中使用了"%s"，它表示以字符串的格式进行读取。此时，有些细心的读者可能会说："我发现了一个错误，在参数 buf 前面少了个"&"符号"。是的，在之前所使用的 scanf 函数中，都会在格式化字符串之后的所有参数前面加上"&"符号。但这里却不用，为什么呢？因为 buf 表示的是一个数组，而不是一个变量，如果参数是一个变量则必须在前面加上"&"，而 buf 表示数组，更严格讲，是数组所占用的内存位置，也就是第 6 章会讲到的指针，所以它的前面不需要"&"。

一旦字符数组被存入一个字符串之后，我们就可以像字符串常量一样，使用 printf 函数将它打印到控制台窗口：

```
printf("%s\n", buf);
```

同样地，"%s"表示以字符串的格式进行打印，后面的 buf 就是包含字符串的字符数组的名字。该 printf 函数调用语句的功能就是将字符数组 buf 中的内容，按照字符串的格式打印输出。

下面来编写代码并测试，代码如下：

```
#include <stdio.h>
int main()
{
    char buf[1024];
    printf("Please enter a string:\n");
    scanf("%s", buf);
    printf("String content:\n");
    printf("%s\n", buf);
    return 0;
}
```

编译并运行程序后，会在窗口上打印一条信息，提示用户输入字符串，然后光标闪烁，等待着用户的输入，如果用户通过键盘输入"Apple"并按回车键，程序会通过 scanf 函数将字符串"Apple"读取并保存到字符数组 buf 中，最后再通过 printf 函数将字符数组 buf 中的字符串打印输出到窗口。整个程序的运行结果如下：

```
Please enter a string:
Apple
String content:
Apple
```

需要注意的是，scanf 函数有一个特别之处，就是它在读取数据时，遇到空格字符就会停止。这会导致什么情况呢？

假如我们再次运行该程序，而这次输入的字符串为"Red apple"，运行的结果如下：

```
Please enter a string:
Red apple
String content:
Red
```

从结果的最后一行可见，字符数组中存储的字符串并非用户所输入的"Red apple"，而只有"Red"。这是因为 scanf 函数在读取数据时，遇到了"Red"后面的空格而令读取停止，所以最终只将"Red"读取并保存到数组中。也就是说，对于中间含有空白字符的字符串来说，使用 scanf 函数来读取就不行，我们得"另寻他径"。

在"stdio.h"头文件中，还有两个函数是专门用于字符串的输入输出的，它们就是 gets 和 puts。

这两个函数使用起来非常简单，将字符数组作为参数就可以了。gets 可以将用户所输入的一行字符作为字符串读取进来，并保存到字符数组中。所谓一行字符就是以换行字符作为结尾的字符序列，换行字符也是一个转义字符，用'\n'表示，用户按回车键后会产生一个换行字符。需要注意的是，gets 只是遇见换行字符时就结束读取，并不会将换行字符保存到字符数组中。下面将代码中的 scanf 函数换成 gets 函数：

```
gets(buf);
```

puts 函数可以将字符数组中的字符串打印输出到控制台窗口中，下面就将代码中的最后一个 printf 函数换成 puts 函数：

```
puts(buf);
```

需要注意的是，puts 函数在打印输出字符数组中的字符串后，还会自动加上一个换行字符。

替换之后，代码如下：

```
#include <stdio.h>
int main()
{
    char buf[1024];
    printf("Please enter a string:\n");
    gets(buf);                 //替换原来的 scanf
    printf("String content:\n");
    puts(buf);                 //替换原来的 printf
    return 0;
}
```

现在重新编译运行该程序，结果如下：

```
Please enter a string:
Red apple
String content:
Red apple
```

可见，即使输入的字符串包含空格字符，gets 仍能将其读取并保存至字符数组中，最后通过 puts 将完整的字符串打印输出。这里要注意的是，puts 函数不仅可以输出字符数组中的字符串，对字符常量来说也是可以的，上面代码中所有的 printf 函数都可以替换成 puts

函数。不过，对于原 printf 函数中的常量字符串来说，最后的那个'\n'可以省略。

另外，gets 函数现在已经被列为"不建议使用的函数"，这主要是出于安全性方面的考虑，由于 gets 函数缺乏关于字符数组长度的信息，因此，当面对一个比较长的字符串时，在保存至数组的过程中，可能会产生数组越界访问的问题。不过，只要我们谨慎对待、小心处理，还是能避免的。毕竟使用 gets 函数获取用户输入的字符串是最简单便捷的方式。

5. 字符串的长度

对于字符串，它除了有大小之外，还有长度的概念。不少人对这两者混淆不清，现在来介绍一下。

字符串的大小指的是字符串所占用内存的字节数，而字符串的长度则是指字符串中有效字符的个数。所谓有效字符，就是除去作为结尾标记的空字符以外的字符。

对于字符串""abc""来说，它的大小为 4 字节，而它的长度为 3。如果一个字符串中全是英文字符（有对应 ASCII 码的字符），那么它的大小就是长度加 1。所以，要将一个英文字符串存储到字符数组中，这个数组的长度至少应该等于该字符串的大小，或是字符串的长度加 1。

在 C 标准库中，关于字符串处理的库函数，其中就有获取字符串长度的函数。这个函数的名字是 strlen。要使用它，需要包含"string.h"这个头文件。例如：

```
printf("%u\n", strlen("abc"));
```

使用 strlen 函数获取字符串常量"abc"的长度，由于字符串的长度不可能为负数，所以 strlen 函数的返回值是一个无符号的整数类型，因此，在 printf 函数的格式化字符串中使用了"%u"的格式来进行打印输出。

下面来测试一下，程序的代码很简单：

```
#include <stdio.h>
#include <string.h>      //strlen 函数需要的头文件
int main()
{
    printf("%u\n", strlen("abc"));
    return 0;
}
```

程序运行的结果为：

```
3
```

在第 6 章指针中，还将继续介绍字符串，并且介绍更多关于字符串处理的库函数。

5.4　二　维　数　组

在程序设计过程中，可能会碰到具有表格属性的数据。表格中水平的一排称为"行"，垂直的一排称为"列"。

编写此书时，正值电视剧《少年派》热播，下面就借用剧中 4 个学生的名字，用一张表格列出他们的"语、数、英"三门课程的期末考试成绩，如表 5.1 所示。

表 5.1　成绩表

	林妙妙	邓小琪	钱三一	江天昊
语文	88.5	86.5	95	87
数学	68	70	98.5	92.5
英语	75.5	69.5	96.5	84

【例 5-3】编写程序，要求保存表中数据，并求出每个学生的总分、平均分，以及每门课程的总分、平均分。

观察表格，除去标题行和标题列后，共 3 行 4 列数据，其中每一行的数据都和课程相关，每一列的数据都和学生相关，而每个数据既和课程相关也和学生相关。可以想象，如果想方便地得到每个学生和每门课程的总分和平均分，我们不仅要保存数据本身，而且还应该将数据间的这些关系也保存起来，不然就是一堆混乱的数据，处理起来极其麻烦。

使用变量只能保存数据本身，肯定不行。那使用一维数组呢？好像也不能把所有的关系都理得清。

没关系，使用二维数组就可以轻松搞定，赶紧来看看吧。

5.4.1　二维数组的定义

前面说过，在定义数组的时候，需要使用中括号，我们将这个中括号称为"维"，之前定义数组的时候，都只有一个中括号，所以定义出来的都是一维数组。如果定义数组的时候使用两个中括号，定义出来的就是二维数组。

定义二维数组的格式如下：

数据类型　数组名[整型常量表达式 1][整型常量表达式 2]；

二维数组有两个维，第一个中括号称为第一维，而整型常量表达式 1 的值就是第一维的大小；第二个中括号是第二维，整型常量表达式 2 的值就是第二维的大小。我们可以将第一维的大小看成表格中的行数，而将第二维的大小看成表格中的列数。因此，通过二维数组就可以把数据以及数据间的关系都保存进来，便于对数据进行管理。下面定义一个 3 行 4 列的二维数组 score：

```
float score[3][4];
```

因为成绩里有小数存在，因此数据类型选用 float，表示二维数组中的所有元素均为 float 类型。数组名为 score，其中第一维的大小为 3，第二维的大小为 4，数组元素的个数为 3 与 4 的乘积，即 12 个。

二维数组的大小，即为元素的个数与元素大小的乘积，我们可以通过 sizeof 运算符来获得二维数组的大小，例如：

```
printf("Size of the score: %u Bytes.\n", sizeof score);
```

使用 sizeof 运算符来获取二维数组 score 的大小，并通过 printf 函数打印到控制台窗口，运行结果如下：

```
Size of the score: 48 Bytes.
```

二维数组 score 共 12 个元素，每个元素都是 float 类型，即元素大小为 4 字节，因此，数组的大小为 48 字节（12×4）。

虽然我们将二维数组看成是一个有行有列的表格，但实际上，二维数组中的元素和一维数组一样，在内存中仍然是按照顺序连续排列的。即第 2 行的数组元素跟在第 1 行数组元素之后，第 3 行的数组元素跟在第 2 行的数组元素之后，依此类推。因此，二维数组在内存存储上属于线性存储方式，这是它的物理结构。而将二维数组视为有行有列的表格，这是它的逻辑结构，目的是更方便地对二维数组中的元素进行访问和管理。

5.4.2 二维数组的初始化

了解了二维数组的定义方式，下面就将表 5.1 中的成绩数值存储到二维数组中。

像一维数组一样，二维数组在定义的同时，也可以对其进行初始化，将各数组元素初始化为指定的值。下面就用初始化的方式将成绩存储到二维数组 score 中。

1. 普通初始化方式

我们可以像一维数组的初始化一样，将表格中的所有成绩值都放入初始值列表中。例如：

```
float score[3][4] = {88.5, 86.5, 95, 87, 68, 70, 98.5, 92.5, 75.5, 69.5, 96.5, 84};
```

由于 score 是一个 3 行 4 列的二维数组，所以，编译器会从初始值列表中每次读取 4 个初始值，将其初始化给所对应行的各元素。即将前 4 个初始值初始化给第 1 行的 4 个元素，将中间 4 个初始值初始化给第 2 行的 4 个元素，将最后的 4 个初始值初始化给第 3 行的 4 个元素。

对二维数组进行初始化时，我们甚至可以省略掉数组定义中的第一维的大小，即采用空中括号的形式，而由编译器根据初始值列表中初始值的个数来确定第一维的大小。例如：

```
float score[][4] = {88.5, 86.5, 95, 87, 68, 70, 98.5, 92.5, 75.5, 69.5, 96.5, 84};
```

由于编译器知道数组的第二维的大小为 4，而初始值列表中共有 12 个初始值，所以可以确定数组的第一维大小应该为 3。试想一下，如果在初始值列表中再增加一个初始值，即共有 13 个初始值，那么编译器会将第一维的大小确定为多少呢？

答案为 4。因为 3 行 4 列的二维数组最多只能容纳 12 个数组元素，而 13 个初始值需要对应有 13 个数组元素，所以，编译会将数组的第一维的大小设置为 4，即定义一个 4 行 4 列、能容纳 16 个数组元素的二维数组。

需要注意的是，千万不要省略第二维的大小。因为第一维的大小是根据第二维的大小和初始值的个数来确定的，如果第二维的大小也被省略，那编译器就无能为力了，即使设置了第一维的大小，第二维的大小也不可被省略，第二维的大小必须有一个确定的值。编译器可以根据第二维的大小来确定第一维的大小，但不能根据第一维的大小来确定第二维的大小，也就是无论第一维的大小是否被省略，第二维的大小都必须是确定的。

当初始值列表中初始值的个数少于数组元素的个数时，编译器会按照数组元素的排列顺序，将前面的数组元素初始化为对应的初始值，而将没有对应初始值的数组元素初始化为 0。

假设，由于江天昊同学在数学考试中作弊，现要求取消他的数学成绩，可以这样初始化化二维数组：

```
float score[3][4] = {88.5, 86.5, 95, 87, 68, 70, 98.5, 75.5, 69.5, 96.5,
84};
```

我们将原来第 2 行第 4 列的数据，也就是江天昊同学的数学成绩"92.5"从初始值列表中删除了，现在初始值列表中只有 11 个初始值，那么编译器会将数组中的前 11 个数组元素初始化为各初始值，而将第 12 个元素初始化为 0。

这种简单粗暴的删除方式，会带来什么样的后果呢？我们把初始化后二维数组中的数据体现到成绩表中，如表 5.2 所示。

表 5.2 成绩表

	林妙妙	邓小琪	钱三一	江天昊
语文	88.5	86.5	95	87
数学	68	70	98.5	75.5
英语	69.5	96.5	84	0

表中江天昊的数学成绩依然存在，只不过变成了林妙妙之前的英语成绩。不仅如此，林妙妙的英语成绩变成了邓小琪的英语成绩，邓小琪的英语成绩变成了钱三一的英语成绩，钱三一的英语成绩变成了江天昊的英语成绩，而江天昊的英语成绩变成了 0 分。也就是从江天昊的数学成绩开始，所有的数据都乱了。

所以，正确的处理方式应该是将原来的江天昊的数学成绩，由 92.5 修改为 0，而不是将其直接从初始值列表中删除。即：

```
float score[3][4] = {88.5, 86.5, 95, 87, 68, 70, 98.5, 0, 75.5, 69.5, 96.5,
84};
```

现在再把初始化后的二维数组数据对应到成绩表中，如表 5.3 所示。

表 5.3 成绩表

	林妙妙	邓小琪	钱三一	江天昊
语文	88.5	86.5	95	87
数学	68	70	98.5	0
英语	75.5	69.5	96.5	84

终于对了！是不是还心有余悸？这样的初始化方式有点可怕，稍微不小心，就可能导致数据的存储错误，有什么更好的办法吗？

下面介绍另一种二维数组的初始化方式。

2. 行初始化方式

所谓行初始化方式，就是在初始值列表中，以行为单位，将对应的各行初始值再次使用大括号括起来。例如：

```
float score[3][4] = {
    {88.5, 86.5, 95, 87},      //第1行
    {68, 70, 98.5, 92.5},      //第2行
    {75.5, 69.5, 96.5, 84}     //第3行
};
```

在初始值列表里，又分别使用了三对大括号：第一对大括号中包含的是表格中第 1 行

的 4 个成绩值，第二对大括号中包含的是表格中第 2 行的 4 个成绩值，第三对大括号中包含的是表格中第 3 行的 4 个成绩值。

这样做的好处是，编译器会严格依照初始值列表中的各个大括号来初始化二维数组中所对应的那一行中的数组元素，即编译器总会将第一对大括号中的初始值初始化给数组中第 1 行的数组元素，将第二对大括号中的初始值初始化给数组中第 2 行的数组元素，将第三对大括号中的初始值初始化给数组中第 3 行的数组元素。

现在，如果在数组初始化的时候，直接删掉江天昊的数学成绩，会出现什么样的情况呢？例如：

```
float score[3][4] = {
    {88.5, 86.5, 95, 87},        //第 1 行
    {68, 70, 98.5},              //第 2 行，删掉数学成绩
    {75.5, 69.5, 96.5, 84}       //第 3 行
};
```

编译器首先会将第一对大括号中的 4 个成绩初始化给 score 数组第 1 行的 4 个元素，然后将第二对大括号中的 3 个成绩初始化给 score 数组第 2 行的前 3 个元素，并将第 4 个元素初始化为 0，最后将第三对大括号中的 4 个成绩初始化给 score 数组第 3 行的 4 个元素。初始化后 score 数组中各元素的值对应到成绩表的情况，与表 5.3 一致。

我们删除了第二对大括号中的初始值，只会影响 score 数组中第 2 行的数组元素的初始化情况，而不会影响其他行的数组元素，这就是使用行初始化方式的好处。

在对二维数组使用行初始化方式时，如果省略了第一维的大小，那么编译器就会根据初始值列表中大括号的数量来确定第一维的大小，即有多少对大括号，第一维的大小就是多少。例如，我们定义了二维数组 a，并使用行初始化的方式：

```
int a[][3] = {{},{},{}};
```

二维数组 a 第一维的大小被省略，第二维的大小为 3。由于初始值列表中共有 3 对大括号，因此编译器会将第一维的大小确定为 3。即数组 a 的总的元素个数为 9，而数组的大小就是 36 字节。下面通过 sizeof 运算符进行验证：

```
printf("Size of the a : %u Bytes.\n", sizeof a);
```

运行结果为：

```
Size of the a : 36 Bytes.
```

由于初始值列表中 3 对大括号内都是空的，所以二维数组 a 中的所有（9 个）元素全被初始化为 0。

3. 指定初始化方式

在对二维数组进行初始化时，也可以选择指定初始化的方式，即只对所指定位置的数组元素给予初始值，其他位置的元素则被初始化为 0。这对于数组中只有少量数组元素需要初始值时，非常有用。

在对一维数组使用指定初始化方式时，我们需要在初始值的前面指定数组元素的下标。同样地，在对二维数组使用指定初始化方式时，也需要在初始值的前面指定数组元素的下标。所不同的是，对于一维数组只需要一个下标，而对于二维数组则需要两个下标。

下标值都是从 0 开始，第一个下标可以指定数组元素所对应的行，第二个下标可以指定数组元素所对应的列。

例如，现在只要求在二维数组中存储邓小琪的三门课程的成绩，可以这样赋值：

```
float score[3][4] = {[0][1] = 86.5, [1][1] = 70, [2][1] = 69.5};
```

在初始值列表中只有 3 个初始值，第 1 个初始值前面的两个下标分别是"0"和"1"，这表示将数组中第 1 行第 2 列的数组元素初始化值为 86.5。同理，后面两个初始值分别会初始化给数组中第 2 行第 2 列的数组元素和第 3 行第 2 列的数组元素。

初始化后，二维数组数据对应到成绩表中的数据见表 5.4。

表 5.4 成绩表

	林妙妙	邓小琪	钱三一	江天昊
语文	0	86.5	0	0
数学	0	70	0	0
英语	0	69.5	0	0

可见，只有邓小琪所对应的三门课程有成绩，其他的成绩全部为 0。

最后，对二维数组使用指定初始化方式的同时，也可以使用非指定初始化的方式，使用方式和效果与一维数组类似，在此不再赘述。

5.4.3 二维数组元素的访问

定义数组的目的，主要是使用数组元素。下面就来讲述如何对二维数组中的元素进行访问。

对于一维数组元素的访问，只需给出该数组元素所对应位置的下标即可。对于二维数组来说，每个数组元素的位置受行和列的影响，所以要给出两个下标才能准确定位。二维数组元素的访问格式为：

```
二维数组名[下标1][下标2];
```

下标 1 对应着数组元素所在的行，下标 2 对应着数组元素所在的列，通过行和列，就能精确定位到该数组元素的位置，然后像普通变量一样来使用这个数组元素。例如：

```
float f = score[0][1];  //将第 1 行第 2 列的数组元素值赋给 float 类型变量 f
score[2][2] = 99;        //将第 3 行第 3 列的数组元素重新赋值为 99
```

C 语言中，数组所使用的下标值都是从 0 开始的。我们应该让下标值保持在一个合理的区间范围内，否则就会造成数组的越界访问。例如本例中，score 是一个 3 行 4 列的二维数组，因此下标 1 的合理区间为 0~2，下标 2 的合理区间为 0~3。

有了前面的学习，现在该是解决例 5-3 的时候了。

我们首先将成绩表中的数据，以行初始化的方式存储到二维数组 score 中：

```
float score[3][4] = {
    {88.5, 86.5, 95, 87},      //第 1 行
    {68, 70, 98.5, 92.5},      //第 2 行
    {75.5, 69.5, 96.5, 84}     //第 3 行
};
```

　　然后准备计算每个学生的总分和平均分。我们将表中数据以列为单位，每一列对应着一个学生的三门课程成绩，只要计算出每列的总分和平均分即可。

　　我们定义一个 float 类型的变量 total，用于计算每一列的总分。接着再定义两个整型变量 i 和 j，用于循环语句中。

```
float total;                    //用于累加成绩
int i, j;
```

　　通过双层嵌套的 for 循环语句，外层以列为单位进行循环，内层以行为单位进行循环，并在内层循环之前将变量 total 重新赋值为 0：

```
for(i = 0; i < 4; ++i)          //外层循环列
{
    total = 0;
    for(j = 0; j < 3; ++j)  //内层循环行
        total += score[j][i];
    printf("%d. total:%.2f, average:%.2f\n", i + 1, total, total / 3);
}
```

　　外层循环使循环体被执行 4 次，从而达到遍历所有列的目的。而每一次外层循环体的被执行，都会使内层循环的循环体被执行 3 次，从而遍历了对应该列的所有行上的数据。

　　例如，外层循环第一次被执行时，外层循环中变量 i 为 0，对应着第 1 列，在外层循环的循环体中，首先将变量 total 的值赋为 0，然后开始执行内层循环，而内层循环中变量 j 的值 0～2，对应着第 1～3 行，导致内层循环体的 "score[j][i]" 会分别访问 "第 1 行第 1 列" "第 2 行第 1 列" 和 "第 3 行第 1 列" 这三个数组元素的值，并将其累加到变量 total 中。在内层循环结束后，通过 printf 语句打印出第 1 列的序号、总分和平均分，至此，外层的第 1 次循环结束。

　　同理，外层循环的第 2 次执行，会得到第 2 列的总分和平均分，第 3 次执行，会得到第 3 列的总分和平均分，第 4 次执行，会得到第 4 列的总分和平均分，然后整个循环结束。

　　需要注意的是，在打印序号时，我们使用的是 "i + 1"，因为 i 是作为下标值来使用，是从 0 开始的，而我们生活中都习惯从 1 开始计数。

　　最后再来计算每门课程的总分和平均分。这和计算每个学生的总分和平均分非常类似。也是通过双层循环，只不过这次是反过来，外层是以行为单位进行循环，内层是以列为单位进行循环，最终可以得到各个行的总分和平均分。整个程序的代码如下：

```
#include <stdio.h>
int main()
{
    float score[3][4] = {
        {88.5, 86.5, 95, 87},       //第 1 行
        {68, 70, 98.5, 92.5},       //第 2 行
        {75.5, 69.5, 96.5, 84}      //第 3 行
    };
    //计算每个学生的总分和平均分
    float total;                    //用于累加成绩
    int i, j;
    printf("Student total and average scores:\n");
    for(i = 0; i < 4; ++i)          //循环各列
    {
        total = 0;
```

```
    for(j = 0; j < 3; ++j)          //循环各行
        total += score[j][i];    //累加同一列的各行成绩
    printf("%d. total:%.2f, average:%.2f\n", i + 1, total, total / 3);
    }
    //计算每门课程的总分和平均分，依然使用 total 来累加同一行的各列成绩
    printf("Course total and average scores:\n");
    for(i = 0; i < 3; ++i)          //循环各行
    {
        total = 0;
        for(j = 0; j < 4; ++j)          //循环各列
            total += score[i][j];    //累加同一行的各列成绩
        printf("%d. total:%.2f, average:%.2f\n", i + 1, total, total / 4);
    }
    return 0;
}
```

程序运行结果如下：

```
Student total and average scores:
1. total:232.00, average:77.33
2. total:226.00, average:75.33
3. total:290.00, average:96.67
4. total:263.50, average:87.83
Course total and average scores:
1. total:357.00, average:89.25
2. total:329.00, average:82.25
3. total:325.50, average:81.38
```

5.4.4　二维数组作为函数参数

　　二维数组也可以作为参数来进行函数调用。在函数定义时，与一维数组作为函数参数时需要在参数名跟上一对中括号类似，二维数组作为函数参数时需要在参数名后面跟上两对中括号，其中第一对中括号用于表示第一维的大小，其值可以被省略，即使用空中括号形式；第二对中括号用于表示第二维的大小，其值不可被省略，即必须指明第二维的大小。

　　下面，我们就来定义一个函数 printScore，并将第一个形式参数 s 定义为二维数组类型，该函数的功能为打印形参 s 所对应的二维数组中的所有元素：

```
void printScore(float s[][4], int len)
{
    for(int i = 0; i < len; ++i)
    {
        for(int j = 0; j < 4; ++j)
            printf("%6.2f", s[i][j]);    //以 6 字符宽度、保留 2 位小数的格式打印
        printf("\n");                    //打印一行元素后进行换行
    }
}
```

　　在 printScore 函数中的参数表中，还使用了第 2 个 int 类型的形式参数 len，它用于指定二维数组第一维的大小。这与"将一维数组作为函数参数时，需要用另一个参数来提供数组长度信息"的作用一样。由于第一个参数 s 只能提供二维数组的内存位置和第二维的大小，因此，需要第 2 个参数 len 来提供二维数组第一维的大小信息。

　　在函数内，我们依然使用双层的 for 循环语句来逐行逐列地访问二维数组中的元素，并通过 printf 函数，将每个数组元素以占用 6 个字符宽度、保留 2 位有效小数的形式打印

输出到控制台窗口，每打印完一行数组元素后会通过"printf("\n")"进行一个换行的操作。

定义好 printScore 函数之后，就可以在主函数中调用该函数：

```
printScore(score, 3);
```

在函数调用语句中，将二维数组 score 作为第一个实参，并将整型常量值 3 作为第二个实参，用来指示二维数组的第一维大小为 3。

编译运行程序，打印结果如下：

```
88.50 86.50 95.00 87.00
68.00 70.00 98.50 92.50
75.50 69.50 96.50 84.00
```

5.4.5　数组的数组

现在已经知道，在进行数组定义的时候，数组名后面的中括号被称为"维"。C 语言中，根据维的多少，我们可以把数组分为一维数组和多维数组。所谓多维数组，即维数大于 1 的数组，因此，二维数组也算是多维数组，只不过是最简单的多维数组罢了。

数组的数组感觉像是绕口令似的描述，让人听起来有点怪异，感觉不知所云。大家不要害怕，这其实并不是一个新的技术要点，只是对多维数组的一种新的思维模式。

大家试想一下，数组包含着若干的数组元素，若数组元素本身又是一个数组呢？或者反过来，我们是否可以将若干个长度和类型都相同的数组，作为数组元素存储到另一个数组当中呢？是的，按照这样的理解思路，我们就可以将二维数组看成是"一维数组的数组"。例如之前的 score 数组，它是一个 3 行 4 列的二维数组。我们可以将其中的每一行都看成是一个长度为 4 的 float 类型的一维数组，并将其定义为一种新的数据类型，那么 score 就是一个长度为 3 的这种新的数据类型的数组，如图 5.7 所示。

图 5.7　二维数组 score

图中的 3 行数据都是长度为 4 的一维数组，如果把每一个一维数组都看成是一个数组元素，那么二维数组 score 就是拥有 3 个这样数组元素的数组了。

大家还记得如何设置类型别名吗？对，使用"typedef"关键字。下面就通过 typedef 来为一个长度为 4 的 float 类型的一维数组设置别名：

```
typedef float ARRTYPE[4];
```

由于使用了 typedef，所以这里的 ARRTYPE 不再是一个普通的数组名，而是表示一个数据类型的别名，即 ARRTYPE 是一个"长度为 4 的 float 类型的一维数组"的类型别名。

因此，如果通过 ARRTYPE 来定义一个变量：

```
ARRTYPE arr;            //等价于  float arr[4];
```

现在，arr 是一个"长度为 4 的 float 类型一维数组"类型的变量，它与"float arr[4]"这种定义方式有着相同的效果。而对于 score 数组，现在可以这样定义：

```
ARRTYPE score[3];        //等价于  float score[3][4];
```

乍看之下，score 变成了一个一维数组，但实际上，score 是一个长度为 3 的"长度为 4 的 float 类型一维数组"类型的数组，因此，score 就是一个"数组的数组"。

我们还可以通过 sizeof 运算符来查看 score 数组的大小：

```
printf("Size of the score : %u Bytes.\n", sizeof score);
```

编译运行后，结果如下：

```
Size of the score : 48 Bytes.
```

从结果可见，score 的大小是 48 字节，每个数组元素都是 float 类型，它可以容纳 12 个数组元素，与之前所定义的 score 数组是相同的，无任何区别。

最后，再以这样的思想来理解一下 C 语言中的数组：

由普通元素（变量）构成的数组，是一维数组，即一维数组是普通元素（变量）的数组。

由一维数组构成的数组，是二维数组，即二维数组是一维数组的数组。

由二维数组构成的数组，是三维数组，即三维数组是二维数组的数组。

……

多维数组其实是对一维数组的多层嵌套，这样来理解，数组的逻辑结构是不是就更加清晰了？理解了数组的嵌套，再去理解指针与数组的关系，就会比较轻松。

5.5　数组应用实例

C 语言中的数组，由于拥有对大规模数据的存储和管理能力，因此，使用极其广泛。即使在面向对象的一些高级语言中所使用的动态数组、智能数组等，实质上，底层仍然还是使用的数组。因此，理解并掌握好数组，会为后面的知识拓展打下坚实的基础。而要真正地掌握数组，不能光靠理论知识，而要更多地去实践和应用。古人云"熟能生巧"，因此，在本章的最后，我们再用两个经典的实例来演示一下数组的实际应用。

5.5.1　数组排序

【例 5-4】编写程序，在数组中保存 1～100 的 10 个随机整数，对数组进行升序排序，并将排序后的数组元素打印输出。

根据要求，我们首先定义一个长度为 10 的 int 类型数组 arr，然后通过循环结构 for 语句和 rand 函数来获取 10 个 1～100 的随机整数，并其保存至数组 arr 中。注意，为了得到真正的随机数，我们在 rand 函数之前使用 srand 函数来设置随机数种子。

对于数组元素的排序，我们采用最经典的"冒泡"排序算法，该算法比较简单，并且适合小规模的数组数据排序工作。为了让大家对"冒泡"排序算法有更直观的理解，下面使用一个固定的 5 个整数的待排序序列，作为案例进行演示。

待排序序列为：5、3、7、4、–1。

冒泡排序的升序算法思路为：共进行"元素个数–1"轮的比较过程，每一轮比较过程完成后，都会将当前待排序序列中最大的那个元素移动至最后位置，然后，将这个最后位置的元素排除至待排序序列之外，将剩下的元素组成一个新的待排序序列，并参加下一轮次的比较过程。如此反复，直至所有轮执行完毕，排序工作完成。

下面，再来介绍一下每轮的比较过程：

在待排序序列中，从第一个元素起，让其和第二个元素进行比较，如果第一个元素的值大于第二个元素的值，就让第一个元素和第二个元素进行值的互换。如果第一个元素的值小于等于第二个元素的值，就不做任何操作，继续让第二个元素和第三个元素再进行比较，直至最后位置元素之前的元素和最后位置元素比较完成之后，最后位置元素就是待排序序列中最大的那个。

由于初始待排序序列中有 5 个元素，所以需要进行 4 轮的比较过程才能完成排序工作。图 5.8 展示了每一轮比较过程之后，整个序列的变化情况。

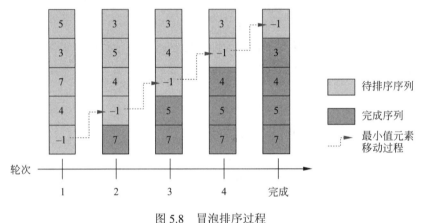

图 5.8　冒泡排序过程

第一轮待排序序列中有 5 个元素，比较过程完成后，值为 7 的元素被移至最后位置，并被排除在待排序序列之外，进入完成序列。

第二轮待排序序列中有 4 个元素，比较过程完成后，值为 5 的元素被移至最后位置，并被排除在待排序序列之外，进入完成序列。

第三轮待排序序列中有 3 个元素，比较过程完成后，值为 4 的元素被移至最后位置，并被排除在待排序序列之外，进入完成序列。

第四轮待排序序列中有 2 个元素，比较过程完成后，值为 3 的元素被移至最后位置，并被排除在待排序序列之外，进入完成序列。

由于待排序序列中只剩一个元素，无须再进行比较，整个排序结束。

从图中可以清晰地看到，值比较大的元素不断下沉，而值小的元素不断上浮，就像鱼儿在水中吐泡泡一样，因此，该排序算法被称为"冒泡"排序算法。

理解了冒泡排序算法后，就可以用它来完成任务了。下面将对数组进行冒泡排序的工作封装成一个函数，函数名为 bubble，该函数无返回值，并带有两个参数：第一个是数组类型的参数 a，用于指定数组的内存位置；第二个是 int 类型的参数 len，用于指示数组的长度。

整个程序的代码如下：

```c
#include <stdio.h>
#include <stdlib.h>
#include <time.h>
//冒泡排序
void bubble(int a[], int len)
{
    int i, j, tmp;
    //外层循环会执行 len-1 次，表示共进行 len-1 轮的比较过程
    for(i = 0; i < len - 1; ++i)
    {
        /*内层循环用于完成每一轮的比较过程。
          它会从待排序序列中的第一个元素开始，逐个和后面的元素进行比较。另外，
          随着外层循环中 i 值的不断自增，表达式"len - 1- i"会使内层循环的
          执行次数逐渐减少，这相当于把每轮完成后的最大值元素从待排序序列中排除*/
        for(j = 0; j < len - 1 - i; ++j)
        {
            if(a[j] > a[j + 1])        //检查前一个元素是否比后一个元素大
            {                          //如果是，就进行两个元素的值的互换
                tmp = a[j];            //将前一元素值赋给 tmp
                a[j] = a[j + 1];       //将后一个元素值赋给前一个元素
                a[j + 1] = tmp;        //将 tmp 值赋给后一个元素
            }
        }
    }
}
int main()
{
    int i, arr[10];
    //设置随机数种子
    srand(time(NULL));
    //通过循环获取 10 个随机数，并将其保存到数组 arr 中
    for(i = 0; i < 10; ++i)
        arr[i] = rand() % 100 + 1;
    //调用 bubble 函数进行冒泡排序，参数 1 为数组 arr，参数 2 为数组 arr 的长度
    bubble(arr, 10);
    //打印输出排序后数组中的各元素值
    for(i = 0; i < 10; ++i)
        printf("%d ", arr[i]);
    return 0;
}
```

程序运行结果如下：

```
12 21 53 56 57 74 76 79 81 90
```

由于程序中使用的是随机值，所以读者在测试的时候，打印输出的结果与本书不一致是正常的。但是，打印输出的结果必须是按升序排列的，这才能达到程序要求，否则程序就是有问题的。

5.5.2　转置矩阵

【例 5-5】编写程序，对如下 3 行 4 列的矩阵实现转置，并将转置结果打印输出。

$$\begin{bmatrix} 1 & 2 & 3 & 4 \\ 5 & 6 & 7 & 8 \\ 9 & 10 & 11 & 12 \end{bmatrix}$$

所谓转置矩阵，就是将原来矩阵中的行变成列、列变成行，从而得到一个新的矩阵的过程。因此，案例中给出的是一个 3 行 4 列的矩阵，那么经过转置矩阵后，所产生的新矩阵应该是 4 行 3 列的。

首先在程序中定义一个 3 行 4 列的 int 类型的二维数组 raw_matrix，并以行初始化的方式保存原始矩阵中的数据。然后再定义一个 4 行 3 列的二维数组 new_matrix，用于存储转置矩阵后所产生的新矩阵中的数据。

```
int raw_matrix[3][4] = {
    {1, 2, 3, 4},
    {5, 6, 7, 8},
    {9, 10, 11, 12}
};
int new_matrix[4][3];
```

接着使用双层 for 循环语句来进行矩阵转置，将结果存储到数组 new_matrix 中：

```
int i, j;
for(i = 0; i < 4; ++i)
    for(j = 0; j < 3; ++j)
        new_matrix[i][j] = raw_matrix[j][i];
```

外层循环使用的变量 i 是按新矩阵行的大小进行自增的，内层循环使用的变量 j 则是按新的矩阵列的大小进行自增的，在内层循环的循环体中只有一条语句：

```
new_matrix[i][j] = raw_matrix[j][i];
```

在内层循环被执行时，i 的值会保持不变，而 j 的值会从 0 自增至 2。这条语句的作用就是将原始矩阵第 i 列的各元素值，赋值给新矩阵第 i 行的各元素。

而外层循环中的变量 i 的值，会依次从 0 自增至 3，结合内层循环，就会达到如下效果：

将原始矩阵第 1 列的各元素值，赋值给新矩阵第 1 行的各元素。

将原始矩阵第 2 列的各元素值，赋值给新矩阵第 2 行的各元素。

将原始矩阵第 3 列的各元素值，赋值给新矩阵第 3 行的各元素。

将原始矩阵第 4 列的各元素值，赋值给新矩阵第 4 行的各元素。

完成矩阵的转置后，再使用双层 for 循环语句，打印出原始矩阵和新矩阵中的各元素。

整个程序的代码如下：

```
#include <stdio.h>
int main()
{
    //定义 3 行 4 列的二维数组，保存原始矩阵数据
    int raw_matrix[3][4] = {
        {1, 2, 3, 4},
        {5, 6, 7, 8},
        {9, 10, 11, 12}
    };
    //定义 4 行 3 列的二维数组，用于保存转置后的新矩阵数据
    int new_matrix[4][3];
    int i, j;
```

```
//进行转置矩阵
for(i = 0; i < 4; ++i)
    for(j = 0; j < 3; ++j)
        new_matrix[i][j] = raw_matrix[j][i];
//打印原始矩阵
puts("Print raw matrix:");
for(i = 0; i < 3; ++i)
{
    for(j = 0; j < 4; ++j)
        printf("%5d", raw_matrix[i][j]);     //以 5 个字符宽度来打印元素值
    puts("");               //换行
}
//打印转置后的新矩阵
puts("Print new matrix:");
for(i = 0; i < 4; ++i)
{
    for(j = 0; j < 3; ++j)
        printf("%5d", new_matrix[i][j]);     //以 5 个字符宽度来打印元素值
    puts("");               //换行
}
return 0;
}
```

在进行打印输出时，对于纯字符串，程序中使用了 puts 函数，因为它更加方便和简洁，并且它还会有一个附加的特殊功能：自动在字符串后输出换行字符，达到换行的效果。程序中使用 puts 函数来打印一个空字符串，其实这只是想得到一个换行的效果而已，它与"printf("\n")"的效果相同。

程序运行的结果如下：

```
Print raw matrix:
    1    2    3    4
    5    6    7    8
    9   10   11   12
Print new matrix:
    1    5    9
    2    6   10
    3    7   11
    4    8   12
```

可见，原始矩阵中的行变成了新矩阵中的列，而原始矩阵中的列变成了新矩阵中的行，完成了矩阵转置的功能。

5.6　本章小结

数组是同一类型数据的集合，我们将数组中每个数据单元称为数组元素，数组适合对大规模的数据进行存储和管理。C 语言中，数组的定义格式如下：

数据类型　数组名[整型常量表达式];

数组名后的中括号被称为维，中括号内表达式的值就是维的大小，它必须是一个大于 0 的整型常量值。

数组的长度就是数组元素的个数，即数组定义时所指定的维的大小。

可以通过 sizeof 运算符来获取数组的大小，即数组占用内存的字节数。

在定义数组的同时，可以对其进行初始化，即将数组元素初始化为初始值列表中的各初始值。数组的初始化方式有：全部初始化、部分初始化和指定初始化。使用全部初始化时，可以省略数组定义中维的大小，此时编译器会根据初始值列表中初始值的个数来确定数组的长度。

访问数组中的元素，需要使用下标，格式为：

数组名[下标值]

中括号与下标值构成数组的下标。下标值必须是一个从 0 开始的整数，它可以是常量、变量，甚至是一个表达式或函数调用语句。在使用数组下标时，应控制下标值在合理区间范围之内，合理区间范围为 0～数组长度减 1，否则会造成数组的越界访问。

可以把数组元素当作具有相同数据类型的变量一样来使用，包括将它作为函数调用的实际参数，在这种情况下，形参的改变不会影响到实参，即数组元素的值不会被修改。

数组作为参数进行传递时，虽然也是值复制的方式，但是这个值并不是数组中的元素，而是这个数组在内存中的位置。因此，通过数组类型的形参可以间接地修改实参数组中元素的值。

由于数组类型的形参只用于指定数组的内存位置，并不包含数组长度信息，因此，我们通常会在函数中再添加一个 int 类型的参数，用于提供数组的长度。

字符数组就是数据元素全是 char 类型的数组，它可以存储字符或字符串。

字符串就是以空字符作为结尾的一段字符序列。空字符是一个转义字符，用'\0'表示，它所对应的 ASCII 码值为 0。

将字符串存储至数组可以采用字符式存储或字符串式存储两种方式。

可以使用"stdio.h"中提供的库函数来获取用户输入的字符串，并将其保存至字符数组中。scanf 函数在读取字符串时遇到空格字符就会停止，而 gets 函数在读取字符串时遇到换行字符才会停止，因此，它可以获取一行的字符串。

puts 函数可以将参数所指定的字符串打印输出，并自动在字符串后面添加一个换行字符，起到换行的效果。

字符串的长度为字符串中有效字符的个数，不包含作为结尾标志的空字符。而字符串的大小是它所占用的内存字节数，包含空字符所占用的内存空间。

有两个维的数组就是二维数组。通常将二维数组看成是一个有着行和列的二维表格。二维数组的定义格式为：

数据类型 数组名[整型常量表达式 1][整型常量表达式 2];

二维数组的长度为两个维大小的乘积，二维数组的大小为其长度与数组元素类型大小的乘积。

二维数组的初始化方式有普通初始化方式、行初始化方式与指定初始化方式。

二维数组元素的访问格式为：

二维数组名[下标 1][下标 2];

下标 1 对应着数组元素所在的行，下标 2 对应着数组元素所在的列，通过行和列就能精确定位到该数组元素的位置，然后像普通变量一样来使用这个数组元素。我们通常使用双层的循环结构语句来遍历二维数组中的所有元素，外层循环以行为单位，内层循环以列为单位。

将二维数组作为函数参数时，必须指定第二维的大小。由于此参数中只含有数组的内存位置和第二维大小的信息，所以，通常是在函数中使用一个单独的参数来提供该数组第一维的大小。

C 语言中，根据维的数目，可以把数组分为一维数组和多维数组。所谓多维数组就是维数大于 1 的数组，因此，二维数组也算是多维数组，只不过是最简单的多维数组罢了。换另一种思维模式来理解，多维数组其实就对一维数组的多层嵌套。

对于小规模的数组数据，可以使用冒泡排序算法来对数组元素进行排序。

所谓转置矩阵，就是将原来矩阵中的行变成列、列变成行，从而得到一个新的矩阵的过程。通过二维数组，可以非常方便地存储和转置矩阵。

第 6 章 指　　针

本章学习目标

- 理解指针、内存地址和指针变量
- 掌握指针变量的定义和初始化、赋值方式
- 掌握指针的解引用方式
- 了解 const 对指针的不同修饰
- 了解指针与数组的关系
- 掌握指针的移动与运算
- 了解指针与字符串的关系
- 了解指针与函数的关系
- 理解二级指针
- 掌握空指针与 void 指针的使用

　　本章先介绍指针的概念以及指针与内存地址、指针变量之间的关系；接着介绍指针变量的定义、初始化、赋值以及对指针的解引用方式；然后介绍 const 修饰符对指针变量的不同修饰方式；随后着重介绍指针与数组、指针与字符串、指针与函数之间的关系和使用要点，展现指针的灵活高效特性；最后介绍二级指针的概念、使用方式以及空指针和 void 类型指针的适用场景。

6.1　指　针　基　础

　　终于来到了 C 语言中的指针。毫无疑问，指针是 C 语言中最精华的部分，通过灵活地运用指针，可以编写出独具匠心、构思巧妙的程序；同时，指针也是 C 语言中最难理解的部分，人是有思维惯式的，例如，看到指针就会联想到生活中与其类似的一些实物，例如钟表、仪表以及道路指示牌等，如图 6.1 所示。

钟表　　　　　　　　　　仪表　　　　　　　　道路指示牌

图 6.1　具有指针的实物

这些实物中都有指针，它们是看得见、摸得着的。但是，C 语言程序在运行时，所有的数据都存储在内存中，而内存里都是二进制数，是不可能存在指针的。所以 C 语言中的指针只是一个概念，或者说 C 语言中的指针只存在于逻辑思维中，物理上并不存在。此时，读者可能会疑惑，既然这个指针是不存在的，那到底怎么来理解呢？

为了让大家更好地理解指针，还是用现实中的一段生活小场景作为例子吧。

小明和小强是同学，某个周六上午，小明打电话邀请小强到家中作客，小强欣然同意。于是小强换好衣服，准备出发前往小明家。但走到门口时，才突然发现不知道小明家在哪里。糟糕！忘记在电话里问小明家的地址了。于是，赶紧回去再打个电话给小明，询问他家的地址。在得知小明家的地址后，小强顺利到了小明家里。

是不是像小学三年级的学生作文？故事性不强，读起来索然无味。我们的目的不是编故事，只为帮助读者更容易地理解 C 语言中的指针。

回想一下，小强是怎样找到小明家的。在不知道小明家地址时，小强对小明家无位置概念，所以无法到达小明家。而在得知小明家的地址后，小强就好像拥有了指向小明家的指针，顺着这个指针方向，就可以顺利到达小明家。

"讲了半天，指针不就是小明家的地址吗？！"恭喜你，能发出这样的牢骚，说明你对 C 语言中的指针已经有了基本的了解。

C 语言中指针的实质就是地址，不过不是小明家的地址，而是内存的地址。

6.1.1　内存地址

对于计算机中的内存，都会以字节为单位，逐一地编上号码，这个编号就是内存的地址，如图 6.2 所示。

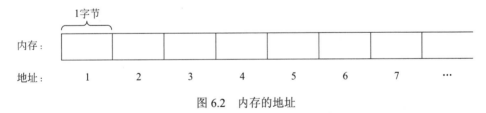

图 6.2　内存的地址

图中，按字节给内存依次编上了号码，即下面一行数字，其中每个数字对应着 1 字节的内存空间，而数字就是内存的地址。

例如，我们在程序代码中有一条变量定义语句：

```
char ch = 'A';
```

而程序被执行时，假如编译器将变量 ch 存储在了地址为 3 的位置，如图 6.3 所示。

图 6.3　变量 ch 的内存地址

前面我们都是使用变量名 ch 来访问或修改变量值。试想一下，既然我们知道了变量

ch 的内存地址，是否可以通过这个地址去访问或修改变量 ch 的值呢？

显然是可以的。就像小强知道了小明家的地址，就能得到一个指向小明家的指针一样，当我们知道了变量 ch 的内存地址，就相当于得到了一个指向变量 ch 的指针。甚至可以把这个指针想象成是一条带着箭头的长线，如图 6.4 所示。

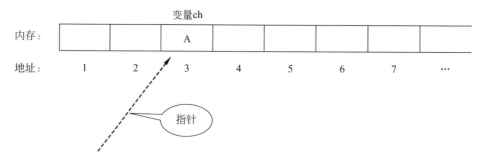

图 6.4 指向变量 ch 的指针

有了这样的一个指针后，我们就可以通过它来对变量 ch 进行访问或者修改了。

由此可见，指针是和内存地址息息相关的。如果我们想得到指向变量 ch 的指针，就必须能够获得变量 ch 的内存地址。那怎样才能获得一个变量的内存地址呢？

6.1.2　取地址运算符"&"

C 语言中，可以使用"&"符号来获取一个变量的内存地址，因此，将"&"称为取地址运算符，简称取地址符。之前的案例中，在使用 scanf 函数时，我们都在变量类型的参数前面加了"&"符号，这就是为了取得那个参数变量的内存地址。

取地址符的使用格式如下：

```
&变量名
```

在变量名前加上"&"符号就可以了。取地址符的作用就是获取变量名所表示变量的内存地址。例如：

```
char ch;     //char 类型变量 ch
int n;       //int 类型变量 n
float f;     //float 类型变量 f
printf("Address of ch: %#x\n", &ch);     //打印变量 ch 的内存地址
printf("Address of n: %#x\n", &n);       //打印变量 n 的内存地址
printf("Address of f: %#x\n", &f);       //打印变量 f 的内存地址
```

代码中，首先定义了 3 个不同类型的变量，然后通过取地址符分别对这 3 个变量进行内存地址获取，并通过 printf 将内存地址以十六进制格式打印输出到控制台窗口上。

编译运行程序，结果如下：

```
Address of ch: 0x28fedf
Address of n: 0x28fed8
Address of f: 0x28fed4
```

由于变量所使用的内存地址并非固定，所以读者在测试时，结果如与本书不同，属正常现象。

当通过取地址符获取到变量的内存地址后，就相当于得到了一个指向该变量的指针。因此，可以列出如下的式子：

&变量名 == 该变量的内存地址 == 指向该变量的指针

现在知道了如何获取一个变量的内存地址，而这个内存地址可以被看成是指向该变量的指针。下面就来介绍如何使用指针。

6.1.3　解引用运算符 "*"

既然可以通过取地址符获取一个指向变量的指针。那可不可以反过来，通过这个指针再找回原来的变量呢？

可以的，这种和取地址相逆的操作，我们把它称为解引用。C 语言中，解引用需要用到星号 "*"，我们把它称为解引用运算符。它的使用格式为：

*指针

即在指针前面使用星号，就可以对它进行解引用，即访问到原来的变量。例如：

```
char ch1 = 'A';
char ch2 = *&ch1;
printf("ch1 = %c, ch2 = %c\n", ch1, ch2);
```

在第 2 条语句中使用了 "*&ch1"，这看起来非常怪异。这里对变量 ch1 连续使用了解引用运算符和取地址运算符，它们的优先级相同，且都是一目运算符。由于结合性为从右至左，所以就相当于是 "*(&ch1)"，即先通过取地址符获得指向变量 ch1 的指针，然后再通过解引用运算符对这个指针进行解引用，等于又找回了原来的变量 ch1。所以，这条语句的作用等价于：

```
char ch2 = ch1;
```

在 "*&ch1" 中，由于取地址和解引用是一个互逆的操作，所以最终的结果还是 ch1 变量本身。

编译运行程序，结果如下：

```
ch1 = A, ch2 = A
```

可见，最终变量 ch2 的值与变量 ch1 的值是一样的。

从上述代码中，读者可能看出一个问题：先对变量进行取地址，然后再进行解引用，等于又回到了变量本身，这可是一种徒劳的行为啊，这样做有什么意义呢？

是的，确实是徒劳的行为，这里只是为了说明解引用运算符的功能，实际项目代码中是不会这么使用的。

在第 2 章中，介绍变量时曾讲过，可以将变量看成是一个容器，根据变量类型的不同，就可以在容器中存放不同类型的数据。例如：

```
char ch;         //可以存放字符类型的数据
int n;           //可以存放整型的数据
double d;        //可以存放双精度浮点类型的数据
```

C 语言中，还允许定义专门用于存储内存地址类型的变量，我们将其称为地址变量。

又因为指针的实质就是内存地址，因此，地址变量又被称为指针变量。

6.1.4 指针、指针变量与内存地址

对于初学 C 语言的人来说，常觉得指针部分比较难，搞不清指针里的术语算是原因之一，这些术语之间关系密切，但又有着微妙的差别，时常令人眼花缭乱、迷惑不解。

指针、指针变量和内存地址，很多人分不清这三者之间的关系和区别。因为指针变量可以存储内存地址，而内存地址可以看成是指向对象的指针，因此，既可将内存地址看成是指针，也可将指针变量看成指针。这会造成一种情况：如果在文中提到指针一词时，需要根据当时的语境以及上下文来判断这个指针到底是表示内存地址的意思，还是指针变量的意思。

下面列出几个关于指针的描述：

（1）"指向 A 的指针"，这里的指针可以理解为 A 的内存地址。

（2）"定义一个指针"，这里的指针可以理解为一个指针变量。

（3）"通过指针获取 A 的值"，这里的指针可以理解为 A 的内存地址。

（4）"移动指针"，这里的指针可以理解为一个指针变量。

由于指针的实质就是内存地址，因而第 1 条和第 3 条当中所叙述的指针就是 A 的内存地址，以及通过 A 的内存地址去获取 A 的数据；而第 2 条和第 4 条中，都是对指针本身的修改，内存地址是常量，是不能被修改的，因此，这里的所叙述的指针其实表示的是指针变量，即修改指针变量自身所存储的内存地址值，指针变量所存储的地址值不同了，就相当于指针被改变了。

可以看出，同样是指针一词，在不同的表达和描述中，能够表达不同的意思。如果是对指针比较了解的人来说，没有什么问题。但对于接触指针时间不长的人来说，往往就会产生困惑，很容易造成理解上的偏差。

鉴于此，我们可以尝试着把指针、指针变量和内存地址这三者之间进行区分，重塑它们的定义和功能，让它们之间的关系清晰化、明朗化。

首先内存地址是内存单元的一个编号，可以把它当成一个常量看待；而指针变量是一个能够存放内存地址的容器，它是一个变量；指针是无形的，我们可以把它想象成一个带着箭头的长线，线尾连着指针变量，而箭头则指向了指针变量所保存的内存地址处的数据。

我们可以将 C 语言中的变量、常量、数组、函数等看成一个数据对象。当得到一个对象的内存地址后，就会产生一个指针，这个指针的箭头指向了该内存地址处的对象。我们可以把这个内存地址存储到一个指针变量中，这就相当于在指针变量和对象之间，有一条无形的指针相连，如图 6.5 所示。

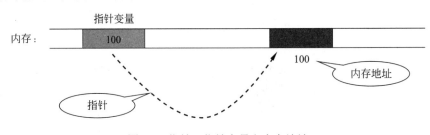

图 6.5　指针、指针变量和内存地址

图中右侧深色部分表示一个对象，它所对应的内存地址为 100，而左侧浅色部分是一个指针变量，它保存着 100 这个内存地址，此时，就好像有一条带着箭头的长线，线尾连着指针变量，而箭头则指向了内存地址为 100 的地方，即深色部分的对象。这条带着箭头的虚线就是指针，用户可以通过该指针对深色部分的对象进行访问或修改。

内存地址是常量，而指针变量是变量，当指针变量中存储一个内存地址后，就相当于在指针变量和该内存地址处的对象之间有了一条指针。或者，更简单点说，内存地址是一个常量类型的指针，而指针变量是变量类型的指针，而真正的指针是不存在的，它只存在于我们的脑海和思维中。

下一节将讲述怎样才能定义出用于保存内存地址的指针变量。

6.2　指 针 变 量

指针变量是用于存储对象的内存地址的，而指针变量与之前所介绍的普通变量之间，既有相同点，也有不同点。指针变量终归仍是变量的一种，因此在使用前也需要对它进行定义。而普通变量存储的是数据，指针变量存储的是内存地址，因而在定义格式上，指针变量与普通变量还是有所不同。

6.2.1　指针变量的定义

在 C 语言中，指针变量的定义格式为：

数据类型　*变量名；

乍一看，是不是和普通变量的定义格式很像？唯一不同的是，在变量名之前多了一个星号"*"。需要注意的是，这里的星号只是一个标记符，用于区别普通变量，并不是解引用运算符。也就是说，在变量定义时，变量名之前如果有星号，那么定义出来的就不再是普通变量，而是一个指针变量。

定义最前面的"数据类型"表示该指针变量的类型。我们知道，指针变量用于保存内存地址，那为什么还要有数据类型呢？难道内存地址还分各种类型吗？这是刚开始接触指针变量时，最令人难以理解的。

大家可以想象一下，如图 6.6 所示如果没有数据类型，只有一个内存地址，该如何去正确地访问和使用内存数据呢？

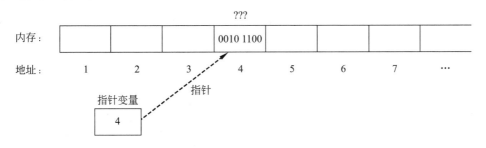

图 6.6　指针示意图

图中，指针变量保存的值为 4，通过指针（虚线箭头部分）可以访问到地址为 4 的内存区域，我们知道内存中保存的都是些二进制码，并没有关于数据类型的信息。如果不知道数据类型，那么应该访问多少字节的二进制数据，又该如何去解读这些二进制数据呢？

要想回答这个问题，就先来看看，在有数据类型的情况下是如何处理的。

如果指针变量是 char 类型的，那么就只需处理地址为 4 的 1 字节，并且知道该字节，即 8 位的二进制码对应的是字符的 ASCII 码。

如果指针变量是 short 类型的，那么需要处理从地址为 4 开始的 2 字节（即地址 4 和地址 5），并且知道这 2 字节，即 16 位的二进制码对应的是一个 short 类型的值。

如果指针变量是 float 类型的，那么需要处理从地址为 4 开始的 4 字节（即从地址 4 到地址 7），并且知道这 4 字节，即 32 位的二进制码对应的是一个 float 类型的值。

现在应该知道指针变量为何要指定数据类型了吧？是的，只有让指针变量具有明确的数据类型，才能通过指针正确地去访问和解读这些内存数据。换句话说，就是知道了指针变量的类型，也就知道了指针所指向的对象，即该对象拥有什么类型的数据。

下面定义两个指针变量：

```
char *pch;          //char 类型的指针变量，它可以指向 char 类型的数据
int *pi;            //int 类型的指针变量，它可以指向 int 类型的数据
```

一般将指针变量的名字以字母"p"开头，这是因为"p"是指针的英文单词"pointer"的首字母，所以，看到这样的变量名，就知道这是一个指针变量。

可以将同类型的指针变量与普通变量，甚至数组，放在一起进行定义。例如：

```
int *pi, a;    //定义 int 类型的指针变量 pi 和 int 类型的变量 a
```

这里要注意的是，星号只对 pi 起作用，即只表示 pi 是指针变量，而 a 的前面并没有星号，因此，它只是普通的 int 类型变量。如果要将 a 也定义为指针变量，则需这样：

```
int *pi, *a;       //定义了两个 int 类型的指针变量，变量名分别是 pi 和 a
```

也就是在定义时，每个指针变量名的前面都需要加上星号，例如：

```
int a, *pi, arr[10];    //定义了 int 类型的变量 a、指针变量 pi 和长度为 10 的数组 arr
```

定义指针变量后，不要直接去使用，不然可能会出大问题，因为还没有对它进行初始化或赋值，也就是还没有让指针指向一个正确的对象。和普通变量一样，如果指针变量被定义为一个局部的且非静态的，那么编译器不会对其进行默认初始化，其值是未确定的。如果我们将这个未确定的值当作一个内存地址来进行数据的访问和修改，可能会出问题。

所以在使用指针变量前，必须对其进行初始化或赋值。

6.2.2　指针变量的初始化与赋值

指针变量是用于保存内存地址的，所以想要对指针变量进行初始化或赋值，需要得到一个内存地址。通过取地址符，我们就可以非常方便地获取一个对象的内存地址。例如：

```
int a = 10;      //定义 int 类型变量 a，并将其初始化值为 10
int b = 20;      //定义 int 类型变量 b，并将其初始化值为 20
```

```
int *pi = &a;      //定义 int 类型指针变量pi，并将其初始化为变量a 的内存地址
pi = &b;           //将指针变量 pi 赋值为变量 b 的内存地址
```

第三行语句中，我们在变量 a 前面使用了"&"符号，即通过取地址符取得了变量 a 的内存地址，并将其初始化给 int 类型指针变量 pi。在第四行语句中，我们又一次通过取地址符取得变量 b 的内存地址，并将其赋值给指针变量 pi。需要再次提醒的是，指针变量在定义时，星号只是起标记作用，以表明定义出来的是指针类型的变量。因此，在给指针变量赋值的时候，变量名之前不要再使用星号。

由于指针变量是有数据类型的，因此，在对其进行初始化或赋值的时候，应该使用相应类型的变量的内存地址。不然，使用指针去访问或修改对象数据的时候可能会出错。如上面例子中，指针变量 pi 是 int 类型的，所以我们在对其进行初始化或赋值时，使用的都是一个 int 类型变量的内存地址。

在了解了指针变量的初始化和赋值后，就可以让指针变量"大显身手"了，下面讲述如何通过指针变量来访问和修改对象的内存数据。

6.2.3　指针变量的解引用

前面已经介绍过了解引用运算符，由于指针变量中保存的是内存地址，因此可以对指针变量使用解引用运算符来访问或修改该内存地址处的对象。通过对指针变量进行解引用后，就可以像使用普通变量一样来访问和修改对象的内存空间数据。例如：

```
int a = 10;                    //定义 int 类型变量a，并初始化为 10
int *pi = &a;                  //定义 int 类型指针变量pi，并初始化为变量a 的内存地址
*pi = 20;                      //等价于 a = 20;
printf("*pi = %d\n", *pi);     //等价于 printf("*pi = %d\n", a);
```

第三行语句中，通过指针解引用访问到了变量 a 的内存空间，并将整型常量值 20 赋给了它，即将变量 a 的内存空间的值修改为 20。第四行语句中，再次通过指针解引用访问变量 a 的内存空间，并以 int 类型格式来获取内存空间数据，通过 printf 打印输出。其实，指针解引用的实质就是利用指针来间接地访问和修改它所指向的内存空间数据，修改过程如图 6.7 所示。

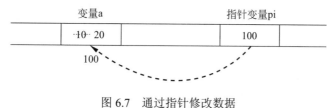

图 6.7　通过指针修改数据

编译运行程序，结果如下：

```
*pi = 20
```

我们可以将指针解引用的结果当成是一个变量的名字来使用，甚至可以对它进行自增或自减的运算：

```
++*pi;             //等价于++a;
```

```
(*pi)++;        //等价于 a++;
--*pi;          //等价于--a;
(*pi)--;        //等价于 a--;
```

在使用后缀的自增、自减运算时，由于优先级和结合性的原因，自增、自减运算会优先于解引用运算符，因此，需要在指针解引用时，用小括号来提升它的优先级。

最后需要注意的是，星号在指针变量定义时只是一个标记，而在指针解引用时却是一个解引用运算符，千万不要混淆：

```
int *pi = &a;           //这儿的"*"是标记符
*pi = 20;               //这儿的"*"是运算符
```

6.2.4 指针变量的大小

前面介绍过，指针变量的类型的主要作用是，通过指针能够正确地访问和解读指向对象内存中的数据。而指针变量的大小与指针变量的类型是无关的，这也是初学的人容易忽视的一点。指针变量归根结底还是变量的一种，所以它本身也是需要占用内存空间的，而指针变量的大小就是指针变量本身所占用的内存空间字节数。由于指针变量只是用于保存内存地址的，它不会存储其他类型的数据，所以和指针变量的类型无关。我们可以通过 sizeof 运算符来获取指针变量的大小，例如：

```
char *pch;        //字符型指针变量
short *psh;       //短整型指针变量
float *pf;        //单精度浮点型指针变量
double *pd;       //双精度浮点型指针变量
printf("Size of the char*: %u bytes.\n", sizeof pch);
printf("Size of the short*: %u bytes.\n", sizeof psh);
printf("Size of the float*: %u bytes.\n", sizeof pf);
printf("Size of the double*: %u bytes.\n", sizeof pd);
```

编译运行程序，结果如下：

```
Size of the char*: 4 bytes.
Size of the short*: 4 bytes.
Size of the float*: 4 bytes.
Size of the double*: 4 bytes.
```

可见，不管指针变量的类型是什么，指针变量的大小始终都是 4 字节。

6.3 指针与 const

在只读变量一节，我们已经使用过 const 修饰符。在定义变量时，如果在前面使用了 const 关键字，就会将这个变量修饰为只读变量。即该变量只能读取，不能被修改。因为指针变量也是变量的一种，所以也可以在定义指针变量的时候，使用 const 进行修饰。不过，由于指针变量是比较特殊的一类，因此在使用 const 进行修饰的时候，和普通变量有所不同。

6.3.1　常量指针

我们在定义指针变量时，如果在星号前面加入了"const"关键字，就会将指针修饰为常量指针。例如：

```
const int *cpi;
```

或者

```
int const *cpi;
```

常量指针所表述的意思是，const 所修饰的不是指针变量，而是指针，就是那个无形的、被我们想象成一个带箭头的长线的东西。那这个常量指针到底有什么作用呢？

所谓常量指针，从名字上解析，就知道它是一个指向常量对象的指针。常量是不允许被修改的，因此常量指针的作用就是，只能通过指针来访问它所指向的对象，而不能通过指针来修改它所指向的对象。例如：

```
int a = 10;
const int *cpi = &a;
printf("Result: *cpi = %d\n", *cpi);
```

代码中，首先定义了一个 int 变量 a，并初始化为 10；然后定义了一个 int 类型指针变量 cpi，并初始化其值为变量 a 的内存地址，由于在指针变量的前面加上了 const 修饰符，因此，指针被修饰为常量指针了，而 cpi 就变成了一个指向常量的指针变量；第三条语句中，通过对变量 cpi 的解引用，即使用常量指针去访问变量 a 的数据，并通过 printf 函数打印到窗口上。

编译运行程序，运行结果如下：

```
Result: *cpi = 10
```

可见，使用常量指针访问对象的数据是没问题的。现在再使用常量指针去尝试修改对象数据：

```
*cpi = 20;
```

这儿对变量 cpi 进行解引用，并将 20 赋值给它。即使用指针去修改变量 a 的数据，此时，编译程序时就会出错：

```
error: assignment of read-only location '*cpi'
```

错误信息的意思是：不能对只读变量赋值。关于只读变量，稍后还会再来剖析一番。通过 const 关键字将指针修饰为一个指向常量对象的指针。因此，这儿将一个常量值 20 赋给指针所指向的对象是不允许的。

由于 const 修饰的是指针，而不是指针变量，因此，对于指针变量本身来说，它是不受 const 限制的，也就是指针变量的值仍是可以被访问或修改的。例如：

```
int a = 10, b = 20;
const int *pci = &a;
pci = &b;
printf("Result: *pci = %d\n", *pci);
```

以上语句首先定义了两个 int 类型变量 a 和 b；然后通过 const 修饰，定义了常量指针变量 pci，并将变量 a 的内存地址初始化给 pci；接着，再把变量 b 的内存地址取出赋给变量 pci；最后，通过 printf 打印输出对变量 pci 解引用的结果。

编译运行程序，结果如下：

```
Result: *pci = 20
```

从结果可知，对于指针变量 pci 来说，它没有受到 const 的限制，仍然是一个变量，所以把变量 b 的地址赋值给它是没有问题的，而最后打印输出的也正是变量 b 的值。

最后，总结一下常量指针。const 修饰的是指针，而非指针变量，因此，对指针所指向的对象只可访问，不可修改，即不能通过指针去修改对象的数据；而指针变量本身是可访问、可修改的，如图 6.8 所示。

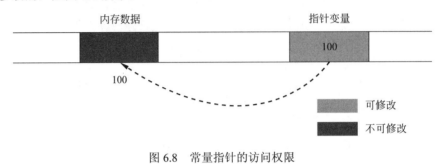

图 6.8　常量指针的访问权限

6.3.2　指针常量

如果在指针变量定义时，在星号之后、变量名之前使用了 const 关键字，则会定义出指针常量。这样，const 所修饰的是指针变量，而非指针。例如：

```
int a = 10, b = 20;
int *const pci = &a;
```

此时定义的 pci 就是指针常量，也就是经过 const 的修饰，pci 由指针变量变为指针常量。这就意味着，pci 不再是变量，而是常量了，它的值只能被访问而无法被修改。因此，在定义的时候应该对其初始化。因为对它进行赋值将是错误的行为，例如：

```
pci = &b;
```

此语句表示将变量 b 的地址赋值给指针常量 pci。如果对其编译，就会出现错误信息：

```
error: assignment of read-only variable 'pci'
```

错误信息的意思是，pci 是只读变量，不可对其赋值。

由于指针没被 const 修饰，因而我们通过指针来访问和修改它所指向的对象数据是没问题的，例如：

```
*pci = 100;
printf("Result: *pci = %d\n", *pci);
```

首先通过指针修改了变量 a 的数据，然后通过 printf 打印出指针指向的数据，即变量 a 的值。

程序运行结果如下：

```
Result: *pci = 100
```

可见，我们是可以通过指针常量 pci 来间接修改变量 a 的值的。

那么，来总结一下指针常量。const 修饰的是指针变量，而非指针，因此，对指针变量本身来说，它从变量变成了常量，因此，只可访问，不可修改；而通过指针对其所指向的对象数据是可访问、可修改的，如图 6.9 所示。

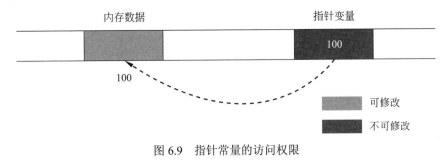

图 6.9　指针常量的访问权限

6.3.3　指向常量的指针常量

如果在指针变量定义时，在星号的前后都使用了 const 关键字，则会定义出指向常量的指针常量。这样一来，不仅不能通过指针来修改它所指向的对象，而且不能修改指针变量自身的值。例如：

```
int a = 10, b = 20;
const int *const pci = &a;
*pci = 100;        //错误，不能通过指针来修改它所指向的对象
pci = &b;          //错误，不能修改指针变量自身的值
```

可以看出，通过两个 const，分别对指针和指针变量进行修饰，既不能通过指向来修改指针所指向的对象，也不能修改指针变量自身存储的内存地址，如图 6.10 所示。

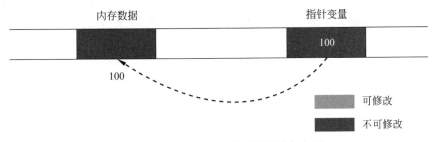

图 6.10　指向常量的指针常量的访问权限

6.3.4　再谈只读变量

在第 2 章只读变量一节介绍过，可以通过 const 修饰符将一个变量修饰为只读变量。只读变量只可访问而不可被修改，这和常量的访问权限非常类似，但只读变量并不是常量，因此，它不能作为数组定义时的长度，即不能把只读变量放在数组定义时的中括号内。这是为什么呢？因为 const 修饰的是变量名，而不是变量中的数据，下面举例说明：

```
const int a = 10;
a = 20;              //错误，只读变量不可被修改
```

上面定义了一个只读变量 a，然后通过变量名 a 来修改变量的值为 20，这会导致编译错误。那么 a 的数据真的不能被修改吗？

```
int *pi = (int *)&a;
*pi = 20;
printf("a = %d\n", a);
```

上面首先定义了一个 int 类型的指针变量 pi，并将其值初始化为变量 a 的地址。由于 a 是一个只读变量，因此获取的地址类型为 const int*，即是一个常量指针。因此，我们在前面通过"( )"将其进行强制类型转换，将 int*的值初始化给指针变量 pi。第二条语句中，通过解引用将 20 赋值给指针所指向的对象，即变量 a。第三条语句中，通过 printf 打印变量 a 的值。

编译运行程序，结果如下：

```
a = 20
```

可见，变量 a 的值被修改为 20 了。从这里可以得出结论：在只读变量 a 的定义语句中，const 只是限制了变量名 a 的修改权限，即不能通过变量名 a 来修改值，但还是可以通过指针来间接地修改变量 a 的值。也就是说，变量 a 的值并非是常量，是可以被修改的，只不过不能通过变量名 a 来修改，需要通过指针来间接地修改。

同样地，再来看常量指针。例如：

```
int b = 10;
const *int pi = &b;
*pi = 20;                    //错误，不能修改 pi 所指向的对象，即变量 b
```

以上语句首先定义了 int 类型变量 b，并初始化为 10；接着，定义了常量指针 pi，并将变量 b 的地址作为其初始值；第三条语句中，通过解引用，把 20 赋值给 pi 所指向的对象，即变量 b，这时会造成编译错误，提示 pi 所指向的是只读变量，不可被修改，但 pi 所指向的变量 b 并不是只读变量。因此，在常量指针的定义语句中，const 仅修饰了指针变量名 pi，即用户不能通过 pi 来访问它所指向的对象，即变量 b，但是可以通过变量名 b 来直接修改它的值，例如：

```
b = 20;
```

将 20 赋值给变量 b，这是没问题的。

最后总结一下，通过 const 来修饰变量时，仅仅是修饰变量名，即只限制了变量名的修改权限，而并非将变量的值修饰为只读。C 语言中，只有常量才是值具有只读权限，所以只读变量并非常量。

6.4　指针与数组

在数组一章中，已隐含地涉及了指针，只不过由于当时缺乏对指针以及内存地址的了解，所以使用了比较隐晦的词语。例如，在将数组作为函数参数时，是这样描述的：数组类型的形参能够确定数组的内存位置。在本章就应该将描述中的内存位置改成内存地址了。

C 语言中，指针与数组的关系非常密切，值得好好研究一番。本节将剖析指针与数组之间的微妙关系。

6.4.1　数组名亦是指针

C 语言中，数组名所对应的值就是第一个数组元素的内存地址，即可以把数组名看为指向数组首元素的指针。我们能够对该指针进行解引用，从而对数组首元素进行访问。例如：

```
int a[5] = {10, 20, 30, 40, 50};
printf("The first element value: %d\n", *a);
```

以上语句首先定义了一个长度为 5 的 int 类型数组 a，并对数组进行了初始化。由于可以将数组名 a 看为指向第一个数组元素的指针，因此，在第二条语句中，通过对数组名 a 进行解引用，便可访问到第一个数组元素，同时通过 printf 打印输出到控制台窗口上，如图 6.11 所示。

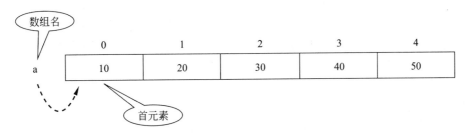

图 6.11　通过指针访问数组首元素

编译运行程序，结果如下：

```
The first element value: 10
```

我们也可以通过该指针来修改首元素的值，例如：

```
int a[5] = {10, 20, 30, 40, 50};
*a = 100;
printf("The first element value: %d\n", *a);
```

在第二条语句中，由于数组名是指向数组首元素的指针，因而对其进行解引用访问到数组第一个元素，并将其重新赋值为 100。

再次编译运行程序，结果如下：

```
The first element value: 100
```

从中可以看出，通过对数组名进行解引用，就可以对数组首元素进行访问和修改，与使用数组下标来访问和修改数组元素的效果相同。因此，认为"*a"等价于"a[0]"，"*a = 100"等价于"a[0] = 100"。

其实，也可以通过取地址符来获得数组首元素的内存地址，并将其存储到一个指针变量中，例如：

```
int a[5] = {10, 20, 30, 40, 50};
int *pi = &a[0];
printf("The first element value: %d\n", *pi);
```

在第二条语句中，定义了 int 类型的指针变量 pi，并通过取地址符获取数组首元素的内存地址，作为指针变量 pi 的初始值。第三条语句中，通过对指针 pi 进行解引用，访问数组首元素，并通过 printf 打印其值。

由于数组名即是数组首元素的内存地址，因此，可以将第二条语句修改为：

```
int *pi = a;      //等价于 int *pi = &a[0];
```

既然指针变量 pi 保存了数组首元素的内存地址，数组名也表示为数组首元素的地址。那么，数组名 a 是否等同于指针变量 pi 呢？

答案是否定的，即数组名不同于指针变量。原因是指针变量的值可以改变，即存储不同的内存地址值；而数组名永远只能表示数组首元素的内存地址，不能被改变。例如：

```
pi = &a[1]; //将数组第二个元素的内存地址赋值给指针变量 pi
a = &a[1];  //错误，数组名只能表示为首元素的内存地址，不允许被改变
```

第一条语句中，将数组中第二个元素的内存地址赋值给指针变量 pi，即相当于将指针 pi 由原来指向数组首元素，修改为指向数组中的第二个元素。第二条语句中，尝试让数组名表示为数组第二个元素的内存地址，这是不允许的。因此，数组名更像是一个指针常量，我们可以通过它来访问或修改它所指向的对象，但它自身的值不允许被修改，即永远只能指向数组中的第一个元素。

6.4.2　指针的移动

在第 5 章中，我们是通过数组的下标来访问数组元素的。数组的下标从 0 开始，最后一个数组元素所对应的下标为数组长度减 1。通过循环，利用下标值不断自增，从而遍历数组所有元素。

通过指针的移动，我们也可以达到遍历数组所有元素的功能。因此，对于数组来说，我们既可以使用下标来访问数组元素，也可以使用指针来访问数组元素。我们将使用下标来访问数组元素的方式称为"下标法"；而将使用指针来访问数组元素的方式称为"指针法"。

指针的实质是内存地址，而内存地址是常量，它是不允许被修改的。而指针变量是用于存储内存地址的变量，它的值是可以被修改的。因此，所谓指针的移动，实质是对指针变量所存储的地址值进行修改的行为。我们可以通过对指针变量进行自增或自减的运算，来达到指针的移动效果。

指针的移动是有方向的，指针是从低内存地址向高内存地址的方向移动，称为指针的向前移动，是指针变量的自增运算行为。相反，指针是从高内存地址向低内存地址的方向移动，称为指针的向后移动，是指针变量的自减运算行为。

那指针每次移动的距离是多少？是不是每次移动 1 字节？

指针的移动距离和指针变量的类型相关，如果指针变量的类型为 char，则移动一次的距离为 1 字节；如果指针变量的类型为 short，则移动一次的距离为 2 字节；如果指针变量的类型为 int，则移动一次的距离为 4 字节。

假设这三个指针变量初始存储的内存地址都是 1：

char 类型的指针向前移动一次，它所存储的内存地址就会增加 1，变成 2。

short 类型的指针向前移动一次，它所存储的内存地址就会增加 2，变成 3。

int 类型的指针向前移动一次，它所存储的内存地址就会增加 4，变成 5，如图 6.12 所示。

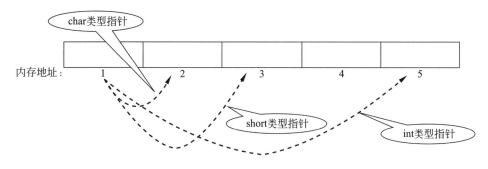

图 6.12　不同类型指针的移动距离

【例 6-1】编写程序，通过指针的移动，遍历并打印数组所有元素。

代码如下：

```c
#include <stdio.h>
int main()
{
    int a[5] = {10, 20, 30, 40, 50};
    int *pi = a;                       //指针变量 pi 保存数组首元素的地址
    for(int i = 0; i < 5; ++i)
    {
        printf("Addr: %d, Value: %d\n", pi, *pi);   //打印元素地址和值
        ++pi;                          //指针向前移动
    }
    return 0;
}
```

在 for 循环之前，定义了指针变量 pi，并将数组首元素的内存地址作为其初始值。在循环体中共有两条语句，第 1 条语句以"[地址:值]"的格式来打印数组元素的内存地址和数组元素值；第二条语句，是对指针变量 pi 进行自增运算，这会导致指针的向前移动，每次移动的距离为 int 类型的大小，即 4 字节，也就是一个数组元素大小的距离。

编译运行程序，结果如下：

```
Addr: 2686660, Value: 10
Addr: 2686664, Value: 20
Addr: 2686668, Value: 30
Addr: 2686672, Value: 40
Addr: 2686676, Value: 50
```

可见，指针变量 pi 所存储的初始内存地址为 2686660，这就是数组首元素的内存地址。经过第一次向前移动后，指针变量 pi 所存储的内存地址增加了 4，变为了 2686664，即是第二个数组元素的内存地址；经过第二次向前移动后，指针变量 pi 所存储的内存地址又增加了 4，变为了 2686668，即第三个数组元素的内存地址；经过第三次向前移动后，指针变量 pi 所存储的内存地址又增加了 4，变为 2686672，即第四个数组元素的内存地址；经过第四次向前移动后，指针变量 pi 所存储的内存地址又增加了 4，变为了 2686676，即第五个数组元素的内存地址。那指针变量 pi 最终所存储的是第五个数组元素的内存地址吗？

for 循环的循环体一共会被执行 5 次，因此，指针的移动也将会进行 5 次。前面只讲了

前4次，而指针第5次向前移动后，指针变量pi所存储的内存地址仍会增加4，变为2686680，不过这个地址已经超出了数组的范围，如果对其进行解引用的话就会造成数组的越界访问。不过此时 for 循环已经结束，所以并不会发生这种越界访问的行为。

最后再强调一下，由于"指针的移动"需要不断地修改指针变量所存储的地址值，因而不要使用数组名来进行指针的移动。数组名虽然是数组首元素的内存地址，也可以将其看成指向数组首元素的指针，但它不能被移动，即它的值不能被修改，必须一直存储首元素的内存地址。

6.4.3　指针的算术运算

指针不光可以移动，还可以进行算术运算。通过指针的算术运算，甚至可以达到多次指针移动的效果。

1. 指针与整数的算术运算

可以将一个指针与整数值进行算术运算，运算的结果为一个新的指针，新指针所对应的内存地址为原内存地址 + 整数值 * 指针的数据类型大小。

假如有一个 int 类型的指针变量 pi，所存储的内存地址为 100。现在对它进行算术运算，表达式如下：

```
pi + 1
```

该表达式将指针变量 pi 与整数值 1 进行相加，这样会产生一个新的指针，新指针所对应的内存地址为 100 + 1 * 4，即 104，相当于指针向前移动一次的效果。

若表达式为：

```
pi + 2
```

该表达式将指针变量 pi 与整数值 2 进行相加，这样会产生一个新的指针，新指针所对应的内存地址为 100 + 2 * 4，即 108。相当于指针向前移动两次的效果。

需要注意的是，指针算术运算的结果会产生一个新的指针，即一个新的内存地址。它不会改变原指针变量所存储的内存地址，即指针变量 pi 的值并未改变。因此，可以对数组名进行算术运算。例如：

```
int *pi, a[5] = {10, 20, 30, 40, 50};
pi = a + 4;
```

第二条语句中，赋值运算符的右边是表达式"a + 4"，a 是数组名，可以看成指向数组首元素的指针，其与 4 相加，即相当于指针向前移动 4 次的效果，即得到了第 5 个数组元素的内存地址，并将其赋值给指针变量 pi。此时，指针变量 pi 就存储了第 5 个数组元素的内存地址，即拥有指向第 5 个数组元素的指针。

下面使用指针的算术运算实现例 6-1，代码如下：

```
#include <stdio.h>
int main()
{
    int a[5] = {10, 20, 30, 40, 50};
    for(int i = 0; i < 5; ++i)
```

```
        printf("%d ", *(a + i));
    return 0;
}
```

在循环体中，只有一条 printf 函数调用语句，利用指针的算术运算分别得到指向不同数组元素的指针，并通过解引用访问到数组元素，将其打印到控制台窗口。需要注意的是，表达式"*(a+i)"中的小括号不要漏掉，否则表达式变成"*a+i"，即将数组首元素的值与变量 i 的值相加。

循环体一共被执行 5 次，下面是每一次循环中表达式"a+i"的结果：

（1）a+0 的结果为 a 本身，即数组首元素的内存地址。

（2）a+1 的结果为 a 的内存地址加上 4，即数组中第 2 个元素的内存地址。

（3）a+2 的结果为 a 的内存地址加上 8，即数组中第 3 个元素的内存地址。

（4）a+3 的结果为 a 的内存地址加上 12，即数组中第 4 个元素的内存地址。

（5）a+4 的结果为 a 的内存地址加上 16，即数组中第 5 个元素的内存地址。

运行程序，结果如下：

```
10 20 30 40 50
```

从上面的结果可以看出，在访问数组元素时下标法与指针法的对应关系，例如要访问数组 a 中第 2 个元素时：

下标法：a[1]。

指针法：*(a+1)。

2. 指针与指针的算术运算

两个指针之间也可以进行算术运算，通常我们对指向同一数组中的元素的两个指针进行减法运算，来获得彼此之间的位置间隔信息。例如：

```
int a[5] = {10, 20, 30, 40, 50};
int *p1 = a;
int *p2 = &a[4];
int interval = p2 - p1;    //两指针相减，获得元素之间的位置间隔
printf("The interval between the two array elements is %d.\n", interval);
```

上面语句定义了两个 int 类型的指针变量，其中 p1 存储了首元素内存地址，p2 存储了第 5 个元素的内存地址。然后通过"p2-p1"来进行两指针相减，需要注意的是，指针相减的结果并非简单的地址值相减，而是两指针所对应内存地址之间的差，再除以指针的数据类型大小的值，即：p2 存储的内存地址 - p1 存储的内存地址

$$p2 - p1 = \frac{p2存储的内存地址 - p1存储的内存地址}{sizeof(int)}$$

编译运行程序，结果如下：

```
The interval between the two array elements is 4.
```

可见，"p2-p1"的结果为 4，即指针所指向的元素之间的位置间隔为 4，也就是 p2 所指向的数组元素位于 p1 所指向数组元素之后的第 4 个位置。

将代码中的表达式修改为"p1-p2"：

```
int interval = p1 - p2;
```

重新编译运行程序，结果如下：

```
The interval between the two array elements is -4.
```

这次结果变成了-4，即表示 p1 所指向的数组元素位于 p2 所指向数组元素之前的第 4 个位置。

对于指针之间的算术运算，必须注意以下两点：

（1）两个指针所指向的必须是同一数组中的元素。

（2）不要对两个指针进行加、乘、除或求模等算术运算，这些都是无意义的行为。

6.4.4　指针的关系运算

由于数组中的元素在内存中是连续存储的，首元素的内存地址相对最小，最后一个元素的内存地址相对最大，因此，我们可以使用关系运算符对指向数组元素的指针进行关系运算，通过内存地址的比较，来获取彼此所指向的数组元素的前后位置信息。

关系运算的结果为布尔（Boolean）值，即"真"或"假"，通常"真"用整数 1 表示，"假"用整数 0 表示。关于指针的关系运算，如表 6.1 所示。

表 6.1　指针的关系运算

示例	结果
p1 == p2	若 p1 与 p2 的内存地址相同，则结果为真；否则，结果为假
p1 != p2	若 p1 与 p2 的内存地址不相同，则结果为真；否则，结果为假
p1 < p2	若 p1 的内存地址小于 p2 的内存地址，则结果为真；否则，结果为假
p1 <= p2	若 p1 的内存地址小于等于 p2 的内存地址，则结果为真；否则，结果为假
p1 > p2	若 p1 的内存地址大于 p2 的内存地址，则结果为真；否则，结果为假
p1 >= p2	若 p1 的内存地址大于等于 p2 的内存地址，则结果为真；否则，结果为假

【例 6-2】编写程序，使用指针，逆序打印数组中的所有元素。

代码如下：

```
#include <stdio.h>
int main()
{
    int a[5] = {10, 20, 30, 40, 50};
    int *pi = a + 4;              //指针 pi 指向第 5 个数组元素
    while(pi >= a)                //两个指针进行关系运算
    {
        printf("%d ", *pi);       //打印元素值
        --pi;                     //指针向后移动
    }
    return 0;
}
```

代码中，定义了指针变量 pi，并通过"a + 4"获得第 5 个数组元素的内存地址，将其初始化给指针变量 pi。在 while 循环中，条件表达式"pi >= a"检查指针 pi 的内存地址是否大于等于数组首元素的内存地址，若为真，执行循环体，通过解引用打印输出 pi 所指向的数组元素值，并使用"--pi"让指针向后移动，即向数组首元素的位置移动。直至首元素打印输出后，指针再次向后移动之后，指针的内存地址小于了数组首元素的内存地址，导致循环条件不成立，结果为假，while 循环结束。

运行程序，结果如下：

```
50 40 30 20 10
```

最后再强调一下，对于关系运算中的两个指针，都应当为指向同一数组中的元素的指针，否则运算的结果毫无意义。

6.4.5　指针数组

数组是同一类型的对象的集合。将指针（内存地址）作为数组元素的类型，可定义出指针数组。例如：

```
int *parr[3];          //定义长度为 3 的 int*类型的数组 parr
```

数组 parr 的类型是 int*，即数组元素都是 int 类型的指针，因此可以将 3 个 int 类型变量的内存地址作为数组的元素值，例如：

```
int a = 10, b = 20, c = 30;
int *parr[3] = {&a, &b, &c};
```

代码中将 int 类型的变量 a、b、c 的内存地址取出，作为数组 parr 的初始值。

也可以采用赋值的方式，例如：

```
int a = 10, b = 20, c = 30;
int *parr[3];
parr[0] = &a;
parr[1] = &b;
parr[2] = &c;
```

如果想通过指针数组来访问各变量，该如何做呢？

首先，我们可以使用下标来访问数组中的元素，例如：

```
parr[0]        //访问到数组的第一个元素
```

但数组中的元素都是指针类型的，因此，我们需要对它再进行解引用：

```
*parr[0]              //访问到指针数组中第一个指针(元素)所指向的对象，即变量 a
```

可以利用循环来访问和打印出所有的对象，例如：

```
for(int i = 0; i < 3; ++i)
        printf("%d ", *parr[i]);
```

编译运行程序，结果如下：

```
10 20 30
```

这里演示的是指针数组的最基本的用法，在 6.5 节中，还将使用指针数组对字符串进行操作，那时才能真正体现指针数组的实用价值。

6.4.6　数组指针

所谓数组指针，就是能够指向一个数组的指针。前面所看到的指针所指向的对象，基本上都是单个的变量或字符串常量，而数组指针所指向的对象是一个数组。

例如，我们定义了一个长度为 5 的 int 类型数组 a：

```
int a[5] = {10, 20, 30, 40, 50};
```

它的 5 个数组元素分别被初始化为 10、20、30、40、50。

下面再定义一个能够指向该数组的指针 pArr：

```
int (*pArr)[5];
```

这表示定义了一个能够指向长度为 5 的 int 类型数组的数组指针 pArr。需要注意的是，这里的小括号不可省略，否则，就变成定义一个长度为 5 的 int *类型的指针数组。

接下来让数组指针指向数组 a：

```
pArr = &a;
```

通过取地址符取得数组 a 的地址，赋值给数组指针 pArr，这相当于让数组指针 pArr 指向了数组 a。注意，不要漏掉取地址符，否则将变成将值为 10 的那个数组元素的内存地址赋给数组指针 pArr，虽然地址值是相同的，但这是不合理的，在编译时，也会给出警告信息。因为我们想要获取的是整个数组的内存地址，而不是数组首元素的内存地址，所以应该在数组名 a 的前面加上取地址符。

当然，我们也可以在定义数组指针时，以初始化的方式让数组指针 pArr 指向数组 a，例如：

```
int (*pArr)[5] = &a;
```

现在可以通过数组指针 pArr 访问数组 a 中的各元素，例如：

```
*(*pArr + 1)
```

在小括号中，"*pArr" 对数组指针 pArr 进行解引用，由于 pArr 是指向数组 a 的指针，因此，经过解引用就可以访问到它所指向的对象，即数组 a。对于数组 a 来说，它又表示数组首元素的内存地址，即一个指向数组首元素的指针，因此对它进行算术运算，加上 1 之后，就会得到一个指向数组第二个元素的指针。最后，再通过小括号外的解引用运算符，即可访问到数组中第二个数组元素。

下面用一个 for 循环，通过数组指针来访问并打印数组 a 中的所有元素：

```
for(int i = 0; i < 5; ++i)
    printf("%d ", *(*pArr + i));
```

编译运行程序，结果如下：

```
10 20 30 40 50
```

当然，也可以在访问到数组 a 后，再使用下标法来访问数组中的元素，例如：

```
for(int i = 0; i < 5; ++i)
    printf("%d ", (*pArr)[i]);
```

在第 5 章中介绍过，可以将二维数组看成是由一维数组构成的数组，也就是如果把二维数组看成是一维数组的话，那么这个数组中的所有元素又都是一维数组类型。例如：

```
int b[2][3] = {
    {10, 20, 30},
    {40, 50, 60}
};
```

如果将二维数组 b 看成是一维数组的话，那么它就有 2 个元素，而每个元素都是长度为 3 的 int 类型数组，即元素值为 10、20、30 的一维数组是它的第 1 个元素，元素值为 40、50、60 的一维数组是它的第 2 个元素。

由于数组名即为数组首元素的内存地址，所以 b 就是第一个长度为 3 的 int 类型数组的内存地址。也就是可以把 b 看成是一个指向长度为 3 的 int 类型数组的指针，即 b 是一个数组指针。

于是，可以定义一个数组指针 pArr，它指向一个长度为 3 的 int 类型数组：

```
int (*pArr)[3] = b;
```

将数组名 b 作为初始值赋给数组指针 pArr。由于 b 本身就是一个指向长度为 3 的 int 类型数组的指针，因此，不需要在它的前面再加取地址符了。

下面来看一下如何通过数组指针访问二维数组中的元素。例如，我们想要访问第 2 行第 3 列的数组元素，可以这样：

```
*(*(pArr + 1) + 2)
```

内层小括号内表达式为"pArr + 1"，我们知道 pArr 是指向第一个长度为 3 的 int 类型数组的指针，经过加 1 之后，它会产生一个新的数组指针，这个新指针所对应的内存地址为 pArr 的内存地址加上一个长度为 3 的 int 类型数组的大小，结果为第二个长度为 3 的 int 类型数组的内存地址，即通过表达式"pArr + 1"得到了一个指向第二个长度为 3 的 int 类型数组的指针。然后通过内层小括号前的解引用运算，即可访问第二个长度为 3 的 int 类型数组，就好像得到了名字为"b[1]"的一维数组。由于可以将一维数组名看成指向首元素的指针，因此，在外层小括号内将其与 2 进行相加，即得到了指向该一维数组中第 3 个数组元素的指针。最后，通过外层小括号前的解引用运算，即可访问该一维数组中的第 3 个数组元素，就好像得到了名字为"b[1][2]"的 int 类型数组元素。是不是和使用下标来访问数组元素非常像？

下面用一个双层循环来访问并打印二维数组中的所有元素：

```
for(int i = 0; i < 2; ++i)
{
    for(int j = 0; j < 3; ++j)
        printf("%d ", *(*(pArr + i) +j));
    printf("\n");
}
```

编译运行程序，结果如下：

```
10 20 30
40 50 60
```

把"*(pArr + i)"换成下标表示法就变为"pArr[i]"，把"*(*(pArr + i) +j)"换成下标表示法就变为"pArr[i][j]"。也就是可以将数组指针当成数组名一样来使用，即可以将双层循环修改为：

```
for(int i = 0; i < 2; ++i)
{
    for(int j = 0; j < 3; ++j)
        printf("%d ", pArr[i][j]);
    printf("\n");
}
```

再次编译运行，结果和之前一样。

可见，对一维数组来说，可以将其首元素的内存地址看成一个普通类型的指针，既可以使用指针法来访问数组元素，也可以像数组名一样使用下标法来访问数组元素。而对于二维数组来说，可以将其中的第一行（由该行各列构成的一维数组）看成首元素，而将首元素的内存地址看成一个数组指针，同样既可以使用指针法来访问数组元素，也可以像数组名一样使用下标法来访问数组元素。

最后，当我们看到一维数组名时，就可以将其看成一个普通类型的指针，而看到二维数组名时，就将其看成一个数组指针，即该指针能够指向一个数组。

6.5　指针与字符串

在第 5 章中，我们使用字符数组来存储字符串。由于数组与指针间的关系非常密切，因此，字符串与指针也有着千丝万缕的关系。本节就来讲述指针和字符串。

6.5.1　指针与字符串常量

在 C 语言中，用双引号包含的一段字符序列就是字符串常量，例如：

```
"apple"
```

常量是 C 语言中最简单的表达式，而所有的表达式都是有值的，那字符串常量的值是什么呢？

字符串常量的值就是字符串中首字符的内存地址。例如 apple 这个字符串常量的值就是其第一个字符 a 的内存地址。因此，我们可以用一个 char 类型的指针来指向这个字符串。例如：

```
char *pstr = "apple";
```

定义一个 char 类型的指针变量 pstr，并将字符串常量 apple 作为其初始值。编译器就会将字符串 apple 中的第一个字符 a 的内存地址作为指针变量 pstr 的初始值。因此，可以认为 pstr 是一个指向字符 a 的指针，由于字符 a 是字符串 apple 的首字符，所以，还可以认为 pstr 是一个指向字符串 apple 的指针。

可以通过指针 pstr 来访问和打印它所指向的字符，例如：

```
printf("character: %c\n", *pstr);
```

通过对指针 pstr 进行解引用访问到字符 a，并以"%c"（字符）的格式打印输出。
编译运行程序，结果如下：

```
character: a
```

还可以通过指针 pstr 来访问和打印它所指向的字符串，例如：

```
printf("string: %s\n", pstr);
```

需要注意的是，这次是以"%s"（字符串）的格式来打印，因此直接将指针 pstr 作为参数，不需要对它进行解引用。即打印字符串时，需要的是指向首字符的指针，而非字符。

编译运行程序，结果如下：

```
string: apple
```

可见，单凭一个字符类型的指针是无法断定它所指向的到底是一个字符还是一个字符串。也许字符指针只是指向一个字符的，也许字符指针指向的是一个字符串。对于指向字符串的字符指针，我们既可以用字符的方式来访问，也可以使用字符串的方式来访问。但对于仅是指向单字符的字符指针，不要用字符串的方式来访问，否则会出现乱码字符。

当字符指针指向一个字符串常量时，要时刻注意，不要试图使用该指针来修改字符串的内容，例如：

```
*pstr = 'A';
```

该语句的作用是通过对指针 pstr 进行解引用访问到字符串首字符 a，并用大写字母 A 对其重新赋值，即想把字符串的首字符由小写字母 a 修改为大写字母 A。但由于指针所指向的是一个字符串常量，字符串的内容是不允许被修改的，因此，该语句虽然能通过编译，但在程序运行时会造成运行错误而引发崩溃。

所以，最好在定义指针变量时通过 const 将其修饰为常量指针，例如：

```
const char *pstr = "apple";
```

这样就不能通过指针来修改它所指向的字符串了，就算是强行修改，也会在编译时，产生错误信息。例如：

```
*pstr = 'A';
```

此时对程序进行编译，就会出现如下错误信息：

```
error: assignment of read-only location '*pstr'
```

6.5.2　指针数组与字符串常量

既然可以用字符指针指向一个字符串常量，若是程序中有多个字符串常量呢？
那指针数组就可以派上用场了。例如：

```
const char *pstrArr[3] = {"apple", "orange", "pear"};
```

定义了一个长度为 3 的 const char*类型的指针数组 pstrArr，并在初始值列表中放入 3 个字符串常量，编译器就会将 3 个字符串常量的首字符内存地址初始化给指针数组的 3 个元素。

我们也可以采用赋值的方式，给指针数组各元素赋值，例如：

```
const char *pstrArr[3];
pstrArr[0] = "apple";
pstrArr[1] = "orange";
pstrArr[2] = "pear";
```

如果想通过指针数组来打印输 3 个字符串的内容，则可以使用 for 循环语句，并利用数组下标来访问指针数组中的各元素。例如：

```
for(int i = 0; i < 3; ++i)
    printf("%s\n", pstrArr[i]);
```

指针数组中的元素都是字符类型的常量指针，因此，可以使用"%s"的格式来打印输出指针所指向的字符串常量。

编译运行程序，结果如下：

```
apple
orange
pear
```

读者可能会有疑问，在 for 循环中采用的是数组下标的方式来访问指针数组中的各元素，那是否可以用指针的方式来访问指针数组中的各元素呢？答案是可以的。不过由于涉及二级指针，所以把这部分内容放到后面的二级指针一节中再介绍。

6.5.3 指针与字符数组

由于字符串常量不可被修改，因此，我们经常会将字符串存储在字符数组中，以便对字符串进行更好的处理。例如：

```
char str[] = "apple";
```

定义了字符数组 str，并将字符串常量 apple 作为其初始值。编译器根据字符串常量中字符个数确定出数组的长度为 6，并将字符串中的 5 个字符以及作为字符串结束标记的空字符初始化给数组各元素。

由于数组名可以看成是指向首元素的指针，因此，可以使用该指针来访问字符串。例如：

```
printf("string: %s\n", str);
```

编译运行程序，结果如下：

```
string: apple
```

并且，可以通过指针来修改字符串。例如：

```
*str = 'A';
```

通过解引用，将大写字母 A 赋值给指针所指向的对象，即数组首元素。由于这次修改的是存储在字符数组中的字符串，并非字符串常量，因此是没问题的。可以再次通过 printf 函数来打印字符数组中的字符串。代码如下：

```
char str[] = "apple";
*str = 'A';
printf("string: %s\n", str);
```

编译运行程序，结果如下：

```
string: Apple
```

字符数组中所存储的字符串，其首字符已经被修改为大写字母 A 了。

【例 6-3】编写程序，要求使用指针将字符串"Tel:017No.88#"中所有的小写字母转换为大写字母，并打印输出。

为了能够对字符串进行修改，将该字符串存储到一个字符数组中：

```
char str[] = "Tel:017No.88#";
```

　　然后使用一个无限的 while 循环，利用指针 str 遍历字符串中的所有字符。由于数组名是一个指针常量，它的指向不可被修改，只能指向首元素。因此，需要使用指针的运算方式来访问数组元素，所以在循环之前定义了一个 int 类型变量 i，并将其初始化为 0。代码如下：

```
int i = 0;
while(1)                        //无限循环
{
    if(*(str + i) == '\0')  //结束循环的条件
        break;
    if(islower(*(str + i))) //检测是否小写字母
        *(str + i) -= 32;   //将小写字母转换为大写字母
    ++i;
}
```

　　由于这里的 while 是个无限循环，因此，在循环体内需要有结束循环的 break 语句。在循环体的开头通过 if 语句进行结束循环的条件检查，而结束循环的条件是访问到作为字符串结束标记的空字符。

　　如果访问到的不是空字符，就使用 islower 函数来检测该字符是否为小写字母，如果是，则将该小写字母的 ASCII 码值减去 32，以得到对应的大写字母，并重新赋值给自己。

　　每次循环都会使变量 i 的值自增，不然每次访问的都是数组首元素（即字符串中的首字符），永远也无法访问到空字符，就变成无限循环了。

　　编译运行程序，结果如下：

```
TEL:017NO.88#
```

　　可见，字符串中的小写字母都被修改为对应的大写字母了。

　　由于数组名作为指针时，它的指向不能被改变。因此，很多时候会另外再定义一个指针变量，并通过指针移动的方式对字符数组中的元素进行访问。程序代码如下：

```
#include <stdio.h>
#include <ctype.h>
int main()
{
    char str[] = "Tel:017No.88#";
    char *p = str;                //定义指针变量 p，并让其指向字符数组中的字符串
    while(*p != '\0')            //循环的条件为 p 所指向的字符不是空字符
    {
        if(islower(*p))          //如果是小写字母
            *p -= 32;            //将其转换为大写字母
        ++p;                     //指针 p 向前移动
    }
    printf("%s\n", str);
    return 0;
}
```

　　以上语句首先定义指针变量 p，并将数组名 str 作为其初始值，即将数组首元素的内存地址初始化给指针变量 p。这次 while 循环的条件为指针 p 所指向的字符是否为空字符，如果是空字符，则循环结束，如果不是空字符，则执行循环体。循环体内再次检测指针 p 所指向字符是否为小写字母，如果是，则将其转换为大写字母。最后通过自增运算，使指针 p 向前移动，即让指针 p 指向数组的下一个元素，也就是下一个字符。

执行程序，会得到与之前相同的结果。

6.5.4 二维字符数组

通常只会在一个字符数组中存储一个字符串，如果有多个字符串，就得定义多个字符数组来进行存储。而更多时候，为了方便，会使用二维的字符数组来存储多个字符串，即用二维数组的一行存储一个字符串。

下面用一个案例介绍如何使用二维数组存储多个字符串。

【例6-4】编写程序，由用户输入 3 个字符串，程序要求依据字符串的长度，以升序的方式打印输出所有字符串。

假设用户输入的字符串大小不会超过 128，可以定义如下的二维数组：

```
char strArr[3][128];
```

第一维大小为 3，表示可以存储 3 个字符串，第二维大小为 128，表示每个字符串的长度不会超过 127，因为要确保有一个位置给空字符，作为字符串的结束标记。

接着就可以很方便地用数组下标来将用户输入的字符串存储到二维数组的各行：

```
for(int i = 0; i < 3; ++i)
    gets(strArr[i]);
```

通过"strArr[i]"能获得二维数组中每一行的首元素的内存地址，例如：

将"strArr[0]"换成指针表示法就是"*(strArr + 0)"，结果为指向第一行首元素的指针；将"strArr[1]"换成指针表示法就是"*(strArr + 1)"，结果为指向第二行首元素的指针；将"strArr[2]"换成指针表示法就是"*(strArr + 2)"，结果为指向第三行首元素的指针。

获得用户输入的字符串后，就准备开始打印输出。案例要求按照字符串的长度进行升序方式打印，所以定义 3 个 int 类型变量分别存储 3 个字符串的长度，通过 strlen 函数分别获得用户输入的 3 个字符串的长度：

```
int a = strlen(strArr[0]);
int b = strlen(strArr[1]);
int c = strlen(strArr[2]);
```

由于只有 3 个字符串，所以这里不再采用对数组元素进行排序的方式，而是通过简单的条件运算符嵌套来完成打印输出。例如，想找出长度最短的字符串，可使用以下表达式：

```
a < b ? (a < c ? strArr[0] : strArr[2]) : (b < c ? strArr[1] : strArr[2])
```

如果"a<b"成立，则执行第一对小括号中所嵌套的条件表达式，否则执行第二对小括号中所嵌套的条件表达式。它的检测过程如下：

如果 a 小于 b，且 a 又小于 c，那么 a 就是最小的，所以将"strArr[0]"（第 1 个字符串）作为整个表达式的值。

如果 a 小于 b，且 a 又大于 c，那么 c 就是最小的，所以将"strArr[2]"（第 3 个字符串）作为整个表达式的值。

如果 b 小于 a，且 b 又小于 c，那么 b 就是最小的，所以将"strArr[1]"（第 2 个字符串）作为整个表达式的值。

如果 b 小于 a，且 b 又大于 c，那么 c 就是最小的，所以将"strArr[2]"（第 3 个字符串）作为整个表达式的值。

以同样的方式，可以得到字符串长度最大的那一个，嵌套的条件表达式如下：

```
a > b ? (a > c ? strArr[0] : strArr[2]) : (b > c ? strArr[1] : strArr[2])
```

稍微复杂一些的是得到长度处于中间位置的字符串，需要用到嵌套 3 层的条件表达式：

```
a < b ? (a > c ? strArr[0] : (b < c ? strArr[1] : strArr[2])) : (b > c ?
strArr[1] : (a < c ? strArr[0] : strArr[2]))
```

如此长的条件运算符的嵌套表达式比较复杂，也可以使用嵌套的 if…else 语句来完成，但是，最简洁的方式是使用条件运算符的嵌套。

程序的完整代码展示如下：

```c
#include <stdio.h>
#include <string.h>
int main()
{
    char strArr[3][128];
    printf("Please enter three strings:\n");
    for(int i = 0; i < 3; ++i)
        gets(strArr[i]);
    int a = strlen(strArr[0]);
    int b = strlen(strArr[1]);
    int c = strlen(strArr[2]);
    printf("Print the result:\n");
    printf("%s\n", a < b ? (a < c ? strArr[0] : strArr[2]) : (b < c ? strArr[1] :
strArr[2]));
    printf("%s\n", a < b ? (a > c ? strArr[0] : (b < c ? strArr[1] : strArr[2])) :
(b > c ? strArr[1] : (a < c ? strArr[0] : strArr[2])));
    printf("%s\n", a > b ? (a > c ? strArr[0] : strArr[2]) : (b > c ? strArr[1] :
strArr[2]));
    return 0;
}
```

编译运行程序，结果如下：

```
Please enter three strings:
apple
orange
pear
Print the result:
pear
apple
orange
```

6.6　指针与函数

函数是拥有特定功能的语句集合，是构成程序的基本模块。在函数的定义过程中，可以将指针作为函数的参数，也可以将指针作为函数的返回值，甚至可以用指针来指向一个函数。本节来讲述指针和函数之间的这些关系。

6.6.1　指针作为函数参数

在 C 语言中，允许将指针作为函数的参数，从而达到某些特殊的功能，例如通过指针类型的形参来间接地影响实参。

【例 6-5】编写 swap 函数，可以实现对两个 int 类型变量的值的互换。

可能有些读者，看到题目会觉得非常简单，直接就把 swap 函数定义出来，程序代码如下：

```c
#include <stdio.h>
void swap(int a, int b)
{
    int tmp = a;
    a = b;
    b = tmp;
}
int main()
{
    int m = 10, n = 20;
    swap(m, n);
    printf("m = %d, n = %d\n", m, n);
    return 0;
}
```

但是，编译运行程序后，结果如下：

```
m = 10, n = 20
```

可见，实参 m 和 n 还各自保存着原来的值，并没有互换。原因是 swap 函数中的形参与实参都有各自的内存空间，除了在函数调用时，会将实参的值传递给形参之外，形参与实参之间就再无联系。因此，在 swap 函数体内只是对形参 a 和 b 进行了值的交换，并不会影响实参 m 和 n，如图 6.13 所示。

图 6.13　非指针类型参数的 swap 函数

下面就对 swap 函数进行修改，将其参数定义为指针类型，例如：

```c
void swap(int *pa, int *pb)
{
    int tmp = *pa;
    *pa = *pb;
    *pb = tmp;
}
```

函数的参数由原来的 int 类型修改为 int*类型，在函数体内，通过指针来修改它所指向的对象（实参），以此来达到实参互换的目的，如图 6.14 所示。

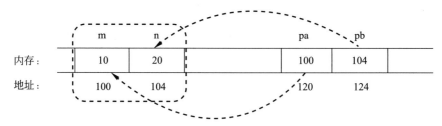

图 6.14　指针类型参数的 swap 函数

在 swap 函数调用时，会将变量 m 的内存地址传递给指针 pa，将变量 n 的内存地址传递给指针 pb。在函数体中，首先将指针 pa 所指向的对象（变量 m）的值赋值给临时变量 tmp；然后将 pb 所指向的对象（变量 n）的值赋值给 pa 所指向的对象（变量 m）；最后，将 tmp 的值赋值给 pb 所指向的对象（变量 n）。从而达到了将变量 m 和 n 的值进行互换的目的。

由于 swap 函数的形参被修改为指针类型，因此，在调用 swap 函数的时候，必须使用取地址符来获取变量的内存地址作为实参。例如：

```
swap(&m, &n);
```

再次编译运行程序，结果如下：

```
m = 20, n = 10
```

在第 5 章中介绍过将数组作为函数参数，其实在 C 语言中，并没有真正的数组类型的形式参数，它的本质还是指针类型的参数。可以在函数中使用 sizeof 运算符来对形式参数进行大小的测试，结果会得到指针变量的大小，而不会得到数组的大小。

例如在第 5 章的案例中，有一个用于打印数组元素的函数 printArray，函数的定义如下：

```
void printArray(int arr[], int len)
{
    for(int i = 0; i < len; ++i)
        printf("%d ", arr[i]);
}
```

函数的第一个形参 arr 后面有一对空的中括号，可以将它看成是一个数组类型的参数，但它其实是一个指针类型的参数，因此，在 arr 后面的中括号内填上任何一个整数值都是无意义的，并不能表示数组的长度。在函数调用时，通常会将一个数组名作为实参，而参数 arr 能够存储实参数组的首元素地址（也可简称为数组的首地址），也就是说，指针 arr 指向了实参数组中的第一个元素。由于参数 arr 只包含数组首地址信息，因此，还额外地需要一个单独的参数来指明数组的长度，如例子中的参数 len。有了数组的首地址和数组的长度，就可以非常方便地对数组进行操作了。

由于参数 arr 是一个指针类型的参数，因此，可以将 printArray 函数稍作修改：

```
void printArray(int *arr, int len)
{
    for(int i = 0; i < len; ++i)
        printf("%d ", arr[i]);
}
```

将函数的第一个形参 arr 明确定义为一个指针类型的变量。另外，在 for 语句中使用了下标法对数组各元素进行访问，也可以使用指针法来访问，例如：

```
printf("%d ", *(arr + i));
```

可见，对于将数组作为函数的参数，其本质就是一个指针类型的参数。程序中既可以使用下标法来访问数组各元素，也可以使用指针法来访问数组各元素。

6.6.2　指针作为函数返回值

在 C 语言中，不仅可以将指针作为函数的参数，还可以让函数返回一个指针，即函数的返回值为指针类型。

在 "string.h" 头文件中，有许多关于字符串处理的库函数，都会返回一个指向字符串首字符的指针。例如：

```
char *strcat( char *str1, const char *str2 );
```

strcat 函数的功能是连接字符串，即将 str2 所指向的字符串内容附加到 str1 所指向的字符串之后，并将最终 str1 所指向的字符串的首字符内存地址（简称为字符串的首地址）作为函数的返回值。

【例 6-6】编写程序，由用户输入两个字符串，要求将两个字符串进行合并打印输出。

程序代码如下：

```
#include <stdio.h>
#include <string.h>
int main()
{
    char str1[128];      //存储第一个字符串
    char str2[128];      //存储第二个字符串
    printf("Please enter two strings:\n");
    gets(str1);          //获取第一个字符串
    gets(str2); ;        //获取第二个字符串
    //将第二个字符串的内容附加到第一个字符串之后，打印输出
    printf("The concatenated string is:\n%s\n", strcat(str1, str2));
    return 0;
}
```

可见，由于 strcat 函数能够返回合并后的字符串的首地址，因此，可以将其作为 printf 函数的参数使用。试想一下，如果 strcat 函数没有返回值，或是返回值并非合并后字符串的首地址，则需要将 strcat 函数调用单独作为一条语句放在 printf 函数调用之前。

编译运行程序，结果如下：

```
Please enter two strings:
red
-apple
The concatenated string is:
red-apple
```

在定义返回值为指针类型的函数时，必须要注意的是，不要将一个局部动态变量的内存地址作为函数的返回值，例如：

```
int *func()
{
    int i = 100;
    return &i;
}
```

函数体内的变量 i 是一个局部的动态变量，函数将其内存地址作为返回值。由于函数执行结束后动态变量的生命期也将终结，因此，如果使用函数所返回的指针来访问对象时就会出现错误，造成程序崩溃。

6.6.3 函数指针

类似于数组名是指向其首元素的指针，C 语言中，也可以将函数的名字看成是指向其所在内存位置的指针。因此，可以定义一个能保存函数内存地址的指针变量，并将其值初

始化或赋值为某个函数的内存地址，而后可以通过这个指针进行函数的调用。

1. 函数指针的定义

函数指针，即指向函数的指针。它的定义格式为：

```
返回值类型 (*变量名)(形参列表)
```

是不是和函数的定义格式非常相似？唯一不同的是，把原来函数名的地方换成了"(*变量名)"。即用一对小括号包含着星号和变量名。这里的星号也只是起标记作用，表明后面的变量名是一个指针类型的变量，即函数指针变量。需要注意的是，包含星号和变量名的小括号千万不要省略，否则就变成定义一个返回值是指针类型的函数了。

下面来定义一个函数指针吧，例如：

```
int (*pFunc)(int, int);
```

返回值类型为 int，形参列表中是两个 int，函数指针变量名为 pFunc。就像函数的声明一样，在定义函数指针时，只需要给出形参的类型即可，不需要指定形参的名字。

定义好函数指针后，并不能直接使用，还要让它指向一个函数，即让函数指针变量保存一个函数的内存地址，这就需要对函数指针进行初始化或者赋值了。

2. 函数指针的初始化与赋值

定义函数指针变量 pFunc 后，就可以将一个函数的内存地址初始化或赋值给它。但这个函数必须符合函数指针的要求，即返回值和参数的类型必须与函数指针定义时所指定的返回值和参数类型一致。例如，函数指针变量 pFunc 只能存储返回值类型为 int、两个形参类型都为 int 的函数的内存地址，即函数指针 pFunc 只能指向返回值类型为 int、两个形参类型都为 int 的函数。因此，在对 pFunc 进行初始化或赋值之前，必须存在一个这样的函数，例如：

```
int add(int a, int b)
{
    return a + b;
}
```

以上语句定义了一个 add 函数，它能实现两个整数相加的功能，有两个参数 a 和 b，都是 int 类型，函数的返回值也是 int 类型。

有了 add 函数，就可以定义函数指针，并对其进行初始化，例如：

```
int (*pFunc)(int, int) = add;          //初始化
```

也可以采用赋值的方式：

```
int (*pFunc)(int, int);
pFunc = add;                           //赋值
```

3. 函数指针的使用

对函数指针 pFunc 进行初始化或赋值之后，就可以使用函数指针了，即通过函数指针 pFunc 来调用函数 add。

通过函数指针调用函数的格式为：

```
(*函数指针名)(实参列表);
```

在第一个小括号内，通过解引用运算符可以访问到函数指针所指向的函数，第二个小括号内是调用函数时所需传递的实参。例如：

```
(*pFunc)(10, 20);
```

通过对函数指针 pFunc 进行解引用，即可访问到 add 函数，然后将整数值 10 和 20 作为实参，进行 add 函数的调用。

甚至还可以将函数指针当成函数名来使用，即不需要对函数指针进行解引用，例如：

```
pFunc(10, 20);
```

4．函数指针作为函数参数

函数指针归根结底仍是指针的一种，因此，也可以将函数指针作为函数的参数。这样做的好处是：增加函数的灵活性，让函数在函数体代码不改变的情况下，能够根据函数指针所指向的函数的改变，展现出截然不同的效果。

下面对第 5 章中的例 5-4 进行扩展。

【例 6-6】编写程序，在数组中保存 1～100 的 10 个随机整数，要求根据用户的选择对数组元素进行升序或降序排序，并将排序后的数组元素打印输出。

先定义两个函数 asc 和 desc：

```
int asc(int a, int b)
{
    return a > b;
}
int desc(int a, int b)
{
    return a < b;
}
```

这两个函数都具有 int 类型的返回值和两个 int 类型的参数。asc 函数的功能是判断参数 a 是否大于参数 b，如果成立则返回真，否则返回假。而 desc 函数正好相反，当参数 a 小于参数 b 时返回真，否则返回假。

在冒泡排序中，相邻两元素进行比较，如果是升序排序方式，若前一个元素大于后一个元素，则需进行交换，因此，asc 函数是升序排序时所需要的。如果是降序排序方式，若前一个元素小于后一个元素，则需进行交换，因此，desc 函数是降序排序时所需要的。

接下来，我们对冒泡排序的 bubble 函数进行修改，添加一个函数指针类型的参数 pFunc：

```
void bubble(int a[], int len, int (*pFunc)(int, int))
```

并将双层 for 循环内的 if 语句条件表达式修改为：

```
if(pFunc(a[j], a[j + 1]))
```

通过函数指针来调用它所指向的函数，即调用 asc 函数或者是 desc 函数。

最后修改一下主函数，添加用户对排序方式的选择。

整个程序的代码如下：

```
#include <stdio.h>
```

```
#include <stdlib.h>
#include <time.h>
int asc(int a, int b)
{
    return a > b;
}
int desc(int a, int b)
{
    return a < b;
}
void bubble(int a[], int len, int (*pFunc)(int, int))
{
    int i, j, tmp;
    for(i = 0; i < len - 1; ++i)
    {
        for(j = 0; j < len - 1 - i; ++j)
        {
            if(pFunc(a[j], a[j + 1]))
            {
                tmp = a[j];
                a[j] = a[j + 1];
                a[j + 1] = tmp;
            }
        }
    }
}
int main()
{
    int i, arr[10];
    srand(time(NULL));
    for(i = 0; i < 10; ++i)
        arr[i] = rand() % 100 + 1;
    int choose;
    printf("1.ascending order\n2.descending order\nPlease choose:\n");
    scanf("%d", &choose);               //获取用户的选择
    if(choose == 1)
        bubble(arr, 10, asc);           //将 asc 传递给函数指针 pFunc
    else if(choose == 2)
        bubble(arr, 10, desc);          //将 desc 传递给函数指针 pFunc
    else
        printf("Wrong number entered.\n");
    for(i = 0; i < 10; ++i)
        printf("%d ", arr[i]);
    return 0;
}
```

当用户选择 1 时，表示按照升序方式对数组元素进行排序，所以将函数名 asc 作为 bubble 函数的第 3 个参数进行传递，即让 pFunc 指向 asc 函数。在两两元素进行比较时，若前一个元素大于后一个元素则进行交换，从而使数组元素呈现递增的排序状态。程序执行效果如下：

```
1.ascending order
2.descending order
Please choose:
1
10 24 42 47 64 66 69 71 72 93
```

当用户选择 2 时，表示按照降序方式对数组元素进行排序，所以会将函数名 desc 作为 bubble 函数的第 3 个参数进行传递，即让 pFunc 指向 desc 函数。在两两元素进行比较时，

若前一个元素小于后一个元素则进行交换，从而使数组元素呈现递减的排序状态。程序执行效果如下：

```
1.ascending order
2.descending order
Please choose:
2
71 67 62 62 60 51 47 33 28 23
```

当用户选择 1 和 2 之外的数字时，程序会提示用户输入数字错误，并不会对数组元素进行排序，而直接打印出数组各元素。程序执行效果如下：

```
1.ascending order
2.descending order
Please choose:
3
Wrong number entered.
27 25 66 8 37 92 39 62 56 55
```

6.7　二　级　指　针

"螳螂捕蝉，黄雀在后"，这个典故想必读者都知道。如果把这个典故运用在这里，那么指针与其所指向的对象就好比螳螂捕蝉，而躲在后面伺机而动的黄雀又是哪个呢？当然就是本节的主角——二级指针啦。

6.7.1　指针的指针

在 C 语言中，指针的实质就是内存地址，由于指针变量是可以存储内存地址的变量，因此，也可将其视作指针。而指针变量本身也是变量，需要占用内存空间，因此也有内存地址。如果将这个内存地址再存储到另一个指针变量中，就形成了一个指向指针的指针，如图 6.15 所示。

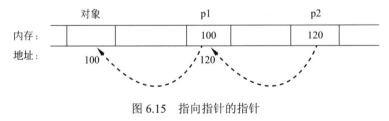

图 6.15　指向指针的指针

图中指针变量 p1 保存了对象的内存地址 100，指针变量 p2 又保存了 p1 的内存地址 120。因此，可以将 p1 看成指向对象的指针，它是一级指针，而将 p2 看成指向指针的指针，它是二级指针，即二级指针就是指针的指针。

6.7.2　二级指针的定义

C 语言中，二级指针的定义格式为：

数据类型 **变量名

数据类型为二级指针的数据类型，亦表示二级指针所指向的指针变量的类型，或者说是最终所指向的对象的类型。如图 6.15 中的指针变量 p1 的数据类型，或是对象的数据类型。变量名即是二级指针变量的名字。在定义指针变量时，只需要一个星号，而在定义二级指针时，在数据类型与变量名之间，是两个连续的星号。同样地，这里的星号都作为标记符来使用，并非解引用运算符。

可以按照定义一级指针的思维来理解，即将定义格式理解为：

(数据类型 *)*变量名

我们定义的仍是一个一级指针，名字为"变量名"，它所指向的对象的类型为"数据类型*"。

不管用一级指针的思维来理解，还是用二级指针的思维来理解，要记住的是，定义出来的不是普通的指针，它不是指向一个普通的对象，而是指向另一个指针。

下面定义一个二级指针，例如：

```
int **ppi;
```

二级指针的名字为 ppi，它能够指向一个 int *类型的指针，即可以存储一个 int*类型指针变量的内存地址。

6.7.3 二级指针的初始化与赋值

在定义二级指针时可以同时对其进行初始化，或者在定义二级指针后，对其进行赋值。由于二级指针是指向一个指针的指针，所以在初始化与赋值之前，需要有这么一个指针的存在。例如：

```
int a = 10;
int *pi = &a;
```

首先定义了一个 int 类型变量 a，并初始化其值为 10。接着，定义了一个 int 类型的指针变量 pi，并初始化其值为变量 a 的内存地址。

有了指针变量 pi，下面就可以定义二级指针，并对其进行初始化了。例如：

```
int **ppi = &pi;
```

定义了二级指针 ppi，并通过取地址符获取指针变量 pi 的内存地址，将其初始化给二级指针 ppi。

也可以采用赋值的方式，将 pi 的内存地址赋值给二级指针 ppi，例如：

```
int **ppi;
ppi = &pi;
```

首先定义了二级指针 ppi，接着，获取 pi 的内存地址赋值给 ppi。

6.7.4 二级指针的解引用

可以通过解引用运算符对二级指针进行解引用操作。由于二级指针所指向的对象是一个指针，因此，对其解引用可以访问到该指针。例如：

```
*ppi
```

对 ppi 进行解引用，可访问到指针变量 pi。即"*ppi"相当于"pi"。如果我们想访问 pi 所指向的变量 a，需要再次对其进行解引用操作。例如：

```
**ppi
```

在 ppi 前面有两个解引用运算符，第一次解引用后，可访问到指针变量 pi，第二次解引用后，便可访问到变量 a 了，即"**ppi"相当于"a"。因此，对于二级指针来说，如果想访问到最终的对象，需要进行两次的解引用操作。

6.7.5　二级指针与指针数组

前面介绍过指针数组都是指针类型的元素，而数组名又代表其首元素的内存地址，因此，指针数组的数组名其实就是一个二级指针。例如：

```
const char *pstrArr[3] = {"apple", "orange", "pear"};
```

定义了一个长度为 3 的 char*类型的指针数组 pstrArr，并将 3 个字符串常量的首地址作为数组元素的初始值。

我们可以将 pstrArr 看成一个二级指针，可通过二级指针的解引用来访问所指向的对象，例如：

```
printf("%s\n", *pstrArr);
```

对 pstrArr 进行解引用后，即访问到了第一个字符串"apple"的首地址，即字符 a 的内存地址，因此，可以使用"%s"的格式，以字符串形式打印输出。

编译运行程序，结果如下：

```
apple
```

如果我们对 pstrArr 进行两次解引用，则会访问到字符串"apple"的首字符 a。例如：

```
printf("%c\n", **pstrArr);
```

由于两次解引用后访问到的是字符，因此，在 printf 函数中，不应该再以"%s"的格式来打印输出了，应改为"%c"，即以字符的格式来打印输出。

编译运行程序，结果如下：

```
a
```

我们也可以通过指针的运算，用一个 for 循环语句打印出所有的字符串。例如：

```
for(int i = 0; i < 3; ++i)
    printf("%s\n", *(pstrArr + i));
```

for 循环语句被执行时，变量 i 的值从 0 自增至 2，分别会使表达式"pstrArr + i"指向指针数组中第 1～3 个元素的指针，通过解引用即可访问到指针数组的各元素，数组元素中保存了字符串常量的首地址，因此，可以通过该值将字符串打印输出到控制台窗口，如图 6.16 所示。

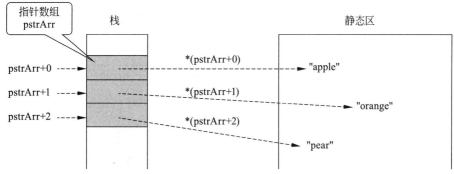

图 6.16　访问指针数组中的字符串

编译运行程序，结果如下：

```
apple
orange
pear
```

由于数组名是一个指针常量，它的值不允许被修改，因此，上例中是使用指针运算的方式来访问数组各元素。也可以定义一个二级指针，并通过指针移动的方式来访问数组各元素。例如：

```
const char **ppArr = pstrArr;
```

定义一个 char**类型的二级指针 ppArr，并将指针数组名作为初始值初始化给 ppArr。注意最前面有一个 const 修饰符，由于指针数组在定义时使用了 const 修饰符，因此，在定义二级指针时也需要加上，不然编译器就会给出警告信息。

下面通过指针移动的方式来访问指针数组元素，并打印出各字符串，例如：

```
for(int i = 0; i < 3; ++i)
    printf("%s\n", *ppArr++);
```

这里将指针移动与指针的解引用合并在一起，表达式为“*ppArr++”，由于解引用运算符和后缀的自增运算符都是一目运算符，在优先级相同的情况下，结合性为从右至左，因此，后缀的自增运算符首先被执行，通过自增运算后 ppArr 已经变为指向数组下一个元素的指针，但是在解引用时依然是 ppArr 自增之前的值，这是后缀自增自减运算符的特性。因此，通过指针的移动和指针的解引用之后，同样可以访问指针数组各元素。

编译运行程序，结果如下：

```
apple
orange
pear
```

可见，与之前的结果是一致的。

6.7.6　main 函数的参数

从第 1 章开始，我们就一直在和 main 函数打交道。main 函数是 C 语言程序中最重要的一个函数，再简单的一个小程序，可以没有其他函数，但必须要有 main 函数。在程序运行时，首先查找并执行的也是这个 main 函数。

之前在使用 main 函数时，都是不带参数的。原因有两个：一是这个参数需要在程序运行前指定，当程序运行后，就无法指定 main 函数的参数了；二是 main 函数的参数类型涉及指针，而且是二级指针。所以这一节再来对 main 函数进行介绍。

main 函数可以有参数，而且是两个。第一个参数类型为 int，通常名字写为 argc；第二个参数类型为 char**，即字符类型的二级指针，通常名字写为 argv。也可以将第二个参数类型写为字符指针数组，即"char* 变量名[]"，前面讲过，函数的形参即使定义为数组类型，其实质仍是一个指针类型的参数。

在程序执行前，可以给该程序传递任意个参数，参数间用空格字符分隔。程序执行后，系统会将这些参数以字符串的形式传递给程序，我们可以在程序的 main 函数中来获取这些参数。main 函数的第一个参数 argc 用来记录参数的个数，而第二个参数 argv 就是指向第一个参数字符串的指针。

下面就在 main 函数中使用参数来获取并打印用户传递给程序的参数，代码如下：

```c
#include <stdio.h>
int main(int argc, char **argv)
{
    for(int i = 0; i < argc; ++i)
        printf("%s\n", *(argv + i));
    return 0;
}
```

在 main 函数中使用参数 argc 和 argv。在 for 循环语句中，让循环变量 i 从 0 开始，当 i 的值小于 argc 时，循环体被执行，当 i 的值大于等于 argc 时，循环结束。在 printf 函数调用语句中，使用"*(argv + i)"来依次访问指向参数字符串的指针，并通过"%s"的格式打印输出。

编译该程序，并指定可执行文件名为"demo.exe"。然后运行该程序，结果如下：

```
D:\大话 C 语言代码\第 6 章>demo.exe
demo.exe
```

我们在控制台窗口上输入了可执行文件名，并没有输入其他参数，按回车键后，程序运行结果只会打印可执行文件名。可见，可执行文件名本身也是作为用户传递给程序的参数之一。

现在，我们再运行一次该程序。这次我们在可执行文件名之后再输入 3 个参数，程序运行结果如下：

```
D:\大话 C 语言代码\第 6 章>demo.exe apple orange pear
demo.exe
apple
orange
pear
```

可见，通过 main 函数，获取了包括可执行文件名在内的 4 个参数，并分别打印出了这 4 个参数字符串的内容。

值得注意的是，系统传递给程序的参数全都是字符串形式，即使参数内容是由数字组成的。若想得到整数类型的参数，必须自己进行转换。

幸运的是，在"stdlib.h"头文件中，有一个 atoi 函数，可以非常方便地将一个字符串转换为一个整数，该函数的原型为：

```
int atoi( const char *str );
```

参数 str 为一个字符常量指针，返回值类型为 int。该函数从参数字符串中的第一个非空字符开始转换，直到遇见非数字字符或空字符时停止，如果参数字符串为非数字符串，则返回值为 0。

【例 6-7】编写程序，在 main 函数中获取用户传递给程序的所有整数，并打印输出这些整数的和以及平均值。

程序代码如下：

```
#include <stdio.h>
#include <stdlib.h>
int main(int argc, char **argv)
{
    int sum = 0;
    for(int i = 1; i < argc; ++i)
        sum += atoi(*(argv + i));
    printf("Sum:%d, Average:%.2f\n", sum, (float)sum / (argc - 1));
    return 0;
}
```

以上语句首先定义 int 类型变量 sum，并初始化为 0，用它来累加用户传递给程序的整数。在 for 循环语句中，变量 i 从 1 开始，这是因为第一个程序参数总是可执行文件名，所以我们就将其排除在外，从第二个参数开始获取。由于每次获取到的都是字符串，所以我们通过 atoi 函数将字符串转换为对应的整数，累加到 sum 变量中。最后，在打印平均值时，我们首先在 sum 前面使用了强制类型转换运算符，这是为了能够得到带小数点的浮点数，并且将除数指定为"argc – 1"，同样地，这是因为不应将第一个参数计算在内。

编译程序，将可执行文件名指定为"demo2.exe"。执行程序时，在可执行文件名后随意输入一些整数，并按回车键。程序执行结果如下：

```
D:\大话 C 语言代码\第 6 章>demo2.exe 11 22 33 44
Sum:110, Average:27.50
```

可见，程序会从第二个参数"11"开始获取，然后通过 atoi 函数将字符串"11"转换为整数 11，并累加到 sum 变量中，接着再获取第三个参数。如此循环，直至获取所有的程序参数。最后通过 printf 函数打印输出所有整数的总和以及平均值。

6.8　特　殊　指　针

指针是 C 语言的精髓和灵魂。和指针相关的内容已经介绍得差不多了，剩下的只有两类相对特殊的指针，一个是空指针，另一个是 void 类型的指针。

6.8.1　空指针

C 语言中，可以将一个指针初始化或赋值为一个空指针。所谓空指针，就是不指向任何对象的指针。例如：

```
int *pi = NULL;
```

定义一个 int 类型的指针变量 pi，并将其初始化为 NULL。这个"NULL"是一个宏，关于宏，会在后面的章节中介绍，现在只要知道"NULL"对应的值是 0 就行了。因此，也可以这样写：

```
int *pi = 0;
```

还可以使用赋值的方式，例如：

```
int *pi;
pi = NULL;
```

或者是：

```
int *pi;
pi = 0;
```

将一个"NULL"或者"0"初始化或者赋值给指针变量，则表示该指针是一个空指针，它不会指向任何对象。大家可能会想，这样做有什么好处呢？

使用空指针的好处有两点：①防止指针成为"野指针"；②数据被意外修改。当指针变量被定义为一个局部动态的变量时，如果没有对其初始化，那么其值是未确定的。也就是说指针具体指向了哪儿，谁也不知道，因此将这样的指针称为野指针。由于野指针指向了未知区域，如果对野指针进行解引用，并造成了数据的修改，可能会让程序产生一些非常诡异的结果，甚至有可能破坏重要的程序数据，所以要慎之又慎，而且对于此类问题，调试起来也相对困难。另外，在程序中可能会使用一些临时性的指针来执行特别的任务。当不再使用这些临时指针时，应该及时将其设置为空指针，以防止误用，再次通过这些指针造成数据的修改。

由于空指针不会指向任何对象，因此，我们不应该对空指针进行解引用操作。如果不小心对空指针进行解引用并且对其进行赋值，编译阶段可能会给予通过，但程序运行时会出现错误，甚至让程序崩溃。

6.8.2　void 类型指针

第 4 章中，在定义函数时，如果没有返回值，就会将返回值类型定义为 void，如果函数没有参数，也可以在参数列表中使用 void。在 C 语言中，void 表示空类型。因此，C 语言不允许定义 void 类型的变量，但是，C 语言允许定义 void 类型的指针。例如：

```
void *pv;
```

上述语句定义了一个 void 类型的指针变量 pv。

C 语言中，任何类型的指针都可以被隐式地转换为 void 类型的指针。也就是可以直接将一个其他类型的指针赋值或初始化给 void 类型的指针。例如：

```
int a = 10;
int *pi = &a;
void *pv = pi;
```

以上语句首先定义了一个 int 类型变量 a，并初始化为 10；接着，定义一个 int 类型指针变量 pi，并将变量 a 的内存地址初始化给 pi；最后定义一个 void 类型的指针变量 pv，并将 pi 的值初始化给 pv。这是没问题的，编译器可以将一个 int 类型的指针 pi 的值转换成一个 void 类型的指针初始化给 pv。因此，指针 pv 也保存着变量 a 的内存地址。

那可不可以对 pv 进行解引用，访问并获取变量 a 的值呢？例如：

```
printf("%d\n", *pv);
```

编译程序时，会有如下的警告和错误信息：

```
warning: dereferencing 'void *' pointer  printf("%d\n", *pv);
error: invalid use of void expression
```

警告信息内容为：在 printf 函数中，我们对 void 类型的指针进行了解引用；而错误信息内容为：无效地使用了 void 表达式。也就是说，不能对 void 类型的指针进行解引用。

对指针进行解引用时，会根据指针的类型来确定所访问的内存字节数和数据格式。由于 void 是空类型，没有内存大小和数据格式信息，因此，无法对 void 类型的指针进行解引用。

使用时，需要将 void 类型的指针再次转换为 int 类型的指针，才能正确访问变量 a。例如：

```
printf("%d\n", *(int*)pv);
```

在 pv 前面加上类型转换运算符进行强制类型转换，得到一个 int 类型的指针，对这个 int 类型指针再进行解引用就可以访问到变量 a，并打印输出值。

编译运行程序，结果如下：

```
10
```

void 类型的指针，通常都是作为函数的参数来使用，这样做的好处是，可以将任何类型对象的指针传递给它，并且 void 类型的指针可以像 char 类型的指针一样来进行指针的移动或指针的运算。即 void 类型的指针每移动一次，其保存的内存地址值就会增加 1 字节，而 void 类型的指针与某整数相加，所产生的新指针的内存地址就是原指针的内存地址与整数相加的和。

在"string.h"头文件中，有几个以"mem"开头的函数，都是以内存为操作对象的功能函数。例如 memset 函数可以以字节为单位设置指定大小的内存块数据，它的函数原型如下：

```
void* memset(void* buffer, int ch, size_t count);
```

函数第一个参数 buffer 表示所需设置内存块的起始地址；第二个参数 ch 是一个整数值，内存块的各字节都会被设置为该值；第三个参数 count 是一个无符号整数，表示内存块的大小，以字节为单位。结合起来看，memset 函数的功能是将一个从 buffer 地址开始的、count 字节大小的内存块中的各字节都设置为整数值 ch。函数返回值与 buffer 一样，同是该内存块的起始地址。

可以使用 memset 函数非常方便地将一个数组中的所有元素值全部设为 0。程序代码如下：

```
#include <stdio.h>
#include <string.h>
int main()
{
```

```
    int arr[5] = {10, 20, 30, 40, 50};
    memset(arr, 0, sizeof arr);
    for(int i = 0; i < 5; ++i)
        printf("%d ", arr[i]);
    return 0;
}
```

程序代码中，首先定义了一个长度为 5 的 int 类型数组 arr，并对数组进行了初始化。接着使用 memset 函数对数组进行设置，它会将数组 arr 看成是一个内存块，内存块的起始地址是 arr，内存块大小为数组的大小，内存块的各字节都会被设置为 0。因此，通过循环打印数组元素时，所有的数组元素全部都变为 0 了。

编译运行程序，结果如下：

```
0 0 0 0 0
```

6.9 本 章 小 结

C 语言中，指针的实质就是内存地址。

将计算机中的内存，以字节为单位逐一地编上号码，这些号码就是内存的地址，可以使用取地址运算符"&"来获取一个对象的内存地址。

可以使用解引用运算符"*"，通过指针访问到它所指向的对象。所以，解引用是与取地址相逆的操作。

可以将内存地址看成是一个指针常量；而指针变量是存储内存地址的变量。指针只是逻辑思维中的概念，物理上并不存在。只要得到对象的内存地址，或把对象的内存地址存储到指针变量中，就得到了一个指向对象的指针。使用者需要根据语境和上下文的不同，对描述中的指针一词进行区分，理解其表示的真正含义。

在定义指针变量时，星号只是起标记的作用，并非解引用运算符。指针变量的数据类型是在使用指针时，用来确定所访问对象的内存大小和数据格式的。

可以通过取地址运算符来获取一个对象的内存地址，并将其初始化或赋值给一个指针变量进行存储。其中对象的数据类型应该与指针变量的数据类型相匹配。

对指针进行解引用后，即可访问到所指向的对象，可以像使用变量名一样来访问或修改对象的数据。

指针变量的大小就是指针变量本身所占用的内存空间字节数，和定义指针变量时所指定的数据类型无关。即无论何种类型的指针变量，它的内存大小总是固定的。

在定义指针变量时，如果在星号前面加上"const"关键字，就会将指针修饰为常量指针。const 修饰的是指针，而非指针变量，因此，对指针所指向的对象只可访问，不可修改，即不能通过指针去修改对象的数据；而指针变量本身是可访问、可修改的。

在指针变量定义时，在星号之后，变量名之前使用了 const 关键字，则会定义出指针常量。const 修饰的是指针变量，而非指针，因此，对指针变量本身来说，它从变量变成了常量，因此，只可访问，不可修改；而通过指针对其所指向的对象数据是可访问、可修改的。

在定义指针变量时，如果在星号的前后都使用了 const 关键字，则会定义出指向常量的指针常量。即指针和指针变量都被 const 修饰，不仅不能通过指针来修改它所指向的对象，连指针变量自身的值也不允许被修改。

通过 const 修饰变量时，仅仅是修饰变量名，即限制了变量名的修改权限，而并非将变量的值修饰为只读。C 语言中，只有常量才是值具有只读权限，所以只读变量并非常量。

C 语言中，数组名即表示第一个数组元素的内存地址，我们可以把数组名看作指向数组首元素的指针。但数组名不同于指针变量，原因是指针变量可以改变其值，即存储不同的内存地址；而数组名永远只能表示为数组首元素的内存地址，不能被改变。

通过指针的移动，可以遍历数组所有元素。所谓指针的移动，实质是对指针变量所存储的地址值进行修改的行为，可以通过对指针变量进行自增或自减的运算，来达到指针的移动效果。

可以将一个指针与整数值进行算术运算，运算的结果会产生一个新的指针，新指针所对应的内存地址为：原内存地址 + 整数值 * 指针的数据类型大小。

可以通过指向同一数组内元素的两个指针之间的算术运算，来获得彼此之间的位置间隔信息。

可以使用关系运算符来对指向同一数组内元素的指针进行关系运算，通过内存地址的比较，来获取彼此所指向的数组元素的先后位置信息。

所谓指针数组，即元素都为同一指针类型的数组。所谓数组指针，就是能够指向一个数组的指针，即将整个数组作为指针所指向的对象。

可以使用指针变量来存储一个字符串常量的首地址，即字符串第一个字符的内存地址。由于字符串常量不允许被修改，因此，在定义指针变量时，应该通过 const 将其修饰为常量指针。程序中若有多个字符串常量，可以使用指针数组来进行存储。

要时刻注意，单凭一个字符类型的指针是无法断定它所指向的到底是一个字符还是一个字符串的。也许字符指针只是指向一个字符的，也许字符指针指向的是一个字符串。而对于指向字符串的字符指针，既可以用字符的方式来访问，也可以用字符串的方式来访问。但对于仅是指向单字符的字符指针，不要用字符串的方式来访问，否则就会出现乱码字符。

由于字符串常量不可被修改，因此，经常会将字符串存储在字符数组中，以方便对字符串进行更好的处理。而如果有多个字符串，通常会使用二维的字符数组来进行存储，即用二维数组的一行存储一个字符串。

C 语言中，允许将指针作为函数的参数，从而达到通过指针类型的形参来间接地影响实参的目的。还可以让函数返回一个指针，即函数的返回值为指针类型。

C 语言中，可以将函数的名字看成是指向其所在内存位置的指针。因此，可以定义一个能保存函数内存地址的指针变量，并将其值初始化或赋值为某个函数的内存地址，而后就可以通过这个指针来进行函数的调用，即函数指针就是能够指向一个函数的指针。使用函数指针的好处是，可以增加函数的灵活性，在函数体代码不改变的情况下，能够根据函数指针所指向函数的不同，展现出截然不同的效果。

二级指针就是指针的指针，即指针所指向的对象又是另外一个指针。对二级指针解引用一次，只能访问到其指向的指针，解引用两次才能访问到最终的对象。

由于指针数组都是指针类型的元素，而数组名又代表其首元素的内存地址，因此，指针数组的数组名其实就是一个二级指针。

main 函数可以有参数，而且是两个。第一个参数类型为 int，通常名字写为 argc，第二个参数类型为 char**，即字符类型的二级指针，通常名字写为 argv。也可以将第二个参数类型写为字符指针数组的，即"char* 变量名[]"，但函数的形参即使定义为数组类型，其实质仍是一个指针类型的参数。

main 函数可以接收用户在执行程序时所输入的参数，这些参数都是以字符串的形式进行传递，如果想得到整数类型的参数，需要手工去进行转换。

C 语言中，可以将一个指针初始化或赋值为一个空指针。

所谓空指针，就是不指向任何对象的指针。将"NULL"或者"0"作为值初始化或者赋值给指针变量，即可将指针设置为空指针。

C 语言允许定义出 void 类型的指针，任何类型的指针都可以被隐式地转换为 void 类型的指针。因此，它通常作为函数的参数出现。

第7章 结构体、联合体与枚举

本章学习目标

- 掌握结构体类型的定义
- 掌握结构体变量的初始化、赋值与成员访问
- 了解结构体与指针、数组、函数、字符串之间的关系
- 掌握联合体的使用
- 掌握枚举的使用

本章先介绍结构体的应用场景以及结构体与结构体变量之间的区别，接着介绍结构体变量的定义、初始化和成员访问的方式；然后从结构体应用角度，详细介绍结构体与指针、数组、函数、字符串之间的关系；接着对联合体进行相关介绍，并讲述联合体与结构体之间的区别；最后介绍枚举，并通过一个案例展示枚举的应用。

7.1 结 构 体

在 C 语言程序中，变量可以用来存储单个数据，数组可以用来存储一组同类型的数据，但它们都只适合单一属性的数据。对具有多属性的数据来说，无论使用变量或是数组都会显得方枘圆凿，不相适宜。

现实生活中，很多对象都是具有多属性的。例如将人视为一个对象的话，对于每一个人来说，都具有姓名、年龄、身高、体重等各种属性。试想一下，对于这样的对象，该如何在 C 语言程序中进行存储和管理呢？

如果使用变量的话，就需要将这些属性都拆分出来，分别进行存储，即每个变量存储一个属性数据，可想而知，面对这么多的变量，既要注意变量的数据，还要时刻注意变量与属性间的对应关系，稍不小心，就会造成错误。因此，使用变量并非好的选择。那若是使用数组呢？数组存储的数据虽然多，但它有一个要求，就是所有的数据必须是相同类型的。而人的这些属性中，姓名应该是一个字符串，年龄是一个整型数，身高和体重可能又是实型浮点数，由于属性间具有不同的数据类型，因此，数组也派不上用场。那如何是好呢？

这时本章的主角——结构体该粉墨登场了。C 语言中，结构体属于复合数据类型，即通过其他数据类型构造出的一个新数据类型。结构体可以拥有众多的成员，而且各成员的数据类型可以各不相同。因此，它非常适合拥有多属性的对象进行存储，例如可以定义出一个关于人的结构体类型，将人所具有的属性作为该结构体类型的成员。

7.1.1　结构体类型的定义

C 语言中，结构体类型的定义格式如下：

```
struct 结构体类型名
{
    数据类型 成员名；
    数据类型 成员名；
    ...
};
```

首先是 struct 关键字，然后是结构体类型的名字，后面紧跟着一对大括号，在大括号中定义该结构体的各个成员，每个成员的定义方式与变量类似，由数据类型和成员名组成，最后，在大括号的后面要有一个分号，以表示结构体定义的结束。

由于每个成员的数据类型可以各不相同，因此非常适合多属性的对象。下面就来定义关于人的结构体类型，例如：

```
struct Person
{
    char name[20];      //姓名
    int age;            //年龄
    float height;       //身高
    float weight;       //体重
};
```

结构体类型名为 Person，它拥有 4 个成员：第一个成员名为 name，是长度为 20 的字符数组；第二个为 int 类型的成员 age；第三个为 float 类型的成员 height；第四个为 float 类型的成员 weight。

大家要注意的是，上面定义出的是一个结构体类型，它是不能用于存储数据的。就好像 int 是一个数据类型，它是不能用于存储数据的，如果想要存储一个 int 类型的数据，就需要再定义出该类型的变量，例如：

```
int a;
```

定义一个 int 类型的变量 a，它可用来存储一个 int 类型的数据。

同理，如果想要存储某个人的数据，就得根据结构体类型 person 再定义出该类型的变量。下面就来讲述如何定义结构体类型的变量。

7.1.2　结构体变量的定义

C 语言中，定义结构体变量的方式有 3 种。

1. 先定义结构体类型，再定义结构体变量

这种方式是最普遍的，和定义基本数据类型的变量一样，根据定义好的结构体类型来定义出该类型的结构体变量。例如：

```
struct Person p1;
```

定义了 struct Person 类型的变量 p1。需注意的是，这儿的数据类型为"struct Person"，而不是单独的"Person"。也就是说，结构体类型不光是类型名字本身，前面还需要加上"struct"关键字。

2. 在定义结构体类型的同时定义结构体变量

我们可以在定义结构体类型的同时定义出该类型的结构变量。例如：

```
struct Person
{
    char name[20];
    int age;
    float height;
    float weight;
}p2;
```

定义结构体类型 Person 时，在大括号与分号之间，直接定义出了该结构体类型的变量 p2。

3. 定义无名结构体类型变量

这种方式与第 2 种方式有些类似，也是在定义结构体类型时定义结构体变量。例如：

```
struct
{
    char name[20];
    int age;
    float height;
    float weight;
}p3;
```

在定义结构体类型时，在"struct"关键字之后，并没有指定类型名，而是直接跟着大括号。在大括号和分号之间定义了该结构体类型的变量 p3。

在了解结构体变量的 3 种定义方式之后，读者可能会问，这 3 种定义方式之间有何不同？我们到底应该采用哪种定义方式呢？

第 1 种方式稍显麻烦，但可以定义出局部的结构体变量或是全局的结构体变量；第 2 种方式和第 3 种方式比较快捷，但由于是在定义结构体类型的同时来定义结构体变量，因此，所定义的都是全局的结构体变量。最后，由于第 3 种方式定义出来的是无名的结构体类型，因此，在结构体类型定义之外的地方，是无法再定义出该类型的变量的。

当我们想定义一个局部的结构体变量时，就需要选择第 1 种方式；当我们想要非常快捷地定义出全局的结构体变量时，就可以选择第 2 种方式；当我们不想在定义结构体类型之外的地方进行结构体变量定义时，就应该选择第 3 种方式。

在定义结构体变量时，也可以同时定义多个，只需在变量名之间用逗号分隔即可，例如：

```
struct Person p4, p5;   //定义两个 struct Person 类型的变量 p4、p5
```

或是：

```
struct Person
{
    ...
}p7, p8;              //定义两个 struct Person 类型的变量 p7、p8
```

亦或是：

```
struct
{
    ...
}p9, p10;              //定义两个无名结构类型的变量 p9、p10
```

7.1.3　结构体变量的初始化与赋值

在定义结构体变量时，可以对其进行初始化。结构体变量的初始化方式与数组类似，使用大括号将初始值列表括起来。不同的是，列表中初始值的类型和顺序要与结构体成员的类型和顺序匹配。例如：

```
struct Person p1 = {"Tom", 20, 1.78f, 63.5f};
```

初始值列表中第一个初始值为字符串常量"Tom"，它会被初始化给 p1 的第一个成员 name；第二个初始值为整型常量值 20，它会被初始化给 p1 的第二个成员 age；第三个初始值为单精度浮点数常量值 1.78，它会被初始化给 p1 的第三个成员 height；第四个初始值为单精度浮点数常量值 63.5，它会被初始化给 p1 的第四个成员 weight。

也可以在初始化的时候，只给出部分初始值。例如：

```
struct Person p2 = {"Jack", 22};
```

初始值列表中只有两个初始值，编译器会将第 1 个初始值"Jack"初始化给 p2 的第一个成员 name；将第 2 个初始值 22 初始化给 p2 的第二个成员 age。而 p2 的第三和第四个成员，由于没有对应的初始值，因此，编译器会将其值初始化为 0。

对于结构体类型与结构体变量在同时定义的情况下，也可以对结构体变量进行初始化。例如：

```
struct Person
{
    char name[20];
    int age;
    float height;
    float weight;
}p3 = {"Hill", 23, 1.80f, 75.5f};
```

定义了 struct Person 类型的结构体变量 p3，并对其进行初始化，将其 4 个成员值分别初始化为"hill"、23、1.80 和 75.5。

结构体变量的初始化方式虽然与数组的初始化方式有些类似，但数组间是不能相互赋值的，而结构体变量间却可以相互赋值。例如：

```
p2 = p1;
```

将结构体变量 p1 赋值给结构体变量 p2 后，结构体变量 p2 各成员的值会与 p1 各成员的值相同。

我们也可以将一个结构体变量，作为另一个结构体变量的初始值。例如：

```
struct Person p4 = p1;
```

在定义结构体变量 p4 时，将结构体变量 p1 作为其初始值。同样地，经过初始化后，结构体变量 p4 各成员的值与 p1 各成员的值相同。

需要注意的是，不论是赋值还是初始化，两边的结构体变量的类型都必须一致。不能将一个结构体变量初始化或赋值给另外一种类型的结构体变量。假设有另一个结构体类型 A，我们定义出该类型的变量 a1，并将 p1 作为其初始值。例如：

```
struct A a1 = p1;        //错误
```

p1 是 struct Person 类型的结构体变量，而 a1 被定义为 struct A 类型的结构体变量，因此，不能将 p1 作为 a1 的初始化值。即便是两个结构体变量所拥有的成员类型、数量和顺序完全相同，也不可以。对于赋值，也是同样的道理。

7.1.4　结构体成员的访问

定义结构体变量，并对其进行初始化或者赋值后，下面来看看如何访问其成员。C 语言中，使用成员访问运算符来访问结构体变量的各成员，成员访问运算符用英文的点字符"."来表示。因此，也有人将其形象地称之为点运算符。成员访问运算符的使用格式为：

```
结构体变量名.成员名
```

即在结构体变量名与成员名之间使用成员访问运算符"."，功能就是通过成员访问运算符来访问结构体变量名所表示的结构体变量的指定成员。例如：

```
p1.name
```

通过成员访问运算符来访问结构体变量 p1 的 name 成员。下面通过 printf 函数 name 成员打印输出。例如：

```
printf("Name: %s\n", p1.name);
```

编译运行程序，结果如下：

```
Name: Tom
```

也可以对 name 成员重新赋值，例如：

```
strcpy(p1.name, "David");
printf("Name: %s\n", p1.name);
```

由于 name 成员的类型是长度为 20 的字符数组，而数组是不能直接对其进行赋值的。因此，我们利用"string.h"头文件中的 strcpy 函数，将一个字符串复制到指定的字符数组中。在修改 name 成员后，再通过 printf 函数将 name 成员打印输出，重新编译运行程序，结果如下：

```
Name: David
```

可见，name 成员所存储的字符串，已从原来的"Tom"，修改成了"David"。

甚至在对结构体变量进行初始化时，也可以使用成员访问运算符，即对结构体变量进行指定初始化的方式。例如：

```
struct Person p5 = {.name = "Rose", .height = 1.65f};
```

在初始值列表中，使用了两个成员访问运算符，即对两个指定的成员进行初始化。第一个成员访问运算符会访问到 name 成员并将其值初始化为字符串"Rose"，第二个成员访问运算符会访问到 height 成员，并将其值初始化为 1.65。

最后打印输出 p5 的所有成员。例如：

```
printf("Name: %s\n", p5.name);
printf("Age: %d\n", p5.age);
printf("Height: %.2f m\n", p5.height);
printf("Weight: %.2f kg\n", p5.weight);
```

编译运行程序，结果如下：

```
Name: Rose
Age: 0
Height: 1.65 m
Weight: 0.00 kg
```

可见，结构体变量 p5 的 4 个成员中，name 成员和 height 成员都被初始化为指定值，而 age 成员和 weight 成员，由于没有指定初始值，因此，被编译器初始化为 0。

也可以在结构体变量 p5 的初始化之后，再为它的另外两个成员进行赋值。例如：

```
p5.age = 25;
p5.weight = 50.5f;
```

然后，再使用 printf 函数来打印 p5 的所有成员。编译运行程序，结果如下：

```
Name: Rose
Age: 25
Height: 1.65 m
Weight: 50.50 kg
```

7.1.5　结构体的大小

基本数据类型具有相对固定的大小，而结构体是复合数据类型，它的成员的类型、数量是不固定的，那么一个结构体的大小是多少呢？可以通过 sizeof 运算符来获取结构体的大小，即结构体类型或该类型的结构体变量的大小。例如：

```
printf("Size of the struct Person: %u bytes.\n", sizeof(struct Person));
printf("Size of the p1: %u bytes.\n", sizeof p1);
```

通过 sizeof 运算符来获取 Person 结构体类型和 Person 结构体类型的变量 p1 的大小。Person 结构体共有 4 个成员，第一个成员是长度为 20 的字符数组，大小为 20 字节；第二个成员为 int 类型，大小为 4 字节；第三和第四个成员都为 float 类型，大小都是 4 字节。将 4 个成员的大小合计在一起，共 32 字节，这就是 Person 结构体的大小。

编译运行程序，结果如下：

```
Size of the struct Person: 32 bytes.
Size of the p1: 32 bytes.
```

可见，结构体 Person 的大小为 32 字节，与其所有成员大小的总和相等。但这只是巧合，结构体的大小与其成员大小的总和不一定总是对等的关系，即结构体的大小也许会大于其成员大小的总和。例如：

```
struct A
{
    char a;     //1 字节
    int b;      //4 字节
    char c;     //1 字节
};
```

定义了结构体类型 A，它有 3 个成员，第一个成员 a 和第三个成员 c 都是 char 类型的，而第二个成员 b 是 int 类型的，三个成员的大小总和为 6 字节。但是结构体 A 的大小是多少呢？

```
printf("Size of the struct A: %u bytes.\n", sizeof(struct A));
```

编译运行程序，结果如下：

```
Size of the struct A: 12 bytes.
```

从结果可见，结构体 A 的大小为 12 字节，并非 6 字节。这是为什么呢？

其实这只是编译器对结构体成员进行了内存对齐的处理，目的是为了方便访问结构体成员。例如，将整个结构体的大小设置为 4 的倍数，并以 4 字节为一个单位对成员进行存储，如果单位内的剩余空间大于成员的大小，就将成员存入该单位，否则就将成员存放于下一单位的内存。如果一个单位存放不下成员，就用多个单位来进行存储。结构体 Person 和结构体 A 的成员存储情况如图 7.1 所示。

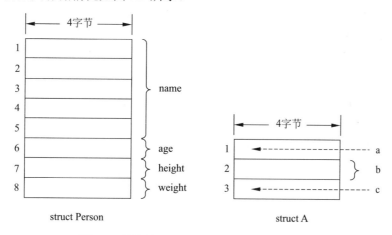

图 7.1　结构体 Person 与结构体 A 的成员存储

从图中可见，结构体 A 的第一个成员 a 只占用了第一个单位 4 字节中的第一个字节，第三个成员 c 只占用了第三个单位 4 字节中的第一个字节。

下面，我们在定义结构体 A 时，将成员 b 和成员 c 的位置互换一下。例如：

```
struct A
{
    char a;      //1 字节
    char c;      //1 字节
    int b;       //4 字节
};
```

现在重新打印输出结构体 A 的大小，结果如下：

```
Size of the struct A: 8 bytes.
```

结构体 A 的大小变为 8 字节。其中成员 a 和成员 c 都会存储在第一个单位的 4 字节内，而成员 b 则单独占用了第二个单位的 4 字节，如图 7.2 所示。

可见，结构体在定义时，成员位置的不同，会造成结构体大小的不同，这是因为编译器对结构体成员进行内存对齐的原因。

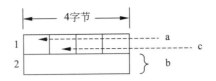

图 7.2 结构体 A 的成员存储

最后要说的是，不同的编译器可能有着不同的内存对齐实现方式，所以读者只要适当了解即可，不必太过纠结。在需要知道结构体大小的时候，只要使用 sizeof 运算符即可。

7.1.6 结构体的嵌套

C 语言中，可以将一个结构体作为另外一个结构体的成员，即允许结构体的嵌套使用。例如，我们首先定义一个关于日期的结构体类型 Date。代码如下：

```
struct Date
{
    short year;
    short month;
    short day;
};
```

然后，在 Person 结构体中再添加一个 Date 结构体类型的成员 birthday，用来表示人的生日。例如：

```
struct Person
{
    char name[20];
    int age;
    float height;
    float weight;
    struct Date birthday;          //生日
};
```

下面定义一个 struct Person 类型的结构变量 zs，并对其进行初始化。例如：

```
struct Person zs = {"zhangSan", 20, 1.82, 78.5, 1999, 8, 28};
```

在初始值列表中共有 7 个初始值，前面 4 个初始值会分别初始化给 zs 的前四个成员，而 zs 的第五个成员 birthday 本身又是一个结构体类型，它拥有 3 个 short 类型的成员。因此，初始值列表中最后的 3 个初始值，会初始化给 birthday 的这三个成员。当然，也可以将这 3 个初始值再使用大括号括起来，以更清晰的方式来表达，这是给 zs 的第五个成员 birthday 的初始值。例如：

```
struct Person zs = {"zhangSan", 20, 1.82, 78.5, {1999, 8, 28}};
```

那如何对结构体变量 zs 的所有成员进行访问呢？

zs 的前四个成员都是基本数据类型，通过一个成员访问运算符，就可以访问到它们。例如：

```
zs.name;
zs.age;
zs.height;
zs.weight;
```

而 zs 的第五个成员是一个 struct Date 类型的结构体变量 birthday，所以，我们需要两个成员访问运算符才能访问到 birthday 的成员。例如：

```
zs.birthday.year;
zs.birthday.month;
zs.birthday.day;
```

首先通过第一个成员访问运算符来访问到 zs 的成员 birthday，再通过第二个成员访问运算符来分别访问到 birthday 的成员 year、month 和 day。

最后通过 printf 函数来打印输出 zs 的所有成员。例如：

```
printf("Name: %s\n", zs.name);
printf("Age: %d\n", zs.age);
printf("Height: %.2f m\n", zs.height);
printf("Weight: %.2f kg\n", zs.weight);
printf("Birthday: %hd-%hd-%hd\n", zs.birthday.year, zs.birthday.month,
zs.birthday.day);
```

编译运行程序，结果如下：

```
Name: zhangSan
Age: 20
Height: 1.82 m
Weight: 78.50 kg
Birthday: 1999-8-28
```

7.2　结构体的运用

在介绍结构体类型与结构体变量之后，现在就要把重点放在结构体的运用上。不要让结构体成为孤零零的一片荒岛，应该与指针、数组、函数等结合起来，让结构体发挥应有的作用，从而实现出灵活、高效、优美的 C 语言程序。本节就来探讨一下结构体与指针、结构体与数组、结构体与函数以及结构体与字符串之间的种种关系。

7.2.1　结构体与指针

指针可以指向一个对象，而若将结构体视为一个对象的话，就可以定义出指向结构体的指针。例如，我们有一个关于书的结构体，其定义代码如下：

```
struct Book
{
    int isbn;              //刊号
    char author[20];       //作者
    float price;           //单价
};
```

该结构体类型名为 Book，有 3 个成员，分别是 int 类型的 isbn，用于存储书的发行刊号；char 类型长度为 20 的数组 author，用于存储书的作者；float 类型的 price，用于存储书的单价。

根据该类型，定义出一个结构体变量 book1，并对其进行初始化：

```
struct Book book1 = {12345678, "JiaBaoYu", 78.50f};
```

定义一个指针，并让其指向结构体变量 book1：

```
struct Book *pBook = &book1;
```

定义了 struct Book 类型的指针变量 pBook，并将结构体变量 book1 的内存地址作为其初始值。即可认为指针 pBook 指向了结构体变量 book1。那现在该考虑的，就是如何通过指针来访问结构体变量的成员了。

C 语言中，通过指针来访问结构体变量的成员有以下两种方式。

1. 指针解引用方式

可以通过对指针的解引用来访问结构体变量，进而再通过结构体变量来访问各成员。例如：

```
(*pBook).isbn
```

在小括号内是对指针 pBook 进行解引用，解引用后相当于得到了结构体变量 book1，然后再通过成员访问运算符来访问 book1 的成员 isbn。

需要注意的是，这里的小括号不可省略，否则，成员访问运算符的执行优先级比解引用运算符高，该表达式就相当于变成下面这个样子：

```
*(pBook.isbn)
```

即将 pBook 看成一个结构体变量，然后访问其成员 isbn，并将其值视为一个指针，再进行解引用的操作。很显然，这是错误的。

下面使用指针解引用的方式来访问结构体变量 book1，并将 book1 的所有成员打印输出到控制台窗口：

```
printf("ISBN: %d\n", (*pBook).isbn);
printf("Author: %s\n", (*pBook).author);
printf("Price: %.2f\n", (*pBook).price);
```

编译运行程序，结果如下：

```
ISBN: 12345678
Author: JiaBaoYu
Price: 78.50
```

可见，只要对指针进行解引用，就可以访问到它所指向的结构体变量，进而访问结构体变量的各个成员。但需要注意的是，必须将指针解引用操作用小括号括起来，进行优先级提升，不然就会出错。那有没有更好的方法，可以不需要对指针进行解引用，而直接访问到结构体变量的各个成员呢？

答案是肯定的，下面就来看看这种更好的访问方式吧。

2. 非指针解引用方式

C 语言中，可以通过间接成员访问运算符来访问指针所指向的结构体变量的成员。间接成员访问运算符由短横线字符和大于号字符构成，即"->"，两个字符必须连在一起，中间不可有间隔或其他字符。由于其形状像一个箭头，因此也被称为箭头运算符。

下面就使用箭头运算符来访问结构体变量的成员。例如：

```
pBook->isbn
```

在指针 pBook 和结构体变量成员 isbn 间使用箭头运算符，即可通过指针 pBook 直接访问它所指向的结构体变量 book1 的成员 isbn，省去了对指针进行解引用的麻烦，更加的方便和快捷。

下面就使用箭头运算符来访问并打印输出结构体变量 book1 的所有成员。例如：

```
printf("ISBN: %d\n", pBook->isbn);
printf("Author: %s\n", pBook->author);
printf("Price: %.2f\n", pBook->price);
```

编译运行程序，结果如下：

```
ISBN: 12345678
Author: JiaBaoYu
Price: 78.50
```

可见，结果和之前是完全一致的。

要注意的是，箭头运算符只适用于指向结构体变量的指针，如果面对的是结构体变量本身，还是应该使用点运算符。

最后要说明的就是，不仅可以获取一个结构体变量的内存地址，还可以获取到结构体变量的各个成员的内存地址，即获得指向结构体变量中某个成员的指针。例如：

```
int *pIsbn = &book1.isbn;          //指向成员 isbn 的指针
char *pAuthor = book1.author;      //指向成员 author 的指针
float *pPrice = &book1.price;      //指向成员 price 的指针
```

由于成员访问运算符的优先级高于取地址运算符，因此，表达式"&book1.isbn"的求值顺序为：先通过成员访问运算符访问到 book1 的成员 isbn，再通过取地址运算符获取该成员的内存地址。

pIsbn 为 int 类型的指针变量，我们将结构体变量 book1 的成员 isbn 的内存地址初始化给 pIsbn。pPrice 为 float 类型的指针变量，我们将结构体变量 book1 的成员 price 的内存地址初始化给 pPrice。需要注意的是，结构体变量 book1 的成员 author 本身是一个字符数组，其数组名就代表首字符的内存地址。因此，我们就直接将其初始化给 char 类型的指针变量 pAuthor。千万不要在前面再使用取地址运算符了，否则，得到的就不再是 char 类型的指针，而是 char [20]类型的指针，即得到了一个数组指针。

7.2.2　结构体与数组

如果我们将结构体作为数组的元素类型，就可以定义出结构体数组。例如：

```
struct Book books[3] = {
    {12345678, "JiaBaoYu", 78.50f},
    {23456789, "LinDaiYu", 75.80f},
    {34567890, "XueBaoChai", 80.88f}
};
```

定义了一个长度为 3 的 struct Book 类型的结构体数组 books，并对数组元素进行了初始化。内层每对大括号内的 3 个初始值用于一个数组元素的初始化。

可以利用循环，并通过数组下标来访问每个数组元素，即访问结构体变量，最后再通过成员访问运算符来访问结构体变量的各个成员。例如：

```
for(int i = 0; i < 3; ++i)
{
    printf("ISBN: %d\n", books[i].isbn);
    printf("Author: %s\n", books[i].author);
    printf("Price: %.2f\n", books[i].price);
    printf("--------------------------\n");
}
```

循环体中，首先通过数组下标来访问各元素，并按照结构体变量的格式，使用成员访问运算符来访问各个成员。每打印输出一组成员后，会打印一条长横线，以便对各组数据进行分隔。

编译运行程序，结果如下：

```
ISBN: 12345678
Author: JiaBaoYu
Price: 78.50
--------------------------
ISBN: 23456789
Author: LinDaiYu
Price: 75.80
--------------------------
ISBN: 34567890
Author: XueBaoChai
Price: 80.88
--------------------------
```

由于数组名即是首元素的内存地址，可以将数组名视为指向数组首元素的指针，因此，也可以通过指针的方式来访问和打印各数组元素（结构体变量）的成员。例如：

```
for(int i = 0; i < 3; ++i)
{
    printf("ISBN: %d\n", (*(books + i)).isbn);
    printf("Author: %s\n", (*(books + i)).author);
    printf("Price: %.2f\n", (*(books + i)).price);
    printf("--------------------------\n");
}
```

循环体中，表达式"(*(books + i)).isbn"的求值顺序为：首先是内层小括号中，指针 books 与变量 i 进行相加的运算，这会产生一个指向数组中下标为 i 的数组元素的指针，接着在外层小括号中，对该指针进行了解引用，这将访问下标为 i 的数组元素，最后，由于数组元素都是 struct Book 类型的，因此，可以通过成员访问运算符来访问它的各个成员。

也可以使用箭头运算符，以更简便的形式来访问数组元素（结构体变量）的各个成员。例如：

```
for(int i = 0; i < 3; ++i)
{
    printf("ISBN: %d\n", (books + i)->isbn);
    printf("Author: %s\n", (books + i)->author);
    printf("Price: %.2f\n", (books + i)->price);
    printf("--------------------------\n");
}
```

在小括号中，首先是指针 books 与变量 i 进行相加的运算，这会产生一个指向数组中下标为 i 的数组元素的指针，接着使用箭头运算符来直接访问所指向的数组元素（结构体变量）的各个成员。

编译运行程序，将会得到和之前完全相同的结果。

当然，由于数组名相当于一个指针常量，我们不能修改它的指向，因此，不能使用指针移动的方式来访问数组元素。于是，可以定义一个 struct Book 类型的结构体指针，并将数组名 books 初始化或者赋值给该指针。然后通过该指针以指针运算或指针移动的方式来访问数组元素，进而访问所对应的结构体变量的各成员。具体代码此处不再展示，读者可以自己编写并进行测试。

7.2.3 结构体与函数

早期的 C 语言是不允许将结构体作为函数的参数或者返回值类型的，想要在函数中传递和使用结构体数据，只能以结构体指针的方式进行。但如今，这已经不是问题了，用户可以非常方便地将结构体变量作为函数的参数或者返回值。那么，这两种方式之间有何不同？孰优孰劣呢？下面就用一个案例来进行说明。

【例 7-1】编写程序，定义一个关于矩形的结构体 Rect，它的 3 个成员名分别为 length、width 和 area，都为 float 类型，用来表示矩形的长、宽和面积。再定义一个函数 calculate，该函数能够根据矩形结构体变量中的长和宽，计算出矩形面积。要求程序运行时，由用户输入矩形的长和宽，通过调用 calculate 函数，计算出矩形面积，并在主函数中将矩形的面积打印输出。

首先，先将这个矩形结构体定义出来，代码如下：

```
struct Rect              //矩形结构体
{
    float length;        //长
    float width;         //宽
    float area;          //面积
};
```

下面定义函数 calculate，分以下两种。

（1）将结构体变量作为函数参数或返回值。

首先将 calculate 定义为一个无返回值、参数类型为 struct Rect 的函数，代码如下：

```
void calculate(struct Rect rect)
{
    rect.area = rect.length * rect.width;
}
```

函数体内就一条语句，通过成员访问运算符访问参数结构体变量的成员 length 和成员 width，并将它们的乘积赋值给成员 area。

主函数的代码如下：

```
int main()
{
    struct Rect rc;           //定义结构体变量
    printf("Please enter the length and width of the rectangle:\n");
    scanf("%f%f", &rc.length, &rc.width);        //获取用户输入的长和宽
    calculate(rc);            //调用 calculate 函数，计算矩形面积
    printf("The area of the rectangle is: %.2f.\n", rc.area);
    return 0;
}
```

在主函数中，首先定义一个 Rect 结构体的变量 rc，在提示用户输入矩形的长和宽后，使用 scanf 函数获取用户所输入的长和宽，并将其分别存储至 rc 的 length 成员和 width 成员。接着调用 calculate 函数，它会计算矩形面积并保存到成员 area 中，最后通过 printf 函数打印输出 rc 的 area 成员。编译运行程序，结果如下：

```
Please enter the length and width of the rectangle:
4 5
The area of the rectangle is: 0.00.
```

程序运行后，用户所输入的矩形长和宽分别为 4 和 5，正确的面积应该为 20，但程序的打印结果却是 0。很明显，程序代码是有问题的，但问题出在哪儿呢？

问题在于函数的参数传递是值传递的形式，实参与形参是两个不同的对象，有着各自不同的内存空间，因此，在函数中访问和修改的只是形参结构体变量，影响不到实参结构体变量。也就是说，calculate 函数中所访问和修改的只是形参结构体变量 rect，而不是实参结构体变量 rc。

为了解决这个问题，可以让 calculate 函数将修改后的结构体变量返回，即将 calculate 函数定义为一个有返回值的函数，并且返回值类型为 struct Rect。例如：

```
struct Rect calculate(struct Rect rect)
{
    rect.area = rect.length * rect.width;
    return rect;            //返回修改后的结构体变量 rect
}
```

在主函数中，将 calculate 函数调用后的返回值，重新赋值给实参结构体变量 rc。例如：

```
rc = calculate(rc);
```

重新编译运行程序，结果如下：

```
Please enter the length and width of the rectangle:
4 5
The area of the rectangle is: 20.00.
```

可见，这次打印输出了正确的结果。

（2）将结构体指针作为函数参数或返回值。

下面再看一下将 calculate 函数的参数定义为结构体指针类型的情况。例如：

```
void calculate(struct Rect *pRect)
{
    pRect->area = pRect->length * pRect->width;
}
```

由于参数 pRect 是一个结构体指针，因此，在函数体内，可以使用箭头运算符来访问它所指向的结构体变量的成员。

在主函数中，调用 calculate 函数时，需要通过取地址运算符将结构体变量 rc 的内存地址取出，作为函数调用的实参。例如：

```
calculate(&rc);
```

其他部分代码不变，我们编译运行程序，结果如下：

```
Please enter the length and width of the rectangle:
4 5
The area of the rectangle is: 20.00.
```

可见，打印输出的结果是正确的。在 calculate 函数被执行时，形参 pRect 被初始化为实参 rc 的内存地址，即 pRect 是一个指向 rc 的结构体指针，通过这个指针来访问 rc 的成员 length 和 width，并将它们的乘积再重新赋值给成员 area。因此，可以通过指针 pRect 来访问和修改到实参 rc。所以可以将 calculate 函数定义为无返回值的函数。

如果想让 calculate 函数具有一个结构体指针类型的返回值，也是没有任何问题的。例如：

```
struct Rect* calculate(struct Rect *pRect)
{
    pRect->area = pRect->length * pRect->width;
    return pRect;
}
```

将返回值类型定义为 struct Rect*，即一个指向 Rect 结构体变量的指针。在函数体中，就可以将形参 pRect 作为返回值进行返回。

主函数中，由于 calculate 函数的返回值是一个结构体指针，因此，我们需要对其进行解引用，然后再重新赋值给实参结构体变量 rc。例如：

```
rc = *calculate(&rc);
```

其他部分代码不变，我们再次编译运行程序，仍会得到与之前相同的结果。

calculate 函数的返回值是一个指向结构体变量 rc 的指针，对该指针进行解引用，就访问到了结构体变量 rc，然后再把它赋值给 rc。实际上就是自己赋值给自己，所以意义不大，这样来使用，纯粹是为了展示如何将结构体指针作为函数返回值而已。不过，在第 8 章中，读者会真正看到结构体指针作为函数返回值的好处。

由于指针的大小是固定的，并且通常情况下，会小于结构体变量的大小。因此，将结构体指针作为函数的参数或返回值，会比使用结构体变量作为函数的参数或返回值所花费的系统开销更小、执行效率更高。这也是程序员喜欢使用结构体指针作为函数参数或返回值的重要原因之一。

7.2.4　结构体与字符串

当结构体拥有字符指针类型的成员时，大家要时刻小心，保持清醒的头脑，不然很容易产生错误。例如，有一个关于学生的结构体 Stu，其定义语句如下：

```
struct Stu
{
    int num;         //学号
    char *name;      //姓名
};
```

可以看到，结构体 Stu 的第 2 个成员 name 被定义为 char 类型的指针，可以使用它来指向一个表示学生姓名的字符串。

下面，在主函数中来定义一个该结构体类型的结构体变量并对其进行初始化。例如：

```
struct Stu stu1 = {1, "Tom"};
```

结构体变量名为 stu1，其成员 num 被初始化为 1，成员 name 被初始化为字符串常量"Tom"的首地址。

由于成员 name 指向的是一个字符串常量，因此，不能通过指针来修改字符串的内容。例如，将学生的姓名"Tom"修改为"tom"，即将首字符从大写字母 T 修改为小写字母 t：

```
*stu1.name = 't';
```

通过指针的解引用，将所指向的字符修改为小写字母 t。由于"Tom"是一个字符串常量，因此这样的操作是不允许的，程序运行时会出现错误。

其实，解决这个问题很简单，让指针指向另外一个字符串常量就行了。例如：

```
stu1.name = "tom";
```

即将字符串常量"tom"的首地址赋值给成员 name。这并不是通过指针修改指向的对象，而只是对指针变量的重新赋值，即改变指针的指向。"Tom"与"tom"虽然只有一字之差，但却是两个不同的字符串常量，它们的内存空间和内存地址是不相同的。

但这样做也有不好的地方，首先是每次想修改字符串，都需要让指针指向一个新的字符串常量，有些麻烦。更为严重的是，无法根据用户的要求来修改字符串。因为字符串常量都是在程序编译前预先定义好的，在程序运行时，无法再定义字符串常量。

想要得到能修改的字符串，我们应该使用字符数组，只要让成员 name 指向字符数组的首地址就行了。

下面定义一个长度为 20 的字符数组 str，并将字符串常量"Tom"初始化给它。

```
char str[20] = "Tom";
```

接下来，让 stu1 的成员 name 指向字符数组 str。

```
stu1.name = str;
```

现在就可以通过成员 name 来直接修改它所指向的字符串了。例如：

```
*stu1.name = 't';
```

下面打印输出成员 name 所指向的字符串：

```
printf("Name: %s\n", stu1.name);
```

编译运行程序，结果如下：

```
Name: tom
```

可见，现在修改字符串没任何问题了，成功地将姓名修改为"tom"。

这样做也有一个需要注意的地方。例如，我们再定义一个结构体变量 stu2，并将其初始化为 stu1 的值：

```
struct Stu stu2 = stu1;
```

然后，通过 strcpy 函数将字符串常量"Jack"复制给 stu2 的成员 name 所指向的内存空间：

```
strcpy(stu2.name, "Jack");
```

现在分别打印 stu1 和 stu2 的成员 name 所指向的字符串：

```
printf("stu1 Name: %s\n", stu1.name);
printf("stu2 Name: %s\n", stu2.name);
```

编译运行程序，结果如下：

```
stu1 Name: Jack
stu2 Name: Jack
```

可见，两个结构体变量的成员 name 所指向的字符串都变为了"Jack"。原因是 stu1
和 stu2 的成员 name 所指向的是同一字符数组。因此，解决的办法，就是为它们各自设置
不同的字符数组，即让不同的结构体变量成员 name 指向不同的字符数组空间。程序代码
如下：

```
#include <stdio.h>
#include <string.h>
struct Stu
{
    int num;            //学号
    char *name;         //姓名
};
int main()
{
    struct Stu stu1 = {1, "Tom"};
    char str1[20] = "Tom"; //字符数组 str1
    stu1.name = str1;          //让 stu1 的成员 name 指向字符数组 str1

    struct Stu stu2 = stu1;
    char str2[20];             //字符数组 str2
    stu2.name = str2;          //让 stu2 的成员 name 指向字符数组 str2

    strcpy(stu2.name, "Jack"); //修改 stu2 的成员 name 所指向的字符数组

    printf("stu1 Name: %s\n", stu1.name);
    printf("stu2 Name: %s\n", stu2.name);
    return 0;
}
```

由于 stu1 的成员 name 指向的是字符数组 str1，而 stu2 的成员 name 指向的是字符数组
str2，因此，修改 stu2 的成员 name 所指向的字符数组 str2 时，不会影响到字符数组 str1。

编译运行程序，结果如下：

```
stu1 Name: Tom
stu2 Name: Jack
```

7.3　联　合　体

在 C 语言中，有一个和结构体非常像的数据类型，它的名字叫作联合体，也被称为共
用体或者公用体。不过，说它和结构体相像，主要指的是在类型定义格式和成员访问方面，
而在内存存储上，二者却是有着天壤之别。

7.3.1　联合体的定义

C 语言中，定义联合体需要使用"union"关键字，具体格式如下：

```
union 联合体名
{
```

```
    数据类型 成员1;
    数据类型 成员2;
    ...
};
```

是不是和结构体的定义格式非常相似？唯一不同的地方，就是将关键字"struct"换成了"union"。

下面来定义一个联合体。例如：

```
union A
{
    char a;
    int b;
    double c;
};
```

联合体的名字是 A，它有 3 个成员，分别是 char 类型的成员 a、int 类型的成员 b 和 double 类型的成员 c。

7.3.2 联合体的大小

前面说过，联合体与结构体的主要区别就在内存存储上。结构体的每个成员都拥有自己独立的内存空间，结构体大小为所有成员的大小之和（不考虑内存对齐的情况）。而联合体的所有成员都使用同一段内存空间，联合体大小即为联合体中最大的那个成员大小。例如联合体 A 的 3 个成员中，最大的成员是 c，它是 double 类型的，大小为 8 字节。因此，联合体 A 的大小就是成员 c 的大小。我们可以通过 sizeof 运算符来获取联合体 A 的大小。例如：

```
printf("Size of the union A: %u bytes.\n", sizeof(union A));
```

通过 printf 函数来打印联合体 A 的大小，和结构体类型类似，大家要注意，在 sizeof 运算符的小括号内，联合体 A 的类型应该写为"union A"，关键字"union"不能被省略掉。

编译运行程序，结果如下：

```
Size of the union A: 8 bytes.
```

可见，联合体 A 的大小为 8 字节，与成员 c 的大小相同。其成员的内存存储情况，如图 7.3 所示。

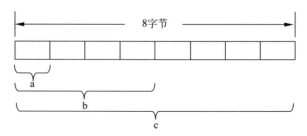

图 7.3　联合体 A 的成员存储

从图中可以发现，成员 a、b、c 都是使用相同的一段 8 字节的内存空间。这样做的最大好处，就是能够节省内存。但是，需要注意的是，我们不应同时对多个成员进行存储，例如，若存储了成员 a 的数据，当再存储成员 b 的数据时，就会覆盖原先成员 a 的数据，而存储成员 c 的数据时，同样也会覆盖原先成员 b 或者成员 a 的数据。因此，是不可能在一个联合体中同时存储不同的成员值的，即在一个联合体中，某一时刻，只能存储某一成员的值。

另外，从访问角度来看，对于这 8 字节内存数据，如果以成员 a 来进行访问，只能访问第一个字节中的数据；如果以成员 b 来进行访问，则能访问前 4 字节中的数据；而若以成员 c 来进行访问，则能访问全部 8 字节的数据。

7.3.3 联合体变量的定义

就像结构体与结构体变量一样，也可以根据联合体类型来定义相应的联合体变量，并且定义的方式也和结构体变量定义的方式类似，有以下三种。

（1）根据前面的联合体 A，定义出 union A 类型的联合体变量 a1：

```
union A a1;
```

（2）在 union A 类型的同时，定义联合体变量 a2：

```
union A
{
    char a;
    int b;
    double c;
}a2;
```

（3）定义无名联合体类型的联合体变量 a3：

```
union
{
    char a;
    int b;
    double c;
}a3;
```

同样地，第一种方式可以定义出具有局部或者全局作用域的联合体变量；而第二种和第三种定义出来的都是具有全局作用域的联合体变量，由于第三种方式定义的是无名联合体类型，因此，只能在该联合体类型定义处直接定义联合体变量，在其他地方无法再定义该类型的联合体变量。

7.3.4 联合体变量的初始化

在定义联合体变量时，也可对其进行初始化。不过，由于联合体中不能同时存储多个成员的值。因此，在初始化的时候，只应对一个成员进行初始化，即在初始化列表中只放有一个初始值。在默认情况下，会将这个初始值初始化给联合体变量的第一个成员。例如：

```
union A a1 = {'A'};
```

定义 union A 类型的联合体变量 a1，并对其进行初始化。由于联合体变量 a1 的第一个成员是 char 类型的，因此，初始值列表中只有一个 char 类型的常量值'A'，编译器会将这个初始值'A'初始化给联合体变量 a1 的第一个成员 a。如果在初始值列表中给出多个初始值，在编译时，编译器会给出警告信息。例如：

```
union A a1 = {'A', 35};
```

当编译时，会出现如下警告信息：

```
warning: excess elements in union initializer
```

意思是说，在初始值列表中给出的初始值过多。

如果想对其他位置的成员进行初始化，则可以通过指定初始化方式。例如：

```
union A a1 = {.b = 35};
```

通过指定初始化方式，将联合体变量 a1 的成员 b 初始化值为 35。

最后，和结构体一样，也可以将一个联合体变量作为初始值，直接初始化给同类型的另一个联合体变量。例如：

```
union A a2 = a1;
```

定义了 union A 类型的联合体变量 a2，并将联合体变量 a1 作为初始值，对联合体变量 a2 进行初始化。

7.3.5　联合体变量的访问和赋值

在访问联合体变量中的成员时，也是使用成员访问运算符，即点运算符。例如：

```
union A a1 = {'A'};
printf("Member a: %c\n", a1.a);
```

首先定义了 union A 类型的联合体变量 a1，并将其第一个成员进行初始化为字符常量 A。接着，通过成员访问运算符访问联合体变量 a1 的成员 a，并通过 printf 函数打印输出到控制台窗口。

编译运行程序，结果如下：

```
Member a: A
```

也可以通过成员访问运算符访问联合体变量的成员，并通过赋值运算符对其进行赋值。例如：

```
a1.b = 100;
```

将整型常量值 100 赋值给联合体变量 a1 的成员 b。下面再次访问联合体变量 a1 的成员 b，并将其值打印输出。例如：

```
printf("Member b : %d\n", a1.b);
```

编译运行程序，结果如下：

```
Member b : 100
```

现在，再来访问成员 a，并打印输出。例如：

```
printf("Member a: %c\n", a1.a);
```

编译运行程序，结果如下：

```
Member a: d
```

可见，联合体变量 a1 的成员 a 的值不再是大写字母 A，而变为了小写字母 d。这是由于将成员 b 赋值为 100，导致成员 a 的值被覆盖。ASCII 码值为 100 的字符是小写字母 d，因此，以字符的格式来打印，结果就是小写字母 d。

与结构体变量类似，相同类型的联合体变量之间也是可以直接进行相互赋值的。例如：

```
union A a2;
a2 = a1;
```

定义了 union A 类型的联合体变量 a2，然后将联合体变量 a1 赋值给联合体变量 a2。经过赋值后，联合体变量 a2 也具有了和联合体变量 a1 相同的值。

最后，再用一个案例，来结束对联合体的介绍。

在计算机网络中，两台计算机要想通信，就需要知道彼此的 IP 地址。我们常见的 IP 地址都是以点分格式的字符串形式出现的，例如 "192.168.101.120"。试想一下，在进行网络通信的时候，如果以这种字符串的形式来使用和传递 IP 地址，该字符串是由 12 个数字字符和 3 个 "." 字符组成，如果再加上结束标记的空字符，那么大小为 16 字节。若是将 IP 地址改用整数形式来存储或传递的话，只需要 4 字节，体积只有原来的 1/4，好处不言而喻。

【例 7-2】编写程序，由用户输入一个字符串类型的 IP 地址，程序可以将其转换为 4 字节整数类型的 IP 地址值，并打印输出。

大家应该知道，字符串格式的 IP 地址中，被 3 个 "." 分隔的是 4 个 0~255 的数值，所以我们可以用一个长度为 4 的无符号字符类型数组来存储，为了方便将其转换为整型数字，定义一个联合体类型 IP。例如：

```
union IP
{
    unsigned char str[4];
    unsigned int digit;
};
```

联合体 IP 的第一个成员 str 被定义为长度为 4 的无符号字符类型的数组，而第二个成员 digit 被定义为一个无符号的整型。关键的地方，就在于这两个成员的大小都是 4 字节，无论以哪个成员作为赋值对象，都会存储到这 4 字节的内存空间，而无论以哪个成员进行访问，都可以访问到这 4 字节的内存数据。因此，可以非常方便地让 IP 地址在字符串格式和数字格式之间进行转换。

程序代码如下：

```
#include <stdio.h>
union IP
{
    unsigned char str[4];
    unsigned int digit;
};
int main()
{
    union IP ip;          //定义联合体变量 ip
    printf("Please enter IP address in string format:\n");
    //接收用户输入的 IP 地址，并将其存储至字符数组
    scanf("%d.%d.%d.%d", &ip.str[0], &ip.str[1], &ip.str[2], &ip.str[3]);
    //打印输出数字格式的 IP 地址值
    printf("IP address in digital format is: %u\n", ip.digit);
```

```
        return 0;
}
```

在接收用户输入的 IP 地址时，我们将其存储至联合体变量 ip 的成员 str 中，它是一个长度为 4 的无符号字符类型的数组，因此每个元素都可以存储一个 0 至 255 之间的数值。而在打印输出时，我们是通过访问联合体变量 ip 的第二个成员 digit。

编译运行程序，结果如下：

```
Please enter IP address in string format:
192.168.101.120
IP address in digital format is: 2019928256
```

读者如果有兴趣的话，也可以反过来做，读取一个整数格式的 IP 地址值，将其转换为字符串格式的 IP 地址进行打印输出。

7.4 枚 举

在 C 语言中，还允许定义枚举类型。使用枚举类型，可以提高程序代码的健壮性和可读性，并且枚举成员属于常量，甚至可以使用枚举成员名作为维的大小，来进行数组的定义。下面就来讲述 C 语言中的枚举。

7.4.1 枚举的定义

C 语言中，定义枚举的格式为：

```
enum 枚举名{枚举成员 1, 枚举成员 2, …};
```

定义结构体需要使用关键字"struct"，定义联合体需要使用关键字"union"，而定义枚举需要使用关键字"enum"。在大括号中是各枚举成员，如有多个，中间使用逗号进行分隔。

下面来定义一个和方向相关的枚举类型 Dir。例如：

```
enum Dir{UP, DOWN, LEFT, RIGHT};
```

枚举的类型名为 Dir，大括号内共有 4 个枚举成员 UP、DOWN、LEFT 和 RIGHT。前面提到，枚举成员属于常量，那么，既然是常量，就应该有对应的值，这 4 个枚举成员的值分别是多少呢？

默认情况下，枚举成员是一个整型值，其第一个枚举成员的值为 0，而后续枚举成员的值为其前一个枚举成员的值加 1，即第二个枚举成员的值为 1，第三个枚举成员的值为 2，第四个枚举成员的值为 3，以此类推。我们可以通过 printf 函数来打印输出枚举 Dir 的各成员值，例如：

```
printf("UP = %d\n", UP);
printf("DOWN = %d\n", DOWN);
printf("LEFT = %d\n", LEFT);
printf("RIGHT = %d\n", RIGHT);
```

编译运行程序，结果如下：

```
UP = 0
DOWN = 1
LEFT = 2
RIGHT = 3
```

读者也许会问，是否能够自己设置枚举成员的值呢？例如让枚举成员 DOWN 的值为10。

答案是可以的。可以在定义枚举时，自己来给枚举成员设置初始值。例如：

```
enum Dir{UP, DOWN = 10, LEFT, RIGHT};
```

在枚举成员 DOWN 的后面使用赋值运算符给它设置初始值为 10。此时，我们再通过printf 函数来打印一下各枚举成员值的话，会得到如下的结果：

```
UP = 0
DOWN = 10
LEFT = 11
RIGHT = 12
```

可见，枚举成员 DOWN 的值的确变成 10 了，但是后面的枚举成员 LEFT 和 RIGHT，它们的值也会跟着变成了 11 和 12。在定义枚举时，如果给枚举成员指定了初始值，则该枚举成员的值就为该初始值，否则它的值就是前一个枚举成员的值加 1，如果没有前一个枚举成员，即该枚举成员是处于首位，则它的值为 0。甚至可以将枚举成员的值设为负整数。例如：

```
enum Dir{UP = -3, DOWN, LEFT, RIGHT};
```

将枚举成员 UP 的值设为–3。现在再来打印各枚举成员的值，会得到如下结果：

```
UP = -3
DOWN = -2
LEFT = -1
RIGHT = 0
```

最后需要了解的是，由于枚举成员是一个常量，因此，可以将其作为定义数组的长度大小，也可以将其作为一个整型值初始化或赋值给一个整型变量，甚至将其作为表达式的一部分。例如：

```
enum Dir{UP, DOWN, LEFT, RIGHT};
char arr[RIGHT];          //定义一个长度为 3（枚举成员 RIGHT 的值）的字符数组 arr
int i = UP;               //定义一个整型变量 i，并初始化其值为 0
i = DOWN + 3;             //将 4（表达式"DOWN+3"的值）赋值给变量 i
```

7.4.2　枚举变量的定义

定义好枚举之后，就拥有了相应的枚举类型，可以根据这个枚举类型来定义相应的枚举变量。与结构体和联合体的变量定义方式类似，在定义枚举变量时，也可以采用以下 3 种不同的方式。

（1）先定义枚举，再定义枚举变量：

```
enum Dir dir1;
```

定义了 enum Dir 类型的枚举变量 dir1。这里需要注意的是，枚举 Dir 所对应的数据类型为"enum Dir"，不要把关键字"enum"省略掉。

（2）在定义枚举的同时定义枚举变量：

```
enum Dir{UP = -3, DOWN, LEFT, RIGHT}dir2;
```

（3）定义无名枚举类型的枚举变量：

```
enum {UP = -3, DOWN, LEFT, RIGHT}dir3;
```

第一种方式可以定义出具有局部或者全局作用域的枚举变量；而第二种和第三种定义出来的都是具有全局作用域的枚举变量，由于第三种方式定义的是无名枚举类型，因此，只能在该枚举类型定义处直接定义枚举变量，在其他地方无法定义出该类型的枚举变量。

7.4.3 枚举变量的初始化与赋值

在定义枚举变量的同时，可以对其进行初始化。例如：

```
enum Dir dir1 = LEFT;
```

定义了 enum Dir 类型的枚举变量 dir，并将枚举成员 LEFT 作为其初始值。

也可以对枚举变量进行赋值操作。例如：

```
enum Dir dir2;
dir2 = DOWN;
```

C 语言中，可以将枚举成员视为整型常量，而将枚举变量视为整型变量。因此，可以将一个整型值初始化或者赋值给枚举变量。例如：

```
enum Dir dir = 2;          //将 2 初始化给枚举变量 dir
dir = 1;                   //将 1 赋值给枚举变量 dir
```

下面向读者展示一个关于枚举的小例子。

【例 7-3】编写程序，用键盘上的 W、S、A、D 四个按键来表示上、下、左、右四个方向，当用户按下相应按键后，程序能够打印输出用户所选择的方向。

程序代码如下：

```
#include <stdio.h>
#include <ctype.h>
enum Dir{UP, DOWN, LEFT, RIGHT};          //定义枚举 Dir
void printDirect(enum Dir dir)
{
    switch(dir)
    {
        case UP:
            printf("The direction is UP.\n");
            break;
        case DOWN:
            printf("The direction is DOWN.\n");
            break;
        case LEFT:
            printf("The direction is LEFT.\n");
            break;
        case RIGHT:
            printf("The direction is RIGHT.\n");
            break;
        default:
            printf("The direction is unclear.\n");
```

```
            break;
        }
}
int main()
{
    enum Dir dir;               //定义枚举变量 dir
    char ch;                    //定义字符变量 ch
    printf("Please determine a direction:\n");
    scanf("%c", &ch);           //获取用户输入的字符
    ch = islower(ch)? toupper(ch) : ch;        //将小写字母转换为大写字母
    switch(ch)
    {
        case 'W':
            dir = UP;
             break;
        case 'S':
            dir = DOWN;
            break;
        case 'A':
            dir = LEFT;
            break;
        case 'D':
            dir = RIGHT;
            break;
    }
    printDirect(dir);           //将枚举变量 dir 作为实参进行函数调用
    return 0;
}
```

printDirect 函数拥有一个 enum Dir 类型的参数 d，在函数体中使用了 switch 语句，由于枚举成员是一个整型常量，因此，可以用在 case 标签中。通过枚举变量 d 的值寻找匹配的 case 标签，通过 printf 来打印输出相应的信息。

主函数中，首先定义了两个变量，一个是枚举 Dir 类型的变量 dir，一个是字符类型变量 ch。在获取用户输入的字符后，将其保存至变量 ch 中，若用户输入的是小写字母，可以通过三目条件运算符，将存储在变量 ch 中的小写字母转换为大写字母。接着在 switch 语句中，当找到与变量 ch 匹配的 case 标签后，能够将一个正确的枚举成员赋值给枚举变量 dir。最后，将枚举变量 dir 作为 printDirect 函数的实参，进行函数的调用。

编译运行程序，结果如下：

```
Please determine a direction:
a
The direction is LEFT.
```

7.5 本章小结

C 语言中，结构体属于复合数据类型。结构体可以拥有多个成员，各成员的数据类型可以各不相同。因此，它非常适合于拥有多属性的对象进行存储。

定义结构体，需要使用 "struct" 关键字。并且在定义结构体变量时，不要省略该关键字，即数据类型为 "struct 结构体名"。

定义结构体变量有 3 种方式：先定义结构体类型，再定义结构体变量、在定义结构体类型的同时定义结构体变量和定义无名结构体类型的结构体变量。

对结构体变量进行初始化时，也可以采用全部初始化、部分初始化和指定初始化 3 种方式。同类型的结构体变量之间可以相互赋值。

C 语言中，使用成员访问运算符来访问结构体变量的各成员，成员访问运算符用英文的点字符 "." 来表示。因此，也有人将其形象地称之为点运算符。

可以通过 sizeof 运算符来获取结构体的大小，结构体的大小是所有成员大小之和，但很多情况下，由于内存对齐的原因，结构体的大小会大于各成员大小之和。

指针可以指向一个对象，而若将结构体视为一个对象的话，就可以定义出指向结构体的指针。可以通过间接成员访问运算符来访问指针所指向的结构体变量的成员。间接成员访问运算符由短横线字符和大于号字符构成，即 "->"，两个字符必须连在一起，中间不可有间隔或其他字符出现。由于其形状像一个箭头，因此，也被称为箭头运算符。

将结构体作为数组的元素类型，就可以定义出结构体数组。

可以将结构体变量、结构体指针作为函数的参数或返回值。

在 C 语言中，有一个和结构体非常像的数据类型，它的名字叫作联合体，也被称为共用体或者公用体。定义联合体，需要使用 "union" 关键字。联合体的所有成员都使用同一段内存空间，联合体大小即为联合体中最大的那个成员大小。

在一个联合体中，某一时刻，只能存储某一成员的值。对同一个联合体变量，按不同的成员可以访问到不同字节数的内存数据。

在对联合体变量进行初始化的时候，只应对一个成员进行初始化，即在初始化列表中只放有一个初始值。在默认情况下，会将这个初始值初始化给联合体变量的第一个成员。如果想对其他位置成员进行初始化，则可以通过指定初始化方式。

和结构体一样，可以将一个联合体变量直接初始化或赋值给同类型的另一个联合体变量。

使用枚举类型，可以提高程序代码的健壮性和可读性。定义枚举需要使用到关键字 "enum"。默认情况下，枚举成员是一个整型值，其第一个枚举成员的值为 0，而后续枚举成员的值为其前一个枚举成员的值加 1。

由于枚举成员是一个常量，因此，可以将其作为定义数组的长度大小，也可以将其作为一个整型值初始化或赋值给一个整型变量，甚至将其作为表达式的一部分。

C 语言中，可以将枚举成员视为整型常量，而将枚举变量视为整型变量。因此，可以将一个整型值初始化或者赋值给枚举变量。

第 8 章　堆内存管理

本章学习目标

- 了解程序内存的四个分区
- 掌握堆内存管理函数的使用
- 了解链表的适用场景
- 掌握单向链表的使用
- 掌握双向链表的使用

　　本章先介绍程序的基本内存分区情况以及内存各区之间的存储和使用区别，并介绍 C 标准库中关于堆内存管理的相关函数；然后结合指针、结构体与堆内存管理，介绍链表在程序中的应用场景；接着对单向链表进行介绍，并细致讲述对单向链表节点操作的相关函数；最后介绍双向链表，并通过一个完整的程序代码展示双向链表的使用。

8.1　内存管理函数

　　在第 5 章介绍过，程序的内存大致可以分为四个部分：代码区、静态区、堆和栈。程序的二进制码会存储在代码区，程序中所使用的全局的、静态的对象以及常量等都存储在静态区，而局部的非静态对象存储在栈中。

　　前面各章的案例中，所用到的局部变量、数组、函数参数等，都是使用栈来进行存储。栈由系统进行管理，当有对象需要存储到栈中时，编译器会为其开辟内存空间，当对象生命期结束，编译器会将所占用的内存空间回收。而和栈相对应的就是堆了，堆是由程序员进行管理的一块内存区域，若要在堆中存储对象或数据，首先应通过内存申请分配函数进行堆内存空间的申请，当对象或数据不再被使用时，同样应调用相应的内存回收函数来完成对堆内存空间的回收。C 语言中，使用相关的内存管理函数，需要包含"stdlib.h"头文件。本节就和大家一起来认识这些有趣且有用的内存管理函数。

8.1.1　堆内存的申请分配

　　在堆中申请分配内存空间，有两个相关的库函数：malloc 和 calloc。

1. malloc函数

malloc 函数的原型：

```
void *malloc(size_t size);
```

函数只有一个参数 size，它是 size_t 类型的，即无符号的整型数。函数返回值为 void 类型的指针。函数的功能就是在堆中申请参数 size 所指定字节数的一段内存空间，如果成功，则返回该段内存空间的首地址，即第一个字节所对应的内存地址；如果失败，则返回空指针。例如：

```
void *p = malloc(4);
```

定义 void 类型的指针变量 p，并通过 malloc 函数在堆中申请分配 4 字节的内存空间，并将返回值初始化给指针变量 p。如果申请分配成功，指针变量 p 的值即为所分配的内存空间首地址；如果申请分配失败，指针变量的值就为 NULL。

在堆中申请并分配了内存之后，就可以使用这块内存来存储数据了，例如在这 4 字节的内存空间中存储整数值 100：

```
if(p != NULL)
    *(int*)p = 100;
```

先是通过 if 语句判断指针 p 是否为空指针，如果不是空指针，则通过指针 p 来访问在堆中所分配的 4 字节内存，并将其赋值为整数值 100。由于指针 p 是 void 类型的，因此需要先将它转换成 int 类型的指针，然后再通过解引用运算符来访问并进行赋值。

代码中是将堆中所申请分配的 4 字节内存视为整型变量的存储空间来使用。因此，可以在申请分配堆内存时，就对 malloc 函数所返回的指针进行转换。例如：

```
int *p = (int*)malloc(4);
```

将 malloc 所返回的 void 类型的指针，强制转换为 int 类型的指针，然后初始化给指针变量 p。

由于整型变量的存储空间大小并非固定，在不同的编译器和系统平台上可能会具有不同的值，因此，使用 sizeof 运算符来获取整型变量的存储空间大小，并根据该值来申请分配堆内存空间，是个更好的选择。例如：

```
int *p = (int*)malloc(sizeof(int));
```

通过 sizeof 运算符获取整型变量的存储空间大小，并根据该值来申请分配堆内存空间，将返回的内存地址初始化给指针变量 p。

下面访问堆中所申请分配的内存并对其进行赋值。

```
if(p != NULL)
    *p = 100;
```

即将堆中所申请分配的内存空间，视为一个整型变量的内存空间，而指针 p 可视为指向该整型变量的指针。

也可以在堆中申请分配一个数组的内存空间。例如：

```
int *p = (int*)malloc(sizeof(int) * 5);
```

通过 malloc 函数在堆中申请分配一个大小为“sizeof(int) * 5”的内存空间，即可将所申请分配的内存空间视为一个长度为 5 的 int 类型数组的内存空间。并将返回值转换为 int 类型的指针初始化给指针变量 p，即指针 p 指向了堆中的长度为 5 的 int 类型数组的首地址。下面就通过该指针，利用循环来访问堆中数组的各元素并赋予新值。例如：

```
if(p != NULL)
{
    for(int i = 0; i < 5; ++i)
        *(p + i) = i;
}
```

在 for 循环语句的循环体中，首先对指针 p 进行运算，依次产生指向数组各元素的指针，然后通过解引用访问各元素，并对其进行重新赋值。

也可以采用数组下标的形式来完成。例如：

```
if(p != NULL)
{
    for(int i = 0; i < 5; ++i)
        p[i] = i;
}
```

同样地，也可以在堆中申请分配一个结构体大小的内存空间，并将该内存空间当作结构体变量一样来使用。例如，定义如下一个结构体：

```
typedef struct Stu
{
    char name[20];
    int age;
    float score;
}STU;
```

定义了结构体 Stu，它有 3 个成员：name、age 和 score。并通过 typedef 给该结构体类型定义了别名 STU，因此，该结构体类型既可以使用"struct Stu"，也可以使用"STU"。

下面在堆中申请分配一个该结构体大小的内存空间：

```
STU *pstu = (STU*)malloc(sizeof(STU));
```

通过 sizeof 运算符获取结构体类型 STU 的大小，并根据该大小申请分配堆中的内存空间，并将该内存空间的首地址初始化给 STU 类型的结构体指针变量 pstu。可以将在堆中所申请分配的内存空间视为一个 STU 类型的结构体变量，而 pstu 是指向该结构体变量的指针。下面可以通过指针 pstu 来访问该结构体变量的各成员并进行赋值操作。例如：

```
strcpy(pstu->name, "zhangSan");
pstu->age = 22;
pstu->score = 85.5f;
```

再通过指针 pstu 来访问并打印输出所有成员：

```
printf("Name:%s\n", pstu->name);
printf("Age:%d\n", pstu->age);
printf("Score:%.2f\n", pstu->score);
```

编译运行程序，结果如下：

```
Name:zhangSan
Age:22
Score:85.50
```

2. calloc函数

同 malloc 函数一样，calloc 函数也是用于在堆中申请分配内存空间，calloc 函数的原型为：

```
void* calloc(size_t num, size_t size);
```

该函数有两个参数，都是 size_t 类型。第一个参数 num 用于指定对象的数量，即 calloc 函数可以在堆中申请分配能存储指定数量对象的内存空间，第二个参数 size 用于指定对象的大小。因此，它非常方便为数组类型的对象开辟内存空间。例如：

```
int *p = (int*)calloc(5, sizeof(int));
```

该语句的功能为，通过 calloc 函数在堆中申请分配 5 个 int 类型大小的内存空间，即可视为一个长度为 5 的 int 类型数组的内存空间。函数返回的也是指向堆中所申请分配的内存首地址，为 void 类型的指针，因此，通过强制类型转换将其转换为 int 类型的指针初始化给指针变量 p。

另外，使用 calloc 函数还有一个特别之处，就是能够对堆中所申请分配的内存空间进行默认初始化，即将内存空间的各字节的都值初始化为 0，这是 malloc 函数所不具备的。例如：

```
int *p1 = (int*)malloc(sizeof(int));
int *p2 = (int*)calloc(1, sizeof(int));
printf("*p1 = %d\n", *p1);
printf("*p2 = %d\n", *p2);
```

定义了两个 int 类型的指针变量 p1 和 p2，然后分别通过 malloc 和 calloc 函数在堆中申请分配 int 类型大小的内存空间，并初始化给指针变量 p1 和 p2。最后，通过解引用运算符访问 p1 和 p2 所指向的内存空间数据，并通过 printf 函数打印输出。

编译运行程序，结果如下：

```
*p1 = 7219104
*p2 = 0
```

可见，指针 p1 所指向的内存空间是通过 malloc 函数申请分配的，它不会对内存空间数据进行初始化，因此，对应的内存空间的数据为一个随机值。而指针 p2 所指向的内存空间是通过 calloc 函数申请分配的，会对内存空间的数据进行初始化，因此，对应内存空间中数据的值为 0。

8.1.2 堆内存的释放

堆是由程序员来管理的一块内存区域，它的大小并非是无限的，如果不断地进行申请分配，总有将堆内存空间耗费殆尽的时刻。就像一个停车场，如果只有车停进来，而没有车开出去，则该停车场迟早会因所有的停车位被占满而无法继续提供服务。因此，当堆中的对象或数据不再使用时，要及时将其所占用的内存释放回收，就像车被开走，而让停车场重新获得空的停车位一样。

C 语言中，释放堆内存的函数为 free，它的原型为：

```
void free( void* ptr );
```

free 函数没有返回值，参数 ptr 是一个 void 类型的指针。函数功能为释放参数 ptr 所指向的一段堆内存空间。可以将 malloc 或 calloc 函数所返回的指针作为实参进行 free 函数的调用。例如：

```
int *p = (int*)malloc(sizeof(int));
free(p);
```

首先通过 malloc 函数在堆中申请分配 int 类型大小的一段内存空间，并将返回值初始化给 int 类型指针变量 p。然后调用 free 函数，将指针 p 作为实参，即表示将指针 p 所指向的堆内存释放，即将之前通过 malloc 函数所申请分配的内存释放回收。

在调用 free 函数之后，参数指针所指向的堆内存就会被释放回收。因此，不应该再通过指针来访问或修改内存区域的数据。例如：

```
int *p = (int*)malloc(sizeof(int));
free(p);          //释放指针 p 指向的堆内存
*p = 100;         //修改指针 p 所指向的内存数据
```

在调用 free 函数后，指针 p 所指向的堆内存已经被释放，可以认为此时的指针 p 指向了一片未知的内存区域，通常将这种指向未知内存区域的指针，称为野指针或者迷途指针。如果对野指针进行解引用，从而访问和修改内存数据，就会产生不确定行为，导致程序出现错误结果或者引发异常，并且这种错误调试起来也相对困难，因此应予以杜绝。最好的办法就是，在释放堆内存后及时地将指针设置为空指针。例如：

```
int *p = (int*)malloc(sizeof(int));
free(p);          //释放指针 p 指向的堆内存
p = NULL;         //将指针 p 设置为空指针
*p = 100;         //修改指针 p 所指向的内存数据
```

在释放堆内存后，将指针 p 的值赋为 NULL，即指针 p 成为空指针。后面再对指针 p 进行解引用并修改其值为 100 时，就会引发程序运行时错误。

另外，在进行堆内存释放的时候，还有两点需要注意：

1. 释放要准确

释放的只能是堆内存，也就是调用 free 函数时，参数应该是一个指向堆内存的指针，不要对其他内存空间进行释放操作。例如：

```
int a = 100;
int *p = &a;
free(p);
```

指针 p 指向的是变量 a，而变量 a 是存储在栈中的，栈中内存的申请分配和释放都是由系统自动管理的，因此，不要使用 free 来释放栈中的内存。

2. 释放要及时

当堆中对象或数据不再使用时，要及时释放，防止内存泄漏现象发生。所谓内存泄漏，堆中内存被占用而无法被释放。例如：

```
int *p = (int*)malloc(sizeof(int));
p = NULL;
free(p);
```

第一条语句通过 malloc 函数在堆中申请分配了 int 类型大小的内存，并将返回值初始化给指针变量 p，即指针 p 指向了在堆中所申请分配的内存。第二条语句将指针 p 重新赋值为 NULL，即将指针 p 设置为空指针。此时，没有任何指针指向在堆中所申请分配的内存，因此，这块堆内存就会一直被占用而无法被释放回收，导致内存泄漏现象发生。第三条语句虽然将指针 p 作为参数来调用 free 函数，但由于此时的指针 p 是一个空指针，因此，是不会释放回收任何内存的。

8.1.3　堆内存的重新申请分配

在堆中申请分配内存空间后，有可能需要调整内存空间的大小，即对堆内存进行重新申请分配。例如，之前在堆中申请分配的空间为 short 类型的大小，但现在却想存储一个 int 类型的数据，就需要将之前所申请分配的内存从 short 类型的大小扩大为 int 类型的大小；或者是之前在堆中申请分配了 1000 字节的内存空间，现在却只需要 500 字节，就需要将之前所申请分配的内存从 1000 字节缩小为 500 字节。

可以使用函数 realloc 对堆内存进行重新申请分配，该函数的原型为：

```
void *realloc(void *ptr, size_t size);
```

参数 ptr 是 void 类型的指针，指向堆中所申请分配的内存，应该是之前调用 malloc、calloc 或其他 realloc 函数所返回的指针。参数 size 为新的大小。函数的功能为将 ptr 所指向的堆内存空间调整为 size 大小。函数返回值为指向重新申请分配后的堆内存的指针，若重新申请分配失败，则为空指针。例如：

```
void *p = malloc(4);
p = realloc(p, 12);
free(p);
```

这段代码中，首先通过 malloc 函数在堆中申请分配 4 字节的内存空间，并由指针 p 指向该 4 字节内存；随后，再次调用 realloc 函数，以指针 p 作为第一个实参，整型常量值 12 作为第二个实参，这会对指针 p 所指向的堆内存进行调整，即将原先 4 字节的内存扩大为 12 字节内存。由于 realloc 函数的返回值被再次赋值给指针 p，因此，指针 p 此时指向的是堆中所分配的 12 字节的内存。最后，通过 free 函数所释放回收的即是堆中所分配的 12 字节的内存。

但是这段代码是有问题的，或者说是不健壮的。为什么呢？想要弄明白的话，就需要对 realloc 函数的重新分配规则有所了解。如这段代码中，是想将 4 字节的堆内存扩大为 12 字节，正常情况下，realloc 函数会在原 4 字节的内存的基础上，再将其之后的 8 字节内存合并到一起，组成一个 12 字节的内存空间，但这有一个条件，原 4 字节内存之后的 8 字节内存必须是空闲状态。若在这 8 字节内存中出现部分或全部被占用的情况，则 realloc 函数会重新寻找一块新的连续的 12 字节内存，并将原 4 字节的内存释放回收，返回指向新的 12 字节内存的指针；若是没有寻找到连续的 12 字节内存，则会返回一个空指针，原先的 4 字节内存并不会被释放回收。

由此可见，上段代码有内存泄漏的风险：假若在重新申请分配 12 字节内存时没有成功，则会返回空指针，而原先所申请分配的 4 字节内存并没有被释放回收。此时，指针 p 已是空指针，原先的 4 字节内存已经没有任何指针来指向，因此，无法通过 free 来进行释放回收，造成了内存泄漏。

想要杜绝内存泄漏的风险，可做如下修改：

```
void *p = malloc(4);
void *ptmp = realloc(p, 12);
if(ptmp !=NULL)
    p = ptmp;
free(p);
```

定义一个临时指针 ptmp，用来接收 realloc 函数的返回值。若重新申请分配成功，则 ptmp 指向了新申请分配的 12 字节内存，然后，在 if 语句中将 ptmp 重新赋值给 p；若重新申请分配失败，则 ptmp 为空指针，if 语句的条件不成立，不会将 ptmp 重新赋值给 p，所以指针 p 依然指向原来的 4 字节内存。结果就是：无论重新申请分配是否成功，指针 p 都会正确地指向堆中内存，free 函数都会正确地将堆中内存释放回收，因此不会造成内存泄漏。

在使用 realloc 函数的时候，还有一些有趣的特例。

1. 用realloc实现malloc的功能

若将 realloc 函数的第一个参数设置为 NULL，这样的 realloc 函数，功能就相当于 malloc 函数。例如：

```
void *p = realloc(NULL, 4);
```

在堆中申请分配 4 字节的内存空间，并将其首地址作为返回值初始化给 void 类型的指针变量 p。如果申请分配失败，则 realloc 函数的返回值为 NULL，即指针 p 为空指针。由于 realloc 函数的第一个参数为 NULL，所以，realloc 函数就不存在释放回收原堆内存的操作，只会申请分配新的内存空间，因此，这样的 realloc 函数与 malloc 函数的功能相似。

2. 用realloc实现free的功能

若我们将 realloc 函数的第二个参数设置为 0，这样的 realloc 函数，功能就相当于 free 函数。例如：

```
void *p = malloc(4);
realloc(p, 0);
```

第一条语句中，通过 malloc 函数在堆中申请分配 4 字节的内存空间，并将首地址初始化给指针变量 p。第二条语句调用了 realloc 函数，并将指针变量 p 作为第一个参数，整型常量值 0 作为第二个参数。表示将指针 p 所指向的堆内存大小从 4 字节缩小为 0 字节，即将原来的 4 字节内存释放回收。因此，这样的 realloc 函数与 free 函数的功能相似。

最后需要说明的是，在调用 realloc 函数对堆内存进行重新申请分配时，若新内存大小小于原内存大小，即是缩小原内存空间的，多出的内存部分会被释放回收，而剩余内存中的数据保持不变。若新内存大小大于原内存大小，即是扩大原内存空间的，原内存空间中的数据不变，而多出的内存部分不会被初始化，其值是未确定的。例如：

```
int *p = (int*)calloc(5, sizeof(int));
int i;
for(i = 0; i < 5; ++i)
    p[i] = (i + 1) * 10;
int *ptmp = (int*)realloc(p, 10 * sizeof(int));
if(ptmp != NULL)
    p = ptmp;
for(i = 0; i < 10; ++i)
```

```
    printf("%d ", p[i]);
free(p);
```

程序代码中，首先通过 calloc 函数申请分配一个长度为 5 的 int 类型数组的堆内存空间，并用指针 p 指向该内存空间；然后，通过 for 循环给数组的各元素分别赋值为 10、20、30、40 和 50；接着，通过 realloc 函数将指针 p 所指向的内存空间扩大 1 倍，即变为一个长度为 10 的 int 类型数组的内存空间；最后，再通过 for 循环将数组的 10 个元素值打印输出。编译运行程序，结果如下：

```
10 20 30 40 50 1920234345 -788528943 58481 9250720 9240772
```

可见，打印结果中，前 5 个值不变，而后 5 个值为随机值。即原先内存中的数据保持不变，而新增加的内存中数据并不会被自动初始化为 0。

8.2　链　表

当程序中要求存储一系列元素时，首先就会想到使用数组。使用数组有一个特别的地方，就是在定义数组时需要指定它的长度，因此，数组非常适合在明确知道数据元素个数的情况下使用。但在数据元素个数未知的情况下，就需要编程人员在数组长度和内存大小之间作出抉择了。如果数组的长度小了，就不够存储数据元素，如果数组的长度大了，就会造成内存资源的浪费，很难找到一个准确、恰好的点。那有没有能完美解决这个问题的办法呢？有的，就是本节的主题——链表。

链表由任意多的节点构成，其中节点个数为 0 的链表被称之为空链表，要注意的是，链表的各节点在内存中并不一定是连续存储的，也许会分散在内存的不同地方。链表的每个节点又分为数据域和指针域部分，数据域存储着相关的数据，而指针域则存储着另外一个节点的内存地址。因此，凭借着节点的指针域中的指针，可以将一系列的节点给串起来，例如通过当前节点中的指针，可以找到下一个节点，而通过下一个节点的指针，又可以找到下下一个节点，以此类推。链表是不是非常像现实中的一列火车？如图 8.1 所示，链表中的节点就如同火车中的车厢，数据域中的数据就如同车厢中的人或货物，而指针域中的指针就如同车厢间的挂钩。

图 8.1　火车

链表中的节点和火车的车厢一样，是一个连着一个的，通常将当前节点的前一个或上一个节点称为它的前驱节点，将后一个或下一个节点称之为它的后继节点。链表中的第一个节点被称为头节点，最后一个节点被称为尾节点。在链表中，头节点是没有前驱的节点，尾节点是没有后继的节点，其他的所有节点都称为中间节点，中间节点都会拥有一个前驱节点和一个后继节点。根据链表中节点的访问方式和遍历方向的不同,可以将链表分为单向链表和双向链表。

8.2.1　单向链表

所谓单向链表,就是每个节点的指针域中只含有一个指向其后继节点指针的链表,如图 8.2 所示。

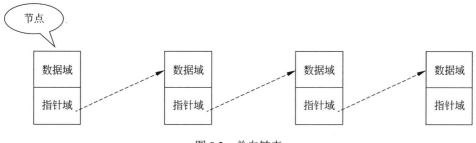

图 8.2　单向链表

在单向链表中,只能从头节点开始,不断地通过指向后继节点的指针,来逐个地向后访问遍历其他链表节点,最后一个节点的指针域为一个空指针,表示其没有后继节点了。

为了使用单向链表,必须定义相应的节点类型,由于节点具有数据域和指针域两个部分,因此,应该选用结构体来进行定义。例如:

```
struct node
{
    int data;
    struct node *next;
};
```

定义了结构体 node,它有两个成员:int 类型的成员 data 和 struct node*类型的成员 next。初次看到这样的成员,可能会很茫然。成员 next 的类型和结构体 node 的类型怎么如此的相似呢?仔细看,在 "struct node" 和 "next" 之间有个星号,表示所定义出的成员 next 是 struct node 类型的指针。这是允许的,因为 C 语言中,所有类型的指针的大小是固定的,并不会随着指针的类型不同而改变。反之,如果在 "struct node" 和 "next" 之间没有这个星号就是错误,C 语言中,不允许在结构体的定义中,出现和结构体相同类型的成员,因为要想得知结构体的大小,就得知道其所有成员的大小,而成员的类型又和结构类型相同,那么若想知道成员的大小,就必须得先知道结构体的大小。这就出现了死锁现象,变成了无限的递归定义,就好像遇见那道 "世界上是先有鸡,还是先有蛋" 的亘古难题。

可以将结构体 node 看成是一个链表的节点类型,数据域部分是成员 data,而指针域部分是成员 next。为了方便,定义一个创建节点的函数 createNode,代码如下:

```
struct node* createNode(int val)
{
    struct node *pnode = (struct node*)malloc(sizeof(struct node));
    if(pnode != NULL)
    {
        pnode -> data = val;
        pnode -> next = NULL;
    }
```

```
        return pnode;
}
```

createNode 函数只有一个 int 类型的参数 val，用于表示新创建节点数据域部分的值，函数返回值为指向新创建节点的指针。在函数体中，首先通过 malloc 函数在堆中申请分配一块节点大小的内存空间，并让指针 pnode 指向这块内存。然后通过 if 语句判断申请分配内存是否成功，若成功则将这块内存作为新创建节点的存储区域，并通过指针 pnode 来给节点的数据域和指针域部分赋值，即将参数 val 赋值给成员 data，由于此时所创建的是一个单独的节点，并不知道是否会有后继节点，因此，将成员 next 的值赋为 NULL。最后，通过 return 语句返回指向堆中所创建的节点的指针。

下面定义将节点加到链表的函数 addNode，代码如下：

```
int addNode(struct node **pheadptr, int val)
{
    struct node *p = createNode(val);
    if(p == NULL)
        return 0;
    if(*pheadptr == NULL)
        *pheadptr = p;
    else
    {
        struct node *ptmp = *pheadptr;
        while(ptmp->next)
            ptmp = ptmp->next;
        ptmp->next = p;
    }
    return 1;
}
```

addNode 函数有两个参数，其中参数 pheadptr 是一个二级指针，表示指向链表头节点指针的指针，使用二级指针的目的，是为了能在函数中修改实参，而这个实参应为指向链表头节点的指针。另一个参数 val 是所添加节点的值，即节点的数据域部分。函数的返回值为 int 类型，值为 1 表示添加节点成功，值为 0 表示添加节点失败。

在函数体中，首先以 val 作为参数，调用 createNode 函数在堆中创建新节点，并由指针 p 指向该节点；然后，通过 if 语句检查新节点是否创建成功，若指针 p 为空指针，则表示节点创建失败，通过 return 语句返回 0，表示向链表添加节点失败；接着，再通过 if…else 语句判断指向头节点的指针是否为空指针，由于 pheadptr 是一个二级指针，因此，对它进行解引用即可访问到实参指针（即指向链表头节点的指针，简称头指针）。若实参指针是空指针，则表示此时的链表是一个空链表，就会将指针 p 赋值给实参指针，即将新节点作为链表的头节点，并让实参指针指向这个新节点。若实参指针不是空指针，则表示此时的链表并非空链表，就会执行 else 部分，定义一个临时指针 ptmp，并让它指向链表头节点，然后通过 while 循环语句找到链表的尾节点（即成员 next 的值为 NULL 的节点），再将尾节点的成员 next 赋值为指针 p，即表示将原来尾节点作为新创建节点的前驱节点，而新创建节点则成为链表的尾节点了。需要注意的是，在 while 循环的条件判断处，是通过检查指针 ptmp 所指向节点的成员 next 的值是否为空来决定是否执行循环体的，如果指针 ptmp 所指向节点的成员 next 的值为空，则表示指针 ptmp 已经指向了链表的尾节点，此时会终止 while 循环。如果指针 ptmp 所指向节点的成员 next 的值不为空，则会将其成员 next 的值重新赋值给指针 ptmp，即让指针 ptmp 指向原先节点的后继节点（即下一个节点），并再次执行下轮循环，直到指针 ptmp 所指向节点的成员 next 的值为空时止。由于指针 ptmp 是一个临时指针，因此，在 while 循环中，对指针 ptmp 的修改是不会影响到实参指针的，所以要注意它和 if 部分的指针使用方式的区别；最后，函数通过 return 语句返回 1，表示向链表添加节点成功。由此可见，每次调用 addNode 函数，都是将新创建的节点添加到链表的尾部。

为了能够方便了解当前链表中节点的个数，还可以定义一个专门用于统计链表节点数量的 countOfNodes 函数，代码如下：

```
unsigned countOfNodes(struct node *headptr)
{
    unsigned c = 0;
    while(headptr)
    {
        ++c;
        headptr = headptr->next;
    }
    return c;
}
```

countOfNodes 函数只有一个参数 headptr，它是指向链表头节点的指针，这里没有使用二级指针，是因为在函数中不需要去修改实参的值，实参应为指向链表头节点的指针。函数返回值被定义为 unsigned 类型，因为链表节点的数量不可能是一个负数。

在函数体中，首先定义了一个 unsigned 类型的变量 c 并初始化其值为 0，用于统计链表中节点的个数；在 while 循环中，通过检查形参指针 headptr 是否为空来决定是否执行循环体，初始指针 headptr 是指向链表头节点的，若为空，则说明是空链表，循环终止，若不为空，则说明链表中有节点，则执行循环体。在循环体中，会对变量 c 进行自增运算，并修改形参指针 headptr 的指向，将指针 headptr 所指向节点的成员 next 的值重新赋值给指针 headptr，即让指针 headptr 指向头节点的后继节点（下一个节点）。然后再次执行下轮 while 循环，并重新检查指针 headptr，以此类推，直至指针 headptr 为空指针时循环终止；最后通过 return 语句返回变量 c 的值。

同样地，countOfNodes 函数中的形式参数 headptr 只是一个普通指针，因此，在 while 循环的循环体中，对指针 headptr 的修改不会影响到实参指针。

知道了如何统计节点数量，那么想要遍历并打印链表节点就很容易了，可以定义专门用于遍历打印链表节点的函数 printAllNodes，代码如下：

```
void printAllNode(struct node *headptr)
{
    while(headptr)
    {
        printf("%d ", headptr->data);
        headptr = headptr->next;
    }
    printf("\n");
}
```

和 countOfNodes 函数的不同之处在于 while 循环中将变量自增换成了 printf 函数调用，将指针 headptr 所指向节点的数据域部分打印输出，并在所有节点打印完毕之后，进行一个换行的操作。

对于节点的删除，算是链表中最为复杂的操作之一了。因为链表的节点可能是分散存储于内存的不同地方，靠着节点的指针域来进行节点间的联系，稍不小心，就可能会使链表的整体或部分断裂，造成数据的丢失和内存的泄漏。因此，在删除链表节点的同时，要精心地维护好节点间的关系。

对链表节点进行删除时，分以下两种情况。

1. 头节点的删除

由于头指针是指向链表头节点的，因此，想要删除头节点，应该先用一个临时指针指向头节点，然后将头指针修改为指向链表第二个节点，最后再通过临时指针将原头节点所占用的内存空间释放回收即可，如图 8.3 所示。

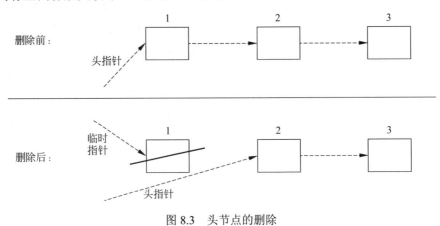

图 8.3　头节点的删除

删除 1 号节点步骤：①用临时指针指向 1 号节点；②使头指针指向 2 号节点；③通过临时指针释放回收 1 号节点的内存空间。

2. 非头节点的删除

对于非头节点的删除，首先要找到欲删除节点的前驱节点，将其成员 next 的指针指向欲删除节点的后继节点，然后再将节点删除并释放回收内存空间，如图 8.4 所示。

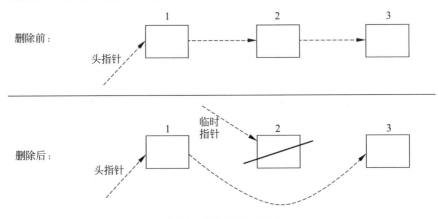

图 8.4　非头节点的删除

删除 2 号节点步骤：①用临时指针指向 2 号节点；②使 1 号节点的 next 指针指向 3 号节点；③通过临时指针释放回收 2 号节点内存空间。

删除链表节点的函数 deleteNode 的代码如下:

```
int deleteNode(struct node **pheadptr, unsigned loc)
{
    unsigned c = countOfNodes(*pheadptr);
    if(c < loc)
        return 0;
    struct node *p = *pheadptr;
    if(loc == 1)
    {
        //头节点的删除
        *pheadptr = (*pheadptr)->next;  //让头指针指向原头节点的后继节点
        free(p);                        //对原头节点的内存进行释放回收
    }
    else
    {
        //非头节点的删除
        for(int i = 2; i < loc; ++i)
            p = p->next;
        struct node *pdel = p->next;
        p->next = pdel->next;
        free(pdel);
    }
    return 1;
}
```

deleteNode 函数有两个参数,由于在头节点的删除中需要修改头指针,因此,参数 pheadptr 被定义为二级指针,即一个指向头指针的指针,参数 loc 是 unsigned 类型的变量,它用来表示欲删除节点的位置,即删除链表中的哪一个节点。函数返回值为 int 类型,如果节点删除成功返回 1,节点删除失败返回 0。

在函数体中,首先调用 countOfNodes 函数获取当前链表中的节点数量,并将节点数量保存至变量 c 中;然后通过 if 语句检查参数 loc 的值是否合法,如果 loc 的值大于链表节点数量,则直接通过 return 语句返回 0,表示删除节点失败;接着定义一个指针 p 并让其指向链表头节点;再通过 if 语句检查要删除的节点是否头节点,若 loc 的值等于 1,则表示对链表头节点的删除,执行 if 部分,即让头指针指向头节点的后继节点,并调用 free 函数对原头节点的内存进行释放回收。若 loc 的值不等于 1,则表示对链表非头节点的删除,会执行 else 部分,即通过 for 循环让指针 p 指向欲删除节点的前驱节点,其中循环变量 i 是从 2 开始循环的,例如想删除链表中第 2 个节点,则该循环的循环体不会被执行,指针 p 还是指向链表头节点的,而第 2 个节点的前驱节点就是头节点。接下来再定义一个指针 pdel,用来指向欲删除的节点,随后让欲删除节点的前驱结点的 next 指针指向欲删除节点的后继节点,即将欲删除的节点从链表中脱离,并让其前驱节点和后继节点建立联系;最后再调用 free 函数,释放、回收被删除节点的内存空间;函数体的最后,通过 return 语句返回 1,表示删除节点成功。

有了删除某一位置节点的 deleteNode 函数后,就可以通过它来实现链表所有节点的删除,例如定义一个删除链表所有节点的函数 deleteAllNodes,代码如下:

```
void deleteAllNodes(struct node **pheadptr)
{
    while(countOfNodes(*pheadptr))
        deleteNode(pheadptr, 1);
}
```

deleteAllNodes 函数没有返回值，只有一个参数 pheadptr，由于需要修改头指针，因此，也被定义为一个二级指针。在函数体中只有一个 while 循环，并将调用 countOfNodes 函数的结果作为循环的条件，即链表中节点数量不为 0 时执行循环体，为 0 时终止循环。在循环体中通过调用 deleteNode 函数，并将整数 1 作为其第 2 个参数，这表示将链表中的头节点删除。该函数会依次将链表中的头节点删除，直至成为空链表。

最后在主函数中测试这些函数，检查链表节点的创建、添加、统计和删除是否正确。相关代码如下：

```c
int main()
{
    //定义链表头指针，并将其初始化为空指针
    struct node *headPtr = NULL;
    //向链表添加 5 个节点
    for(int i = 1; i <= 5; ++i)
        addNode(&headPtr, i * 10);
    //打印链表节点数量和各节点的值
    printf("The number of linked list nodes is:%u\n", countOfNodes(headPtr));
    printAllNode(headPtr);
    //删除链表中第 2 个节点
    printf("Delete the node at location 2.\n");
    deleteNode(&headPtr, 2);
    //再次打印链表节点数量和各节点的值
    printf("The number of linked list nodes is:%u\n", countOfNodes(headPtr));
    printAllNode(headPtr);
    //删除链表所有节点
    deleteAllNodes(&headPtr);
    return 0;
}
```

编译运行程序，结果如下：

```
The number of linked list nodes is:5
10 20 30 40 50
Delete the node at location 2.
The number of linked list nodes is:4
10 30 40 50
```

8.2.2 双向链表

双向链表，即链表节点的指针域中既含有指向前驱节点的指针，也含有指向后继节点的指针，如图 8.5 所示。

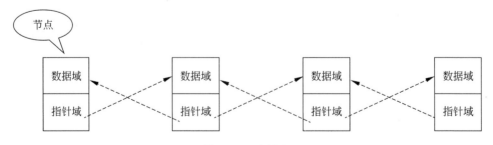

图 8.5　双向链表

在双向链表中，可以非常方便地通过一个节点来访问它的前驱节点与后继节点，其中头节点指向前驱节点的指针为空，尾节点指向后继节点的指针为空。我们既可以从头节点开始，以顺序方式遍历链表所有节点，也可以从尾节点开始，以逆序方式遍历链表所有节点。

相对于单向链表，双向链表拥有更多、更灵活的节点访问方式，但由于节点指针数量的增加，在节点之间关系的维护上会变得更加复杂。

下面用一个程序案例来展示双向链表的使用。完整的程序代码如下：

```
#include <stdio.h>
#include <stdlib.h>
/*定义双向链表的节点类型*/
typedef struct node
{
    //数据域
    int data;
    //指针域
    struct node *prev;      //指向前驱节点的指针
    struct node *next;      //指向后继节点的指针
}NODE, *PNODE;             //NODE 为节点类型别名，PNODE 为节点指针类型别名
/*定义双向链表类型*/
typedef struct dblLinklist
{
    PNODE head;            //链表的头指针
    PNODE tail;            //链表的尾指针
    unsigned count;        //链表节点数量
}DLinkList, *PDLinkList;   //DLinkList 为双向链表类型别名,PDLinkList 为双向链
                          //表指针类型别名
/*初始化双向链表*/
void InitDLinkList(PDLinkList pdll)
{
    pdll->head = pdll->tail = NULL; //将头指针与尾指针设置为空指针
    pdll->count = 0;                 //链表节点数量为 0
}
/*在堆中创建双向链表节点,并返回该节点的指针*/
PNODE createDLLNode(int val)
{
    //在堆中为新节点申请分配内存空间
    PNODE p = (PNODE)malloc(sizeof(NODE));
    if(p)
    {
        //申请分配堆内存成功，对节点各成员赋值
        p->data = val;
        p->prev = p->next = NULL;   //将指向前驱与后继的指针设置为空指针
    }
    return p;
}
/*将节点添加到双向链表的首端,成功返回1,失败返回 0*/
int addNodeToHead(PDLinkList pdll, PNODE pnode)
{
    if(pnode == NULL)          //若新节点为空，则添加节点失败，返回 0
        return 0;
    if(pdll->head)//若之前有头节点，则让其成为新节点的后继节点，新节点变为链表头节点
    {
        pdll->head->prev = pnode;    //让原头节点的前驱为新节点
```

```
        pnode->next = pdll->head;    //让新节点的后继为原头节点
        pdll->head = pnode;          //让新节点成为链表的头节点
    }
    else            //若之前没有头节点,则链表为空链表,让新节点成为链表的头节点和尾节点
        pdll->head = pdll->tail = pnode;
    ++pdll->count;                   //自增链表节点数量
    return 1;                        //添加节点成功,返回 1
}
/*将节点添加到双向链表的尾端,成功返回 1,失败返回 0*/
int addNodeToTail(PDLinkList pdll, PNODE pnode)
{
    if(pnode == NULL)
        return 0;
    if(pdll->tail)//若之前有尾节点,则让其成为新节点的前驱节点,新节点变为链表尾节点
    {
        pdll->tail->next = pnode;    //让原尾节点的后继为新节点
        pnode->prev = pdll->tail;    //让新节点的前驱为原尾节点
        pdll->tail = pnode;          //让新节点成为链表尾节点
    }
    else            //若之前没有尾节点,则链表为空链表,让新节点成为链表的头节点和尾节点
        pdll->head = pdll->tail = pnode;
    ++pdll->count;                   //自增链表节点数量
    return 1;
}
/*获取双向链表节点数量*/
unsigned countOfDLinkList(PDLinkList pdll)
{
    return pdll->count;
}
/*顺序打印输出链表所有节点*/
void printDLinkList(PDLinkList pdll)
{
    PNODE p = pdll->head;            //指针 p 指向头节点
    while(p)                         //指针 p 不为空,则执行循环体
    {
        printf("%d ", p->data);      //打印节点数据
        p = p->next;                 //修改指针 p,让其指向后继节点
    }
    printf("\n");
}
/*逆序打印输出链表所有节点*/
void printDLinkListByReverse(PDLinkList pdll)
{
    PNODE p = pdll->tail;            //指针 p 指向尾节点
    while(p)                         //指针 p 不为空,则执行循环体
    {
        printf("%d ", p->data);      //打印节点数据
        p = p->prev;                 //修改指针 p,让其指向前驱节点
    }
    printf("\n");
}
/*删除指定位置处的节点,成功返回 1,失败返回 0*/
int deleteNodeByPosition(PDLinkList pdll, unsigned loc)
{
    if(pdll->count < loc)    //若参数位置大于链表节点数量,则直接返回 0
        return 0;
    PNODE p;                 //定义指针变量 p,用于存储被删除节点的内存地址
```

```c
    if(loc == 1)
    {
        //删除头节点
        p = pdll->head;                       //用指针 p 保存原头节点内存地址
        pdll->head = pdll->head->next;        //让原头节点的后继节点成为链表新的头节点
        if(pdll->head)                        //若新的头节点不为空，则设置指向前驱节点的指针为
                                              //空指针
            pdll->head->prev = NULL;
    }
    else if(loc == pdll->count)
    {
        //删除尾节点
        p = pdll->tail;                       //用指针 p 保存原尾节点内存地址
        pdll->tail = pdll->tail->prev;        //让原尾节点的前驱节点成为链表新的尾节点
        if(pdll->tail)                        //若新的尾节点不为空，则设置指向后继节点的指针为
                                              //空指针
            pdll->tail->next = NULL;
    }
    else
    {
        //删除中间节点
        p = pdll->head;                       //让指针 p 先指向头节点
        for(int i = 1; i < loc; ++i)          //通过 for 循环，让指针 p 指向被删除节点
            p = p->next;
        //使被删除节点脱离链表，并让其前驱节点与后继节点之间建立联系
        //让被删除节点的前驱节点的后继指针直接指向被删除节点的后继节点
        p->prev->next = p->next;
        //让被删除节点的后继节点的前驱指针直接指向被删除节点的前驱节点
        p->next->prev = p->prev;
    }
    free(p);                      //释放、回收被删除节点的内存
    --pdll->count;                //自减链表节点数量
    return 1;
}
/*清空链表，即删除双向链表所有节点*/
void EmptyDLinkList(PDLinkList pdll)
{
    //通过 while 循环，不断地删除头节点，直至链表为空
    while(pdll->count)                        //链表节点数量不为 0，就执行循环体
        deleteNodeByPosition(pdll, 1);        //删除链表头节点
    InitDLinkList(pdll);                      //对链表结构进行重新初始化
}
int main()
{
    //定义双向链表结构
    DLinkList list;
    //初始化双向链表
    InitDLinkList(&list);
    int i;
    //以首端添加方式，向双向链表添加 3 个节点
    for(i = 1; i <= 3; ++i)
        addNodeToHead(&list, createDLLNode(i));
    //以尾端添加方式，向双向链表添加 3 个节点
    for(i = 4; i <= 6; ++i)
        addNodeToTail(&list, createDLLNode(i * 10));
    //以顺序方式打印链表
    printf("Print all nodes of the linked list sequentially:\n");
```

```
    printDLinkList(&list);
    //以逆序方式打印链表
    printf("Print all nodes in the linked list in reverse order:\n");
    printDLinkListByReverse(&list);
    //删除链表第 3 个节点
    printf("Delete the node at position 3:\n");
    deleteNodeByPosition(&list, 3);
    //以顺序方式打印链表
    printf("Print all nodes of the linked list sequentially:\n");
    printDLinkList(&list);
    //清空链表
    EmptyDLinkList(&list);
    return 0;
}
```

大家可以比较一下双向链表与单向链表在使用上的细微差别，尤其在删除链表节点时，要充分考虑到除了释放节点本身，还要维护好它的前驱节点与后继节点之间的关系，以及在建立节点关系时，对各指针进行修改的先后顺序。在掌握好链表节点的删除之后，大家自然也应该知道如何在链表指定位置来插入节点了，读者可自行练习。程序代码中已经给出了很细致的注释，对代码不再做过多解释。

编译运行程序，会得到如下结果：

```
Print all nodes of the linked list sequentially:
3 2 1 40 50 60
Print all nodes in the linked list in reverse order:
60 50 40 1 2 3
Delete the node at position 3:
Print all nodes of the linked list sequentially:
3 2 40 50 60
```

8.3 本 章 小 结

程序的内存大致可以分为代码区、静态区、堆和栈四个部分。代码区会存储程序的二进制码，静态区可以存储程序中所使用的全局的、静态的对象以及常量等，局部的非静态对象存储在栈中，而堆是由程序员进行管理的一块内存区域。

若要在堆中存储对象或数据，首先应通过内存申请分配函数来进行堆内存空间的申请，当对象或数据不再被使用时，同样应调用相应内存回收函数，来完成对堆内存空间的回收。C 语言中，可以使用"stdlib.h"头文件中的相关库函数，来对堆内存进行相应的管理。

在堆中申请分配内存空间，有两个相关的库函数：malloc 和 calloc。malloc 函数的功能是在堆中申请参数所指定字节数的一段内存空间，而 calloc 函数可以在堆中申请分配能存储指定数量对象的一段内存空间，因此，它非常便于为数组类型的对象开辟内存空间。另外，使用 calloc 函数还有一个特别之处，就是能够对堆中所申请分配的内存空间进行默认初始化，即将内存空间的各字节都初始化为 0。

释放堆内存的函数为 free，它可以释放参数所指向的一段堆内存空间。应将 malloc、calloc 或 realloc 函数所返回的指针，作为 free 函数的实参进行函数的调用。

当堆中对象或数据不再使用时，要及时释放，防止内存泄漏现象发生。所谓内存泄漏即堆中内存无法进行释放而被永久占用。

可以使用 realloc 函数对堆内存进行重新分配，即将其第一个参数所指向的堆内存调整为第二个参数所指定的大小。若将 realloc 函数的第一个参数设置为 NULL，则 realloc 函数的功能就相当于 malloc 函数。若将 realloc 函数的第二个参数设置为 0，则 realloc 函数的功能就相当于 free 函数。

链表是由任意多的节点所串联构成的一种数据结构，其中节点个数为 0 的链表被称为空链表。链表的各节点在内存中并不一定是连续存储的，也许会分散在内存的不同地方。链表的每个节点分为数据域和指针域，数据域存储着相关的数据，而指针域则存储着另外一个节点的内存地址。

我们通常将当前节点的前一个或上一个节点称为它的前驱节点，将后一个或下一个节点称为它的后继节点。链表中的第一个节点被称为头节点，最后一个节点被称为尾节点，其他的节点均为中间节点。

所谓单向链表，就是每个节点的指针域中只含有一个指向其后继节点指针的链表。而双向链表的指针域中，既含有指向前驱节点的指针，也含有指向后继节点的指针。

第 9 章 文 件

本章学习目标

- 了解文本文件与二进制文件的区别
- 掌握文件打开与关闭的方法
- 掌握文件的不同读写方式
- 掌握文件游标的设置与获取
- 了解其他文件库函数的使用

本章先介绍文件与程序的关系，使读者了解文本文件与二进制文件的区别，并介绍文件的打开与关闭的方法；然后介绍 C 语言中对文件的读写，并分别从字符、行、格式化、块等不同方式来介绍和演示对文件的读写操作；接着对文件游标进行介绍，并演示文件游标的设置和获取的方法；最后介绍 C 标准库中其他一些和文件相关的库函数，并通过相关案例展示这些函数的使用方式。

9.1 文件的打开与关闭

大家对于文件应该不陌生，在计算机上所使用的文档、图片、音乐、视频等，都是以文件的形式进行存储的。其实，我们所编写的程序源代码，以及编译生成的可执行文件，也都属于文件。所以，文件的实质就是存储在外部存储介质上的一段连续的二进制数据。在程序中，可能需要从文件中读取数据，也可能会将程序的数据或运行日志输出、记录到文件中。因此，程序和文件之间的关系是非常密切的。

从可否阅读的角度来看，可将文件分为文本文件和二进制文件两大类。文本文件是可阅读的，例如用 Windows 自带的记事本、写字板所编辑出来的文件，就是文本文件，文本文件是以字符码（字符的二进制码）的形式进行存储的，用户可以随时打开文本文件，阅读文件的内容。二进制文件并非以字符码形式进行数据存储的文件，例如图片、音乐、视频都是属于二进制文件，由于这些文件所存储的并非是字符，无法以字符的形式进行阅读，通常要用专门的软件进行图片的查看或者音乐、视频的播放。因此，我们所编写的程序源代码文件就属于文本文件，而编译生成的可执行文件就属于二进制文件。

C 语言程序对文件的处理采用文件流的形式，程序运行在内存中的，而文件存储在外部存储介质上，例如硬盘、光盘、U 盘等。可以这样想像，在程序运行时，就会在指定的文件之上建立一条管道，当读取文件时，数据就会像流水一样从文件端流向程序端，而写入文件时，数据就会像流水一样从程序端流向文件端。从文件端向程序端的文件流称为输入流，从程序端向文件端的文件流称为输出流，如图 9.1 所示。

如果想要在程序中和文件打交道，就要获取一个和文件相关的文件流，例如想读取文

图 9.1 输入/输出流

件中的数据，就要得到一个文件的输入流，想要往文件中写入数据，就要得到一个文件的输出流。那如何得到这个文件流呢？

只要打开一个文件，就会得到一个文件流。有了文件流之后，就可以对文件进行相应的读写操作。所以，本节就来讲述如何在 C 程序中打开和关闭一个文件，即如何在 C 程序中得到一个文件流与关闭一个文件流。在 C 语言标准库中，有一系列和文件相关的库函数，只需在程序中包含 "stdio.h" 这个头文件，就可以使用这些函数。

9.1.1 文件的打开

C 语言中，打开文件需要使用 fopen 函数，该函数原型如下：

```
FILE *fopen(const char *fname, const char *mode);
```

fopen 函数的返回值是一个文件流，其实就是一个 FILE 结构体类型的指针。函数执行成功会返回一个指向 FILE 结构体变量的指针，这个结构体变量中包括了文件的名称、大小、属性、缓冲区等相关信息；若函数执行失败，则返回的是空指针。因此，可以通过对 fopen 函数所返回的文件流进行判断，从而获知文件的打开是否成功。

fopen 函数的两个参数都是字符类型的常量指针，即指向字符串常量的指针。其中 fname 用于指定所要打开的文件，可以是文件的绝对路径（从盘符开始的文件路径），也可以是文件的相对路径（从当前工作目录开始的文件路径）。参数 mode 用于指定文件的打开模式，以确定用何种方式对文件进行处理及得到相关的文件流。可选的打开模式如表 9.1 所示。

表 9.1　文件的打开模式

模式字符串	功能	说明
"r"	以只读模式打开文本文件	①只读方式要求文件必须存在，否则打开文件失败；②只写方式会清空所打开文件的内容，并做好从文件头写入数据的准备。若文件不存在，则会自动创建；③追加方式不会清空文件内容，并做好从文件末写入数据的准备。若文件不存在，则会自动创建；④读写方式打开文件，则会对打开的文件具有读取和写入的能力。不过，它们仍然要受到基本属性的限制，如："r+"仍需文件必须存在，"w+"仍会清空文件内容，而"a+"仍会在文件末进行数据的写入。⑤模式字符串中含有字符 b，表示对二进制文件的操作，没有字符 b，表示对文本文件的操作
"w"	以只写模式打开文本文件	
"a"	以追加模式打开文本文件	
"r+"	以读写模式打开文本文件	
"w+"	以读写模式打开文本文件	
"a+"	以读写模式打开文本文件	
"rb"	以只读模式打开二进制文件	
"wb"	以只写模式打开二进制文件	
"ab"	以追加模式打开二进制文件	
"rb+"	以读写模式打开二进制文件	
"wb+"	以读写模式打开二进制文件	
"ab+"	以读写模式打开二进制文件	

从文件流的角度来看，用"r"模式打开文件会得到一个文件的输入流，用"w"模式打开文件会得到一个文件的输出流，而用带"+"模式打开文件会得到文件的输入、输出流。下面使用 fopen 函数来打开一个文件。例如：

```
FILE *pfile = fopen("D:\\test.txt", "r");
if(pfile != NULL)
    printf("File opened successfully.\n");
else
    printf("Failed to open file.\n");
```

代码中定义了一个 FILE 结构体类型的指针变量 pfile，并调用 fopen 函数，以"r"（只读）模式打开 D 盘（确保 Windows 系统下有 D 盘）下面的文本文件 test.txt，即想得到一个文件的输入流。fopen 函数的返回值被初始化给指针变量 pfile。需注意的是，在 fopen 函数的第一个字符串参数中，使用的是绝对路径"D:\test.txt"，由于斜杠"\"在 C 语言中是作为转义字符来使用的，因此，必须使用"\\"（连续的两个斜杠），才能表示一个斜杠字符本身。

接下来通过 if 语句对指针 pfile 进行检查，若 pfile 不为空指针，则表示文件打开成功，由 printf 函数在控制台窗口打印输出"File opened successfully."；若 pfile 为空指针，则表示文件打开失败，通过 printf 函数在控制台窗口打印输出"Failed to open file."。

编译运行程序，如果在计算机的 D 盘中有 test.txt 这个文件的话，就会打印如下结果：

```
File opened successfully.
```

若 D 盘下没有 test.txt 这个文件，则会得到如下结果：

```
Failed to open file.
```

若是将 fopen 函数的文件打开模式修改为只写，即使用模式字符串"w"，即表示想得到一个文件的输出流。例如：

```
FILE *pfile = fopen("D:\\test.txt", "w");
```

则无论在 D 盘（确保 Windows 系统下有 D 盘）下是否存在 test.txt 文件，都会打印输出文件打开成功的结果。因为即使在 D 盘下没有 test.txt 这个文件，它也会自动创建一个。但若此时在 test.txt 文件中手工输入一些内容并保存，当再次执行该程序后，会发现 test.txt 文件中原先输入的内容被清空了，即 test.txt 变成了一个空文件。

如果既想打开一个文件，得到文件的输出流，而又不想让文件的内容被清空，那么就使用含有字符 a 的模式字符串，例如：

```
FILE *pfile = fopen("D:\\test.txt", "a");
```

9.1.2　文件的关闭

可以使用 fclose 函数来关闭一个文件，该函数原型如下：

```
int fclose(FILE *stream);
```

fclose 函数只有一个参数 stream，是 FILE 结构体类型的指针，表示一个文件流。fclose 函数的功能就是将该参数所指定的文件流关闭。函数的返回值为 int 类型，当函数执行成功，返回整型值 1，当函数执行失败，返回一个 EOF。EOF 是一个宏的名字，是"End of file"

（文件终点）的首字母缩写，它表示一个非零值，通常被定义为–1。

我们可以将 fopen 函数所返回的文件流作为实参，调用 fclose 函数，以关闭与该文件流相关联的文件。例如：

```
FILE *pfile = fopen("D:\\test.txt", "r");
if(pfile)
{
    printf("File opened successfully.\n");
    if(!fclose(pfile))
        printf("File closed successfully.\n");
    else
        printf("File closure failed successfully.\n");
}
else
    printf("Failed to open file.\n");
```

代码中，首先通过 fopen 函数打开 D 盘的 test.txt 文件，并返回与该文件相关联的输入流，然后通过 if 语句对文件流 pfile 进行检查，若文件流 pfile 是正常、可用的，则执行大括号中的语句；若文件流是不可用的，则执行 else 部分，打印输出文件打开失败的信息。

在大括号中，首先通过 printf 函数打印文件打开成功的信息，然后再次使用 if…else 语句。在小括号内的条件表达式中，将文件流 pfile 作为实参调用 fclose 函数，这会将与文件流 pfile 相关联的文件 test.txt 关闭。如果关闭成功，则 fclose 函数的返回值为 0，由于前面使用了逻辑非运算符，因此，小括号内的表达式的值为真，这会通过 printf 函数在控制台窗口打印文件关闭成功的信息；若文件关闭失败，fclose 函数的返回值为 EOF，通过逻辑非运算符转换，小括号内表达式的结果为假，就会执行 else 部分，打印文件关闭失败的信息。

由于之前已经在 D 盘上创建了 test.txt 文件，因此，编译运行程序，会得到如下结果：

```
File opened successfully.
File closed successfully.
```

若将 D 盘上的 test.txt 文件删除，并重新运行该程序，则会得到如下结果：

```
Failed to open file.
```

9.1.3　标准文件流

C 语言还有 3 个特殊的文件流，即标准输入流（stdin）、标准输出流（stdout）和标准错误输出流（stderr）。称其特殊，主要是因为它们所关联的不是普通的文件，而是设备文件，即将计算机中的输入、输出设备当作文件来看待，例如默认情况下，标准输入流是和键盘相关联的，标准输出流和标准错误输出流是和控制台窗口相关联的。另外一个特别之处就是，用户不需要考虑这 3 个文件流的启用与关闭，它们是由系统管理的。当程序启动时，这 3 个文件流会自动被启用，用户可以直接使用，而在程序关闭时，这 3 个文件流会被自动关闭。

像用户之前所用到的 printf、scanf、getchar、putchar 等函数都是使用的标准文件流，其中 printf 和 putchar 是通过标准输出流向控制台窗口打印输出数据，而 scanf 和 getchar 是通过标准输入流获取由键盘所输入的数据。标准输入流和标准输出流是带缓冲的文件流，数据在文件端和程序端之间进行传输时，需经过缓冲处理，即先将数据存入缓冲区，当缓冲区满了或是强制刷新缓冲区时，数据才会真正地到达目的端，如图 9.2 所示。

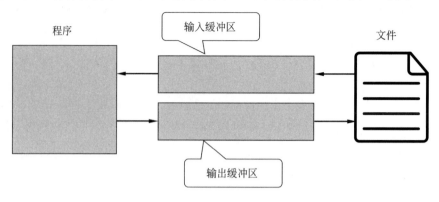

图 9.2　文件流的缓冲区

使用缓冲区的好处是能够提高程序效率，要知道，对（存储在硬盘上）文件的读写效率是远远低于对内存的读写效率的。因此，在读取文件时，可以先从文件中获取特定量的数据放入缓冲区中，程序再从缓冲区里读取数据；同样地，在写入文件时，先将数据写入缓冲区中，当缓冲区满或强制刷新时，再将缓冲区中的数据一次性写入文件，这样就大大地减少了对（存储在硬盘上）文件的读写次数，从而提高程序的运行效率。

标准错误输出流用于程序发生错误或特殊情形发生时，能够打印输出相关信息。标准错误输出流是一种不带缓冲的输出流，这样做的目的，是为了不受缓冲区影响，能够及时地将信息打印显示出来。

9.1.4　文件流的重定向

在 C 语言中，还可以使用文件流重定向的方式来改变文件流所关联的文件。这就需要使用 freopen 函数，该函数原型如下：

```
FILE *freopen( const char *fname, const char *mode, FILE *stream );
```

freopen 函数的前两个参数和 fopen 函数的参数意义相同，第三个参数 stream，即是需要重定向的文件流。freopen 函数的返回值为重定向之后的新的文件流，如果重定向失败则为空指针。freopen 函数的功能就是将文件流 stream 关联到以 mode 模式打开的 fname 文件上。

可以将标准输出流重定向，让其关联到 D 盘的 test.txt 文件上。这样再使用 printf、putchar、puts 等函数进行打印输出，就不会再显示到控制台窗口，而是写入到 D 盘的 test.txt 文件中。例如：

```
freopen("D:\\test.txt", "w", stdout);
printf("Hello");
putchar(' ');
puts("World");
```

在 freopen 语句中，第三个参数是 stdout，表示需要重定向的是标准输出流，而第一个参数字符串指定了所关联的文件，第二个参数字符串指定了所关联文件的打开模式，由于输出流是往文件中写入数据，所以，这里使用的是"w"模式。

编译运行程序，会发现在控制台窗口上无任何信息。打开 D 盘上的 test.txt 文件，可看到有如下内容：

```
Hello World
```

也可以将标准输入流重定向，让其关联到 D 盘的 test.txt 文件上。这样再使用 scanf、gettchar、gets 等函数获取数据的时候，就不会再到控制台窗口上去获取由键盘输入的数据，而是到了 D 盘的 test.txt 文件中去获取数据。例如：

```
char ch1, ch2;
char str[100];
freopen("D:\\test.txt", "r", stdin);
scanf("%c", &ch1);
ch2 = getchar();
gets(str);
printf("ch1:%c\nch2:%c\nstr:%s\n", ch1, ch2, str);
```

在 freopen 语句中，第三个参数是 stdin，表示需要重定向的是标准输入流，由于需要读取数据，因此，模式字符串使用的是"r"。

编译运行程序，结果如下：

```
ch1:H
ch2:e
str:llo World
```

可见，通过对标准输入流的重定向之后，scanf、getchar 和 gets 函数都变为从 D 盘的 test.txt 文件获取数据。其中由 scanf 函数获取了第一个字符"H"保存到变量 ch1 中，由 getchar 函数获取了第 2 个字符"e"保存到变量 ch2 中，由 gets 函数获取剩余的字符，然后组成字符串"llo World"保存到字符数组 str 中。

9.2　文件的读写

打开文件、创建文件流的主要目的是对文件进行数据的读取或数据的写入。C 标准库中，提供了许多的文件读写函数，可以用不同的方式对文件进行读写操作。例如以字符的方式对文件进行读写、以行的方式对文件进行读写、以格式化的方式对文件进行读写、以块的方式对文件进行读写等。下面就来讲述这些和文件读写相关的库函数。

9.2.1　以字符的方式读写文件

对于文本文件来说，可以使用 C 语言标准库中提供的 fgetc 函数和 fputc 函数，以字符的方式对文件进行读写操作。

其中，fputc 函数是以字符的方式向文件中输出（写入）数据。其函数原型如下：

```
int fputc(int ch, FILE *stream);
```

函数有两个参数，第一个参数 ch 为欲写入文件的字符，第二个参数 stream 为与写入文件相关联的文件流。函数的功能就是将参数 ch 所表示的字符写入文件流 stream 所关联的文件中。函数返回值为所写入的字符，如果出错，返回 EOF。

【例 9-1】编写程序，将"Red apple"以字符的方式写入 D 盘的 test.txt 文件中。

程序代码如下：

```
#include <stdio.h>
int main()
{
    char str[] = "Red apple";
    FILE *pfile = fopen("D:\\test.txt", "w");
    if(pfile)
    {
        char *ptmp = str;                //临时指针，指向数组 str 的首字符
        while(*ptmp)                     //对 ptmp 解引用，检查指向的字符是否为空字符
        {
            fputc(*ptmp, pfile);         //将 ptmp 指向的字符写入 pfile 关联的文件
            ++ptmp;                      //移动指针，指向数组中下个字符
        }
        fclose(pfile);                   //关闭文件
        puts("Write to complete.");
    }
    else
        puts("File opening failed.");
    return 0;
}
```

程序代码中，通过临时指针 ptmp 的移动来遍历字符数组中的字符串各字符，如果是非空字符，就通过 fputc 函数，将其写入到文件流 pfile 所关联的文件中，直至 ptmp 指向字符串末尾的空字符时止。

编译运行程序，正常情况下，会打印写入完毕的结果。打开计算机 D 盘上的 test.txt 文件，就应该能看到写入到文件中的字符串"Red apple"。

需要注意的是，在对文件处理完毕后，应养成及时关闭文件的好习惯。因为在程序对文件进行读写时会使用缓冲区，向文件写入数据，其实是先将数据写入到缓冲区中，只有在缓冲区满或是强制刷新的情况下，数据才会从缓冲区写到文件中。如果发生程序异常、崩溃或是突然断电等情况，可能会存在缓冲区中数据未写入文件的情况，造成数据的丢失。因此，最好的办法，就是及时地将缓冲区中的数据写入文件。

C 语言中，刷新缓冲区的函数为 fflush，该函数原型如下：

```
int fflush(FILE *stream);
```

该函数对参数 stream 所对应的输出缓冲区进行刷新，将输出缓冲区中的数据强制写入文件。函数执行成功返回 0，如果出错，则返回 EOF。

在完成对文件的数据写入后，我们可以调用 fflush 函数来刷新输出缓冲区，将数据真正地写入到文件中。例如：

```
if(pfile)
{
    char *ptmp = str;
    while(*ptmp)
    {
        fputc(*ptmp, pfile);
        ++ptmp;
    }
    fflush(pfile);                       //刷新输出缓冲区
```

```
    fclose(pfile);                    //关闭文件
    puts("Write to complete.");
}
```

在关闭文件之前调用 fflush 函数，刷新 pfile 所对应的输出缓冲区，将数据强制写入 D 盘的 test.txt 文件中。

其实，在 fclose 函数中也会隐含地调用 fflush 函数来刷新输出缓冲区，所以，当调用 fclose 函数对文件进行关闭时，也间接地达到了刷新输出缓冲区的目的。因此，在这儿是可以省略掉 fflush 函数的语句。但千万别既不使用 fflush 显式地刷新缓冲区，也不使用 fclose 来隐含地刷新缓冲区。

和 fputc 函数相对应的是 fgetc 函数，它是以字符的方式从文件中读取数据。fgetc 的函数原型如下：

```
int fgetc(FILE *stream);
```

fgetc 函数的参数 stream 应该是一个文件输入流，函数的功能就是从 stream 相关联的文件中读取一个字符作为函数的返回值。若是读到了文件末尾，或是发生了错误，则返回 EOF。EOF 和用作字符串末尾结束标记的空字符有些类似，空字符用于标记字符串的末尾，而 EOF 用于标记文件的末尾。

【例 9-2】编写程序，以字符的方式读取 D 盘 test.txt 文件中的内容，将其存储到字符数组中，并打印输出。

程序代码如下：

```
#include <stdio.h>
int main()
{
    char buf[128];              //字符数组
    FILE *pfile = fopen("D:\\test.txt", "r");        //以只读的模式打开文件
    if(pfile)
    {
        char *p = buf;           //指向数组的首地址的指针 p
        while((*p = fgetc(pfile)) != EOF)  //从文件读取一个字符并存储到数组中
            ++p;                 //移动指针
        *p = '\0';               //将数组中的 EOF 字符修改为空字符
        fclose(pfile);
        printf("The read content is: %s\n", buf);
    }
    else
        puts("File opening failed.");
    return 0;
}
```

在 while 循环的条件检测处，首先使用 fgetc 函数从文件中读取字符，并通过对指针 p 的解引用将字符存储到字符数组中，并判断读取到的字符是否为 EOF 字符。若非 EOF 字符，则移动指针，进行下个字符的读取与存储，若为 EOF 字符，则终止 while 循环。需要注意的是，由于赋值运算符的优先级低于关系运算符，因此，需要用小括号来提升赋值表达式的优先级。

在 while 循环之后，通过指针 p 的解引用，将最后存储在字符数组中的 EOF 字符修改为空字符，以作为字符串的结束标记。

编译运行程序，结果如下：

```
The read content is: Red apple
```

9.2.2 以行的方式读写文件

以字符的方式来读写文件，虽然比较简单，但对于一行字符来说，处理起来就相对麻烦。因此，可以使用 fgets 函数和 fputs 函数，非常方便地对文本文件进行一行字符的读取或写入。其中 fputs 函数用于向文件输出（写入）一行字符，该函数原型如下：

```
int fputs(const char *str, FILE *stream);
```

参数 str 是一个字符串的指针，即将所要写入文件的一行字符看作为一个字符串，str 为该字符串的首地址；参数 stream 为与所写入文件相关联的输出流。函数执行成功返回非负值，执行失败则返回 EOF。

【例 9-3】编写程序，将"Red apple"以行的方式写入 D 盘的 test.txt 文件。

程序代码如下：

```
#include <stdio.h>
int main()
{
    FILE *pfile = fopen("D:\\test.txt", "w");
    if(pfile)
    {
        if(fputs("Red apple", pfile) != EOF)
            printf("File written successful.\n");
        else
            printf("Failed to write file.\n");
        fclose(pfile);
    }
    else
        printf("File opening failed.\n");
    return 0;
}
```

由于使用了 fputc 函数，不再是逐字符地写入，而是将一行字符一次性地写入文件。因此，和【例 9-1】的程序代码相比，要明显简单了许多。

编译运行程序，正常情况下，写入文件成功，会打印如下结果：

```
File written successful.
```

和 fputs 函数相对应的就是 fgets 函数，该函数的原型如下：

```
char *fgets(char *str, int num, FILE *stream);
```

fgets 函数可以从文件中读取一行或指定数量的字符，组成字符串存储到指定的数组或内存空间中。参数 str 是数组或内存空间的首地址，参数 num 是数组或内存空间的大小，参数 stream 是与文件相关联的输入流。函数执行成功返回 str，若执行失败返回 NULL。

【例 9-4】编写程序，以行的方式读取 D 盘 test.txt 文件中的内容，并打印输出。

程序代码如下：

```
#include <stdio.h>
int main()
{
```

```
    char buf[128];
    FILE *pfile = fopen("D:\\test.txt", "r");
    if(pfile)
    {
        if(fgets(buf, 128, pfile))
            printf("The read content is: %s\n", buf);
        else
            printf("Failed to read file.\n");
        fclose(pfile);
    }
    else
        printf("File opening failed.\n");
    return 0;
}
```

代码中，定义了一个长度为 128 的字符数组 buf，作为从文件读取字符的存储区域。在 fgets 函数的调用语句中，第一个参数为 buf 数组名，第二个参数为 buf 的大小 128。这表示最多可以从文件中读取 127 个字符，并添加一个空字符，作为字符串的结束标记，存储到 buf 数组中。

编译运行程序，结果如下：

```
The read content is: Red apple
```

可见，从文件读取并保存至 buf 数组中的字符串是 "Red apple"。也就是 fgets 函数在从文件中读取字符时，并不会总是固定地读取 127 个字符，当遇到换行字符或读到文件末尾（EOF）时，就会停止读取。

fgets 函数若读取到换行字符，会将其视为读取字符的一部分，存储到指定数组或内存空间中。而 fputs 函数在向文件输出字符时，只会输出字符串本身所包含的字符，并不会像 puts 函数那样，在输出完字符串后再自动加上一个换行字符。

9.2.3　以格式化的方式读写文件

前面的两种文件的读写方式，适合于字符和字符串的处理，但若遇到数值类型的数据，就比较麻烦了，需要将数值转换成字符串，然后再进行处理。有没有更好的方法呢？

C 标准库中提供了 fprintf 函数和 fscanf 函数，可以对文件进行格式化方式的读写。它们就像 printf 函数和 scanf 函数一样，可以处理多种类型的数据。

fprintf 函数的函数原型为：

```
int fprintf(FILE *stream, const char *format, ...);
```

fprintf 函数比 printf 函数多一个参数 stream，即与文件相关联的输出流。printf 函数可以将格式化后的字符串打印输出到控制台窗口，而 fprintf 函数是将格式化后的字符串打印输出到与 stream 相关联的文件中。fprintf 函数的返回值为所打印输出的字符数，如果函数执行出错，则返回一个负整数值。

假若有如下的一个学生的结构体：

```
struct STU
{
    int num;
    char name[20];
```

```
    float score;
};
```

接下来，在主函数中定义该结构体类型的变量并进行初始化。然后就可以通过 fprintf 函数将结构体变量的内容写入到文件中。主函数的代码如下：

```
int main()
{
    struct STU stu = {100, "zhangsan", 90.5};
    FILE *pfile = fopen("D:\\test.txt", "w");
    if(pfile)
    {
        fprintf(pfile, "%d %s %.2f", stu.num, stu.name, stu.score);
        fclose(pfile);
    }
    else
        printf("File opening failed.\n");
    return 0;
}
```

程序代码中，通过 fprintf 函数，将结构体变量 stu 的 3 个成员值写入到 D 盘 test.txt 文件中，各成员数据之间使用空格隔开。把数据隔开是为了后面能够方便地读取。

编译运行程序，在控制台窗口不会显示任何信息，但打开 D 盘上的 test.txt 文件，会看到如图 9.3 所示内容。

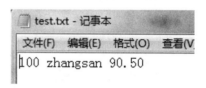

图 9.3   D 盘 test.txt 文件内容

可见，fprintf 函数会将格式化后的字符串输出到指定的文件中。

其实，还有一个和 fprintf 函数非常类似的函数，函数名为 sprintf，它可以将格式化后的字符串输出到一个指定的内存空间中，用户可以非常方便地通过它来将一些数值类型的数据转换为字符串。sprintf 函数的原型如下：

```
int sprintf(char *buffer, const char *format, ...);
```

和 fprintf 函数的唯一区别就是第一个参数 buffer，它并非一个文件输出流，而是一个字符类型的指针，指向一块可以存储字符串的内存空间，通常称这块内存空间为缓冲区。可以在上面的代码中再定义一个字符数组，并将 fprintf 函数换成 sprintf 函数，这样就可以将结构体变量 stu 中的数据写入到字符数组中，例如：

```
int main()
{
    struct STU stu = {100, "zhangsan", 90.5};
    char buf[1024];        //定义长度为 1024 的字符数组
    //将格式化后的字符串输出到数组 buf 中
    sprintf(buf, "%d %s %.2f", stu.num, stu.name, stu.score);
    puts(buf);             //在控制窗口输出数组 buf 中的字符串
    return 0;
}
```

编译运行程序，结果如下：

```
100 zhangsan 90.50
```

下面介绍 fscanf 函数，fscanf 函数和 scanf 函数非常类似，唯一不同的是，fscanf 函数也多出了一个参数，是和文件相关联的输入流，表示从文件中读取数据。fscanf 函数的原型如下：

```
int fscanf(FILE *stream, const char *format, ...);
```

我们现在可以使用 fscanf 函数来对 D 盘上的 test.txt 文件进行数据读取，程序代码如下：

```
int main()
{
    struct STU stu;            //定义结构体变量
    FILE *pfile = fopen("D:\\test.txt", "r");
    if(pfile)
    {
        //读取文件数据到结构体变量 stu 的各成员
        fscanf(pfile, "%d%s%f", &stu.num, stu.name, &stu.score);
        fclose(pfile);
        //打印各成员到控制台窗口
        printf("num:%d\nname:%s\nscore:%.2f\n", stu.num, stu.name, stu.score);
    }
    else
        printf("File opening failed.\n");
    return 0;
}
```

首先定义一个结构体变量 stu，然后通过 fscanf 函数读取文件数据到变量 stu 的 3 个成员，最后通过 printf 函数将结构体变量 stu 的所有成员打印输出到控制台窗口。

编译运行程序，结果如下：

```
num:100
name:zhangsan
score:90.50
```

9.2.4　以块的方式读写文件

通过格式化的方式读写文件，可以很方便地在文件中处理像结构体这种类型的数据。下面再来介绍块方式读写文件的函数，它可以对二进制文件进行读写，对于在文件中处理结构体、数组等类型的数据非常合适。

块的写入函数 fwrite 的函数原型如下：

```
int fwrite(const void *buffer, size_t size, size_t count, FILE *stream);
```

fwrite 函数有 4 个参数，其中 buffer 为所要写入数据的首地址，即指向写入数据的指针；size 为数据块的大小；count 为数据块的数量；stream 为与文件相关联的输出流。fwrite 函数的功能就是将 buffer 所指向的 count 个 size 大小的数据块写入到 stream 相关联的文件中。函数的返回值为所写入文件的数据块的数量，正常情况下，应该为参数 count 的值。

假设有一个结构体 STU 类型的变量，现在想将其写入到 D 盘的 test.dat 文件，就可以这样使用 fwrite 函数，参数 size 为结构体变量的大小，而参数 count 为 1，即将 1 个结构体变量大小的数据块写入到 D 盘 test.dat 文件。例如：

```
#include <stdio.h>
struct STU
{
```

```
    int num;
    char name[20];
    float score;
};
int main()
{
    struct STU stu = {100, "zhangsan", 90.5};
    FILE *pfile = fopen("D:\\test.dat", "wb");  //以 "wb" 模式打开文件
    if(pfile)
    {
        fwrite(&stu, sizeof(stu), 1, pfile);     //以数据块方式写入文件
        fclose(pfile);
    }
    else
        printf("File opening failed.\n");
    return 0;
}
```

fopen 函数中，打开文件的模式字符串为 "wb"，即以二进制写入的模式打开文件。在 fwrite 函数中，第一个参数为结构体变量 stu 的内存地址，第二个参数为一个数据块的大小，即结构体变量 stu 的大小，第三个参数为数据块的数量，这里为 1，第四个参数为与 D 盘 test.dat 文件相关联的输出流。

编译运行该程序，正常情况下，在控制台窗口没有任何信息，但打开计算机上的 D 盘，会发现一个名为 test.dat 的文件。以文本的方式打开该文件，会看到许多乱码，这是因为 test.dat 并非文本文件，而是一个二进制文件，即存储在文件中的并非字符的 ASCII 码，因而无法转换为可读的字符。

下面再来介绍和 fwrite 函数相对应的 fread 函数，它可以以数据块的方式从文件中读取数据。fread 函数的原型如下：

```
int fread(void *buffer, size_t size, size_t num, FILE *stream);
```

fread 函数的参数和 fwirte 函数的参数一致，意义也相同，但作用相反。即 fread 函数的功能为从 stream 相关联的文件中读取 num 个 size 大小的数据块，存储到 buffer 所指向的内存空间中。fread 函数的返回值为所读取到的数据块的个数，正常情况下，应为参数 num 的值。

下面使用 fread 函数，从 D 盘 test.dat 文件读取数据，并在控制台窗口上打印结果。程序代码如下：

```
#include <stdio.h>
struct STU
{
    int num;
    char name[20];
    float score;
};
int main()
{
    struct STU stu;                //定义结构体变量 stu
    FILE *pfile = fopen("D:\\test.dat", "rb"); //以 "rb" 模式打开文件
    if(pfile)
    {
        fread(&stu, sizeof(stu), 1, pfile);        //读取数据到变量 stu 中
        fclose(pfile);
        //打印输出结构体变量 stu 的各成员
```

```
        printf("num:%d\nname:%s\nscore:%.2f\n", stu.num, stu.name, stu.score);

    }
    else
        printf("File opening failed.\n");
    return 0;
}
```

在打开 D 盘 test.dat 文件时，采用的是"rb"模式，即以二进制读取的模式打开文件。在 fread 函数中，数据块大小为结构体变量 stu 的大小，数据块的数量为 1，将读取到的数据存储至结构体变量 stu 中。

编译运行程序，结果如下：

```
num:100
name:zhangsan
score:90.50
```

在了解了如何对结构体变量进行二进制数据格式的文件读写后，大家可以想一下，如果将数据块设置为数组元素的大小，数据块的数量设置为数组的长度，那么就可以很容易地通过 fwrite 函数和 fread 函数对数组类型的数据进行二进制的写入和读取。

9.3 文 件 游 标

在打开一个文件后，就会得到一个文件游标，而对文件的读写操作，都会从文件游标对应的文件位置开始，即文件游标用作标记文件的当前读写位置。如果把整个文件比作一条内存，文件位置就像是内存地址，而文件游标就像是指针。

默认情况下，初次打开一个文件，文件游标位于文件首位置，即文件位置为 0 的地方。因此，对文件的读写都会从文件首位置开始。如果不想从文件首位置开始读写文件，就可以通过设置文件游标来改变文件的读写位置。另外，还可以通过对文件游标的设置，来达到一些特殊的功能，例如获取文件的大小。

9.3.1 文件游标的设置

可以通过 fseek 函数对文件游标进行设置，函数的原型如下：

```
int fseek(FILE *stream, long offset, int origin);
```

参数 stream 为与所读写文件相关联的文件流；参数 offset 为偏移量，如果是正数表示向前的偏移量，即向文件尾方向移动的距离，如果是负数，则表示向后的偏移量，即向文件头方向移动的距离；参数 origin 为原始文件位置，即对文件游标进行偏移的基准点，3种取值如表 9.2 所示。

表 9.2　origin参数的 3 种取值

值	含义
SEEK_SET	文件首位置
SEEK_CUR	当前文件读写位置
SEEK_END	文件尾位置

fseek 函数的功能为，将与 stream 相关联的文件游标设置到从 origin 处、偏移 offset 的位置。函数执行成功返回 0，若执行失败，则返回非零值。

下面用 Windows 自带的记事本程序打开 D 盘的 test.txt 文件，输入字符串"Test string!"并保存，如图 9.4 所示。

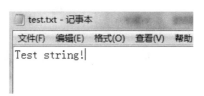

图 9.4　D 盘 test.txt 文件内容

在程序中以读取的模式打开该文件后，默认情况下，文件游标处于文件首，即所读取到的字符会是大写的字母 T。例如：

```c
int main()
{
    FILE *pfile = fopen("D:\\test.txt", "r");
    if(pfile)
    {
        char ch = fgetc(pfile);        //读取字符并存储到变量 ch 中
        //打印变量 ch 所保存的字符
        printf("The value of the variable ch is: %c\n", ch);
        fclose(pfile);
    }
    else
        printf("File opening failed.\n");
    return 0;
}
```

编译运行程序，结果如下：

```
The value of the variable ch is: T
```

如果在读取字符之前，通过 fseek 函数将文件游标向前偏移 5 个位置，就会得到第二个单词"string"的首字符，即小写字母 s。修改后的 if 语句中的代码如下：

```c
if(pfile)
{
    fseek(pfile, 5, SEEK_SET);        //将文件游标自文件头向前偏移 5 个位置
    char ch = fgetc(pfile);           //获取字符
    printf("The value of the variable ch is: %c\n", ch);   //打印字符
    fclose(pfile);
}
```

在 fseek 函数中，我们将第二个参数设置为 5，即表示向前偏移 5 个位置，第三个参数设置为 SEEK_SET，即表示文件头。该条语句的功能就是将文件游标设置为自文件头开始，向前偏移 5 个位置处。

编译运行程序，结果如下：

```
The value of the variable ch is: s
```

由于开始打开文件时，文件游标就是处于文件头位置，因此，也可以将 fseek 函数的第三个参数设置为 SEEK_CUR，即表示将文件游标自当前位置，向前偏移 5 个位置。例如：

```
if(pfile)
{
    fseek(pfile, 5, SEEK_CUR);              //将文件游标自当前位置向前偏移 5 个位置
    char ch = fgetc(pfile);
    printf("The value of the variable ch is: %c\n", ch);
    fclose(pfile);
}
```

编译运行程序，会得到和之前相同的结果：

```
The value of the variable ch is: s
```

此外，还可以通过将 fseek 函数的第三个参数设置为 SEEK_END，并向后进行偏移的方式来读取字符串 "string" 的首字符 s。SEEK_END 表示文件尾，该位置上就是作为文件末尾标记的那个 EOF 字符。因此，将参数 offset 设置为–7，即从文件尾向后移动 7 个位置即可。例如：

```
if(pfile)
{
    fseek(pfile, -7, SEEK_END);             //将文件游标自文件尾向后偏移 7 个位置
    char ch = fgetc(pfile);
    printf("The value of the variable ch is: %c\n", ch);
    fclose(pfile);
}
```

编译运行程序，依然得到与之前相同的结果：

```
The value of the variable ch is: s
```

文件游标会自动通过数据的读写向前移动，也就是文件游标的当前位置会随着对文件的读写操作而不断发生变化。默认情况下，打开文件时，文件游标处于文件头，若读取 1 字节数据，文件游标就会向前偏移 1 个位置，若再读取 10 字节数据，文件游标就会再向前偏移 10 个位置，以此类推。

9.3.2　文件游标的获取

可以通过 C 标准库中的 ftell 函数获取当前文件游标的位置，函数原型如下：

```
long ftell(FILE *stream);
```

ftell 函数只有一个参数 stream，为所打开文件相关联的文件流，函数返回值为当前文件游标的位置，如果函数执行出错，则返回值为–1。

如果在打开文件后就立即调用 ftell 函数，此时所返回的文件游标位置应该为 0。例如：

```
int main()
{
    FILE *pfile = fopen("D:\\test.txt", "r");        //以只读模式打开文件
    if(pfile)
    {
        long loc = ftell(pfile);                      //获取当前文件游标位置
        //打印当前文件游标位置
        printf("The current file location is: %lu\n", loc);
        fclose(pfile);
    }
    else
```

```
        printf("File opening failed.\n");
    return 0;
}
```

编译运行程序，结果如下：

```
The current file location is: 0
```

若在调用 ftell 函数之前，先通过 fgetc 函数读取一个字符，再来看一下当前文件游标位置。例如：

```
if(pfile)
{
    fgetc(pfile);                                      //读取一个字符
    long loc = ftell(pfile);                           //获取当前游标位置
    printf("The current file location is: %lu\n", loc); //打印游标位置
    fclose(pfile);
}
```

此时，再编译运行程序，结果如下：

```
The current file location is: 1
```

可见，在读取一个字符后，文件游标从 0 变为了 1。

文件位置像内存地址一样，是按字节编号的，因此，可以通过 fseek 函数将文件游标设置到文件尾，再通过 ftell 函数来获取当前文件游标位置，即可获知文件的大小。例如：

```
int main()
{
    FILE *pfile = fopen("D:\\test.txt", "r");
    if(pfile)
    {
        fseek(pfile, 0, SEEK_END);                     //将文件游标设置到文件尾
        long loc = ftell(pfile);                       //获取文件游标位置
        printf("File size is: %lu Bytes.\n", loc);     //打印文件大小信息
        fclose(pfile);
    }
    else
        printf("File opening failed.\n");
    return 0;
}
```

编译运行程序，结果如下：

```
File size is: 12 Bytes.
```

ftell 函数的返回值是 long 类型，即一个 4 字节 32 位的数据类型，能够表示的数值范围为−2147483648～2147483647。也就是 ftell 函数最多能正确返回小于 2GB 的文件大小，对于更大的文件就无能为力了。那大文件怎么办呢？

C 标准库中，还提供了 fsetpos 函数和 fgetpos 函数来对大文件的文件游标进行设置和获取。这两个函数的原型如下：

```
int fsetpos(FILE *stream, const fpos_t *position);
int fgetpos(FILE *stream, fpos_t *position);
```

两个函数都使用了 fpos_t 类型的指针作为函数的参数，通过 sizeof 运算符对 fpos_t 类型进行检测，可以发现 fpos_t 类型的大小为 8 字节，因此，它能够应付更大型的文件。函

数若执行成功返回 0，若执行失败则返回非零值。

下面用一段程序代码，来演示这两个函数的使用。例如：

```
#include <stdio.h>
int main()
{
    FILE *pfile = fopen("D:\\test.txt", "r");
    if(pfile)
    {
        fpos_t pos = 5;                //定义 fpos_t 类型的变量并初始化值为 5
        fsetpos(pfile, &pos);          //对文件游标进行设置
        char ch = fgetc(pfile);        //读取文件游标位置的字符
        printf("The character is: %c\n", ch);
        fgetpos(pfile, &pos);          //获取当前文件游标位置
        printf("The current file location is: %lu\n", pos);
        fclose(pfile);
    }
    else
        printf("File opening failed.\n");
    return 0;
}
```

编译运行程序，结果如下：

```
The character is: s
The current file location is: 6
```

从结果可见，通过将文件游标的位置设置为 5，读取到的字符为小写字母 s，而在读取字符之后，文件游标的位置已经自动偏移至 6 了。

9.3.3　文件游标的恢复

在文件被打开时，初始文件游标位于文件头，但在文件的读写过程中，文件游标会自动地向前偏移，若想再次读写文件头部的数据时，就必须让文件游标重新回到文件首位置，即将文件游标恢复到初始位置。

我们可以通过 fseek 函数来完成这一操作，例如：

```
int main()
{
    FILE *pfile = fopen("D:\\test.txt", "r");
    char buf[128];
    if(pfile)
    {
        fscanf(pfile, "%s", buf);        //以格式化方式读取字符串到 buf 中
        printf("The first string read is: %s\n", buf);
        fseek(pfile, 0, SEEK_SET);        //恢复文件游标至文件首位置
        fscanf(pfile, "%s", buf);        //以格式化方式读取字符串到 buf 中
        printf("The string read again is: %s\n", buf);
        fclose(pfile);
    }
    else
        printf("File opening failed.\n");
    return 0;
}
```

在 fseek 函数中，将第三个参数设置为 SEEK_SET，即文件首位置，将第二个参数设置为 0，即偏移量为 0。这样调用 fseek 函数后，就可以将文件游标重新设置到文件首位置。由于在第二次调用 fscanf 函数之前，调用了 fseek 函数恢复文件游标至文件首，因此，两次读取到的字符串是相同的。

编译运行程序，结果如下：

```
The first string read is: Test
The string read again is: Test
```

另外，在 C 语言标准库中，还有一个 rewind 函数，它同样可以实现文件游标的恢复到初始位置的功能。该函数原型如下：

```
void rewind(FILE *stream);
```

rewind 函数没有返回值，且只有一个参数，即和文件相关联的文件流。因此，rewind 函数用起来会更加简单方便。可以将上面代码中的 fseek 函数调用语句修改为 rewind 函数调用语句。例如：

```
int main()
{
    FILE *pfile = fopen("D:\\test.txt", "r");
    char buf[128];
    if(pfile)
    {
        fscanf(pfile, "%s", buf);
        printf("The first string read is: %s\n", buf);
        rewind(pfile);                    //调用 rewind 函数恢复文件游标至文件首位置
        fscanf(pfile, "%s", buf);
        printf("The string read again is: %s\n", buf);
        fclose(pfile);
    }
    else
        printf("File opening failed.\n");
    return 0;
}
```

再次编译运行该程序，会得到和之前相同的结果。

9.4 其他文件函数

本节再介绍一些和文件相关的标准库函数。例如检查文件游标是否到达文件尾的 feof 函数，检查读写文件是否出错的 ferror 函数，打印输出错误信息的 perror 函数，以及改变文件流缓冲区的 setvbuf 函数等。

9.4.1 文件检查函数

在文件读写的过程中，很有可能会发生异常或错误，使得读写函数执行失败。例如文件游标处于文件尾，所读写的文件被损坏，在读写 U 盘文件时 U 盘被强行拔出。因此，在读写函数执行失败时，可以调用相应的文件检查函数来获取相关信息。

feof 函数用于检查当前文件游标是否处于文件尾。该函数原型如下：

```
int feof( FILE *stream );
```

feof 函数的参数 stream 为与文件相关联的文件流，函数的返回值为 int 类型的整型值，若文件游标处于文件尾位置，函数返回非零值，否则，函数返回 0。

下面用一段程序代码演示 feof 函数的使用，例如：

```
#include <stdio.h>
int main()
{
    char buf[128];
    FILE *pfile = fopen("D:\\test.txt", "r");
    if(pfile)
    {
        while(1)
        {
            if(feof(pfile))
            {
                puts("Read to the end of the file.");
                break;
            }
            fscanf(pfile, "%s", buf);
            puts(buf);
        }
        fclose(pfile);
    }
    else
        printf("File opening failed.\n");
    return 0;
}
```

在程序代码中，使用了一个无限的 while 循环，在循环体中，首先通过 feof 函数来检查当前文件游标是否处于文件尾，若是的话，就打印输出读取到文件尾的信息，并通过 break 语句终止 while 循环。若文件游标不是处于文件尾，则通过格式化方式读取字符串到字符数组 buf 中，并打印输出到控制台窗口。

编译运行程序，结果如下：

```
Test
string!
Read to the end of the file.
```

另外一个文件检查函数为 ferror，它的函数原型如下：

```
int ferror(FILE *stream);
```

ferror 函数的参数 stream 为与文件相关联的文件流，函数的返回值为 int 类型的整型值，若文件读写发生错误，函数返回非零值，否则，函数返回 0。

为了演示 ferror 函数的使用，我们可以在计算机上插入一个 U 盘，并在 U 盘中创建一个文本文件 test.txt，并在文件中输入一段字符 "This is the data of the U disk file."。假若 U 盘在计算机中的盘符为 H，下面在程序中读取这个文件中的数据。例如：

```
#include <stdio.h>
#include <windows.h>          //Sleep 函数所需的头文件
int main()
{
```

```
    char buf[128];
    FILE *pfile = fopen("H:\\test.txt", "r");
    if(pfile)
    {
        for(int i = 1; i <= 3; ++i)
        {
            printf("...%d...\n", i);
            Sleep(1000);                //休眠 1000ms
        }
        fgets(buf, 128, pfile);       //读取一行字符并保存至数组 buf
        if(ferror(pfile))             //发生错误
            printf("An error occurred while reading the file.\n");
        else                          //没有发生错误
        {
            printf("No errors occur.\n");
            puts(buf);
        }
        fclose(pfile);
    }
    else
        printf("File opening failed.\n");
    return 0;
}
```

在程序中，用到了 Windows 的 API 函数 Sleep，它可以让程序运行的线程暂停执行，进入休眠状态，参数为休眠的时间，以毫秒（ms）为单位。为了使用 Sleep 函数，需要在程序中包含"windows.h"头文件。

在 for 循环中使用了 Sleep 函数，循环体共会执行 3 次，每次会打印一条信息并休眠 1000ms（1s）。

3 次休眠过后，会通过 fgets 函数从 U 盘的 test.txt 文件中读取数据并保存至 buf 数组中，如果读取过程发生错误，则在控制台窗口打印一条读取文件出错的信息，若读取过程没有发生错误，则打印一条没有错误发生的信息，并将 buf 数组中的字符串打印输出。

编译运行该程序，正常情况下，读取过程没有发生错误，结果如下：

```
...1...
...2...
...3...
No errors occur.
This is the data of the U disk file.
```

若重新运行该程序，并在前面 3 次休眠的过程中，把 U 盘从计算机上强行拔出，则会出现如下结果：

```
...1...
...2...
...3...
An error occurred while reading the file.
```

C 标准库中，还有一个用于输出错误信息的 perror 函数，函数的原型如下：

```
void perror(const char *str);
```

perror 函数没有返回值，参数为指向一个字符串的指针。函数的功能为在控制台窗口打印输出参数 str 所指向的字符串，并且还会在后面将系统自定义的错误信息打印输出。若使用空字符串或者 NULL 作为函数参数，则 perror 函数只会输出系统自定义的错误信息。

可以将之前代码中发生错误时，由 printf 打印输出错误信息修改为由 perror 函数来完成。例如：

```
if(ferror(pfile))
    perror("An error occurred while reading the file");
```

重新编译运行程序，并在休眠期间从计算机拔下 U 盘，则程序的运行结果如下：

```
···1···
···2···
···3···
An error occurred while reading the file: Permission denied
```

可见，perror 函数除了会将参数所指向的字符串打印输出之外，还会将系统自定义的错误信息"Permission denied"接在参数字符串之后一并打印输出。

最后，要说明的是，perror 函数不光用于文件相关的库函数，当 C 语言标准库中的函数在执行失败的时候，用 perror 函数都可以打印输出系统给出的错误信息。

9.4.2 设置文件缓冲区

前面介绍过，文件的读写过程会用到缓冲区，当读取文件时，会将文件中的数据先放入缓冲区，程序再从缓冲区中读取数据；当写入文件时，也会将数据先放入缓冲区，当缓冲区满或者被刷新时，才会将缓冲区中的数据一次性写入文件。使用缓冲区的好处是，减少对外部存储介质的 I/O 次数，提高程序的运行效率。

大多情况下，对文件进行读写，使用的都是由系统提供的缓冲区。不过，用户也可以自己设置文件缓冲区，并替换掉系统所提供的默认缓冲区。这就需要用到 C 标准库函数 setvbuf，该函数的原型如下：

```
int setvbuf(FILE *stream, char *buffer, int mode, size_t size);
```

setvbuf 函数有四个参数，其中 stream 为与文件相关联的文件流；buffer 为缓冲区的首地址；mode 为缓冲区的模式，它有 3 种取值，如表 9.3 所示；size 为缓冲区的大小。函数的功能为，将大小为 size、模式为 mode 的缓冲区 buffer，设置为文件流 stream 的新缓冲区，若参数 mode 被设置为_IONBF，则表示文件流 stream 不使用缓冲区。函数执行成功返回 0，失败返回非零值。

表 9.3　mode参数的 3 种取值

值	含义
_IOFBF	全缓冲，当缓冲区满时刷新
_IOLBF	行缓冲，当缓冲区满或遇到换行字符时刷新
_IONBF	无缓冲，若使用此模式，则参数 buffer 和参数 size 被忽略

下面用一段代码演示 setvbuf 函数的使用。

```
int main()
{
    char buf[10];              //定义长度为 10 的字符数组，作为缓冲区使用
    FILE *pfile = fopen("D:\\test.txt", "w");
    if(pfile)
    {
```

```
        //将数组 buf 设置为 pfile 的缓冲区，并采用全缓冲模式
        setvbuf(pfile, buf, _IOFBF, 10);
        //通过格式化方式向文件写入字符
        fprintf(pfile, "0123456789abc");
    }
    else
        printf("File opening failed.\n");
    return 0;
}
```

代码中，首先定义了长度为 10 的字符数组 buf。然后在 if 语句中，setvbuf 函数会用 buf 数组替换默认的缓冲区，缓冲模式为全缓冲，即缓冲区满时才会刷新。接着，通过 fpirntf 函数使用格式化方式向文件写入一个由 13 个字符组成的字符串。

编译运行该程序后，打开 D 盘的 test.txt 文件，会发现文件中并非完整的 13 个字符，如图 9.5 所示。

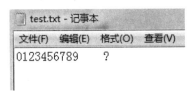

图 9.5　D 盘 test.txt 文件内容

在向文件写入字符串时，首先会将字符写入缓冲区中，由于采用的是全缓冲模式，并且缓冲区的大小为 10，因此，当前 10 个字符进入缓冲区后，缓冲区满会自动刷新，把这 10 个字符写入到文件中，而剩余的 3 个字符没有写入到文件。

解决的办法很简单，就是在写入完毕后，调用 fflush 函数强制刷新缓冲区，或者调用 fclose 函数关闭文件，它也会隐式地调用 fflush 对缓冲区进行刷新。例如：

```
int main()
{
    char buf[10];
    FILE *pfile = fopen("D:\\test.txt", "w");
    if(pfile)
    {
        setvbuf(pfile, buf, _IOFBF, 10);
        fprintf(pfile, "0123456789abc");
        fclose(pfile);                    //关闭文件
    }
    else
        printf("File opening failed.\n");
    return 0;
}
```

这次再重新编译运行程序，打开 D 盘 test.txt 文件后，会发现所有的字符全部写入文件中，如图 9.6 所示。

图 9.6　D 盘 test.txt 文件内容

9.5 本 章 小 结

文件的实质就是存储在外部存储介质上的一段连续的二进制数据。从可阅读的角度来看,可以将文件分为文本文件和二进制文件两大类。

C 语言程序对文件的处理是采用文件流的形式,当读取文件时,数据就会像流水一样从文件端流向程序端,而写入文件时,数据就会像流水一样从程序端流向文件端。将从文件端向程序端的文件流称为输入流,而将从程序端向文件端的文件流称为输出流。只要打开一个文件,就会得到一个文件流,有了文件流之后,就可以对文件进行相应的读写操作。

fopen 函数用于打开一个文件,而 fclose 函数用于关闭一个文件。

C 语言程序中,还有 3 个特殊的文件流,即标准输入流(stdin)、标准输出流(stdout)和标准错误输出流(stderr)。用户不需要考虑这 3 个文件流的启用与关闭,它们是由系统管理的。

可以使用 freopen 函数,采用文件流重定向的方式来改变文件流所关联的文件。

C 标准库中,提供了许多的文件读写函数,可以用不同的方式对文件进行读写操作。例如 fputc 函数和 fgetc 函数是以字符的方式对文件进行读写,fputs 函数和 fgets 函数是以行的方式对文件进行读写,fscanf 函数和 fprintf 函数是以格式化的方式对文件进行读写,fwrite 函数和 fread 函数是以块的方式对文件进行读写。

在打开一个文件后,就会得到一个文件游标,而对文件的读写操作,都会从文件游标所对应的文件位置开始,即文件游标用作于标记文件的当前读写位置。

使用 fseek 函数可以对文件游标进行设置,使用 ftell 函数可以获取当前文件游标的位置,使用 rewind 函数可以恢复文件游标的初始位置。而 fsetpos 函数和 fgetpos 函数则用来对大文件的文件游标进行设置和获取。

feof 函数用于检查文件游标是否到达文件尾,ferror 函数用于检查读写文件是否出错,perror 函数用于打印输出错误信息,setvbuf 函数用于替换默认的文件流缓冲区。

第 10 章　预处理命令

本章学习目标

- 了解预处理机制
- 掌握包含头文件的方法
- 掌握宏定义的取消
- 掌握带参宏的使用
- 掌握条件编译的使用

本章先介绍程序编译的过程，使读者了解预处理阶段的功能，并介绍预处理命令的几个部分；然后介绍文件包含的方式，并分别从头文件、#include 命令和多文件编译几个方面来讲述文件包含；接着对宏进行介绍，着重讲解宏的定义和取消，带参宏的使用，以及"#"号在带参宏的特殊用途；最后介绍条件编译，并通过实例代码，来演示条件编译的适用场景。

10.1　文 件 包 含

由源代码得到可执行的程序，会经过预处理、编译、汇编和链接几个过程。预处理就是在编译之前，通过一些预处理命令对源代码进行管理和控制的过程。预处理命令本身并非 C 语言范畴，预处理命令也不会参与到编译过程中。预处理命令是由预处理器来执行和处理的指令，经过预处理之后，在进行编译之前，源代码中就已不再含有预处理命令了。预处理命令大致可以分为文件包含、宏和条件编译几个部分，所有的预处理命令都是以"#"开头的。

下面就来介绍一下预处理命令中的文件包含。

10.1.1　头文件

头文件也是一个文本文件，它是和源文件相对应的，在 C 语言中，源文件通常都是以.c 作为文件名的后缀，而头文件则是以.h 作为文件名的后缀。在进行程序的编译时，需要对源文件进行编译，而头文件是不参与编译过程的。

在之前的代码中，已经用到了许多标准库提供的头文件，例如"stdio.h""stdlib.h""string.h""ctype.h"，等等。通常会将一些类型的定义和函数的声明放到头文件中，当程序需要使用这些类型或函数的时候，包含相应的头文件即可。

除了使用标准库所提供的头文件外，也可以自己创建头文件。例如，在 D 盘下创建文件夹"Demo"，然后在该文件夹下新建文本文档，并将该文件命名为"sample.h"。在 sample.h 文件中输入并保存如下内容：

```
//add 函数的声明，函数功能为返回参数 a 与参数 b 的和
int add(int a, int b);
//subtract 函数的声明，函数功能为返回参数 a 与参数 b 的差
int subtract(int a, int b);
```

头文件 sample.h 中就有了 add、subtract 两个函数的声明，如图 10.1 所示。

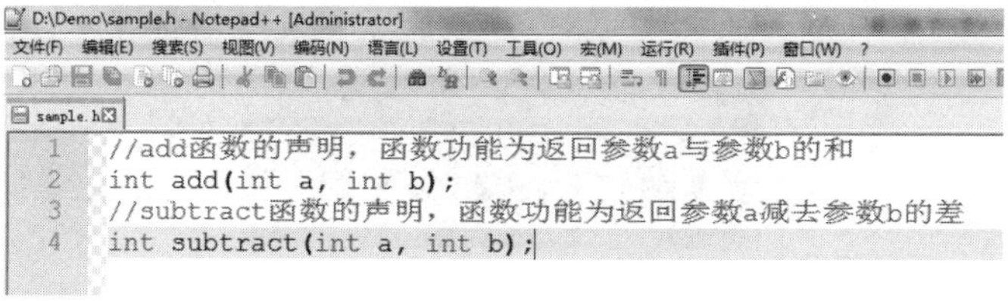

图 10.1　sample.h 头文件

10.1.2　#include 命令

#include 命令用于包含头文件，即将一个指定的头文件的内容包含至当前文件中。

下面再在 Demo 文件夹中新建一个文本文档，将文件命名为"test.c"，并在该文件中输入并保存如下内容：

```
#include "sample.h"
int main()
{
    return 0;
}
```

在源文件 test.c 中，使用了#include 命令来包含之前所编写的头文件 sample.h。由于头文件 sample.h 是自己编写的，并且在当前目录下，因此此处使用的是双引号，而不是尖括号。

为了能看到预处理器对源代码的处理结果，在使用 gcc 编译命令的时候，加上一个"-E"选项，表示只对源文件进行预处理，不进行编译。例如：

```
gcc -E test.c
```

按下回车键后，预处理器会对源文件 test.c 进行预处理，并在控制台窗口打印出如图 10.2 所示的结果。

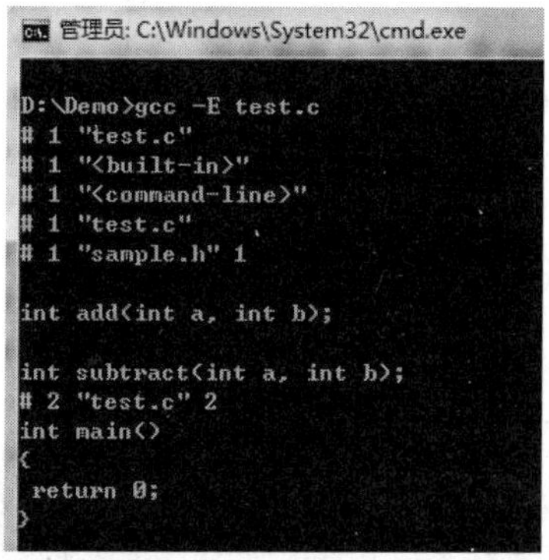

图 10.2　对 test.c 进行预处理

从结果可见，预处理器会用头文件 sample.h 中的内容，替换到源文件 test.c 中原#include

命令的位置。同时也会发现，经过预处理后，代码中的注释部分已被忽略掉，不会出现在结果内容部分。

也可以将编译命令修改为"gcc -E test.c -o test.i"，即再加上一个"-o"选项，用来将预处理后的结果输出到指定的文件 test.i 中。这样预处理结果就不会打印在控制台窗口，而是保存到文件 test.i 中，如图 10.3 所示。

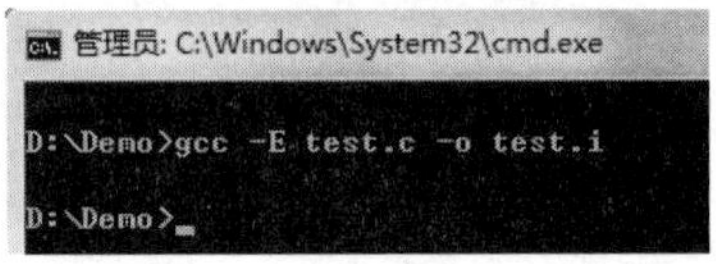

图 10.3　对 test.c 进行预处理

这时，在 Demo 文件夹下就会生成一个 test.i 文件，打开该文件，会看到如下内容：

```
# 1 "test.c"
# 1 "<built-in>"
# 1 "<command-line>"
# 1 "test.c"
# 1 "sample.h" 1

int add(int a, int b);

int subtract(int a, int b);
# 2 "test.c" 2
int main()
{
 return 0;
}
```

10.1.3　多文件编译

在上面的例子中，只是简单地使用#include 命令包含头文件 sample.h，并没有使用 add 函数或 subtract 函数。接下来就在主函数中调用这两个函数，并打印输出结果。将源文件 test.c 的内容修改如下：

```
#include "sample.h"
#include <stdio.h>
int main()
{
    int a = 20, b = 10;
    printf("a + b = %d\n", add(a, b));
    printf("a - b = %d\n", subtract(a, b));
    return 0;
}
```

此时，对 test.c 进行编译时，会出现编译错误，如图 10.4 所示。

图 10.4　编译错误界面

原因是在头文件中只有 add 函数和 subtract 函数的声明，并没有这两个函数的实现。

在 Demo 文件夹下再新建一个文本文档，命名为"sample.c"。打开该文件，输入并保存如下内容：

```
int add(int a, int b)
{
    return a + b;
}
int subtract(int a, int b)
{
    return a - b;
}
```

现在程序拥有了 3 个文件，一个头文件"sample.h"，和两个源文件"sample.c""test.c"。头文件中包含了 add 函数和 sample 函数的声明，源文件 sample.c 中是对两个函数的实现，源文件 test.c 是主程序文件，即文件中拥有主函数。下面，就来对这个程序进行编译，虽然头文件是不需要参与编译的，但源文件必须参与编译。由于这里的源文件不止一个，因此，需要使用多文件编译的方式。可以在编译命令中，把两个源文件都列在"gcc"之后。例如：

```
gcc test.c sample.c -o test.exe
```

现在进行编译，就不会再发生错误了，我们运行该程序，可得到如下结果：

```
a + b = 30
a - b = 10
```

10.2　宏

刚开始接触宏这个名称时，会让人感觉不可思议，在 C 语言程序源代码中，也经常会看到各式各样的令人眼花缭乱的宏，为了理解这些宏，也常常使人大伤脑筋。其实，最初设计宏的目的就是为了便于代码的维护，而随着技术的不断发展，目前可以通过宏实现代码管理、流程控制、错误和异常检测等功能。

宏根据有无参数可以分为无参宏和有参宏，而每个宏又可以分为宏名和宏值部分，在对源文件进行编译前，预处理器会对源代码中的宏进行文本替换处理，即将宏名部分替换为所对应的宏值部分。因此，也常将这种宏处理的行为称为宏替换或宏展开。

10.2.1　宏的定义

可以通过#define 命令来定义一个宏。具体的格式为：

```
#define 宏名 宏值
```

宏名是一个标识符，为所定义宏的名字，可使用在源代码中。宏值为宏名所对应的值，它可以是一个常数、表达式、字符、字符串等。需要注意的是，宏定义并非 C 语言的语句，因此最后不需要加上分号。

下面就用程序代码来演示宏的定义和使用。

```c
#include <stdio.h>
#define LEN 10          //宏定义
int main()
{
    for(int i = 1; i <= LEN; ++i)   //使用了宏
        printf("%d ", i * 10);
    return 0;
}
```

这段代码中，通过#define 命令进行了宏定义，宏名为 LEN，宏值为常数 10。在 for 循环中用到了这个宏。

下面，使用 gcc 加上 "-E" 选项对源文件进行预处理，便可得到宏替换之后的内容，如图 10.5 所示。

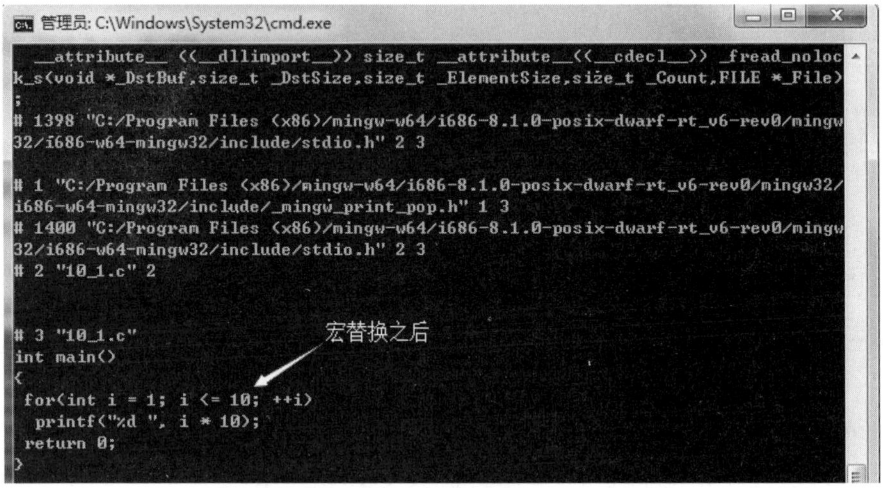

图 10.5　宏替换之后的内容

由于程序包含了头文件 "stdio.h"，因此，在对源代码预处理后，前面的大部分内容都是头文件中的内容。从结果可见，原先宏定义的部分已经没有了，但在 for 循环中用到宏 LEN 的地方，已被替换为它所对应的宏值（常数 10）。

在使用宏的时候，有个需要特别注意的地方，就是预处理器对宏的处理只是简单的替换行为，因此，稍不小心就可能会产生令人匪夷所思的结果。例如：

```c
#define NUM 2 + 3
```

定义了宏 NUM，它的值为表达式 "2 + 3"。下面在主函数中来使用这个宏：

```c
int main()
{
    int n = NUM * NUM;
    printf("n = %d\n", n);
    return 0;
}
```

定义了 int 类型变量 n，并将 "NUM * NUM" 作为其初始化的值。按照最初设想，宏 NUM 的值为 2 与 3 的和，即 5，因此，变量 n 的初始值应该为 5 与 5 的乘积，即 25。但对该程序编译运行后，发现结果如下：

```
n = 11
```

最终变量 n 的值为 11，并非所设想的 25。这是什么原因呢？

下面来看一下对源代码预处理之后的内容，如图 10.6 所示。

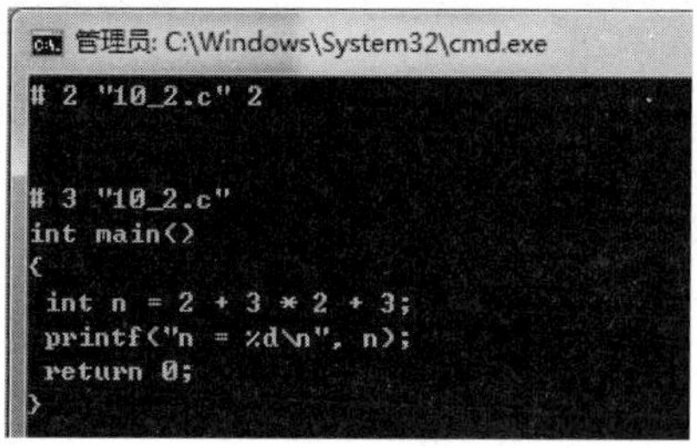

图 10.6 预处理后的内容

从预处理的结果可见，经过宏替换之后，源代码中的语句"int n = NUM * NUM;"会被替换为"int n = 2 + 3 * 2 + 3;"，由于乘法的优先级高于加法，因此，结果便为"2 + 6 + 3"的值，即 11。

如何解决这个问题呢？其实很简单，给宏值加上小括号即可。

```
#define NUM (2 + 3)
```

这样经过宏替换之后，源代码中的语句"int n = NUM * NUM;"会被替换为"int n = (2 + 3) * (2 + 3);"，由于小括号的优先级高于乘法，因此，结果便为"5 * 5"的值，即 25。

再次编译运行程序，结果如下：

```
n = 25
```

最后要强调是，不要重复定义相同的宏，不然编译的时候会给出重复定义的警告信息。另外，宏的作用域是从宏定义处开始，直至文件末。因此不能在宏定义之前使用宏，不然编译时，就会给出"undeclared"的错误提示。

10.2.2 宏的取消定义

可以通过#undef 命令来取消一个宏的定义。具体格式为：

```
#undef 宏名
```

只要在#undef 命令之后，写上想要取消的宏的名字，那么这个宏定义就被取消了，不可再被使用了。如果继续使用，就会在编译时得到"undeclared"的错误提示。例如：

```
#include <stdio.h>
#define NUM 50              //定义宏 NUM
int main()
{
    #undef NUM              //取消宏 NUM 的定义
    printf("%d\n", NUM);    //使用宏 NUM
    return 0;
}
```

由于在使用宏 NUM 之前，通过#undef 对宏 NUM 进行了定义取消，因此，在编译时会得到错误信息，如图 10.7 所示。

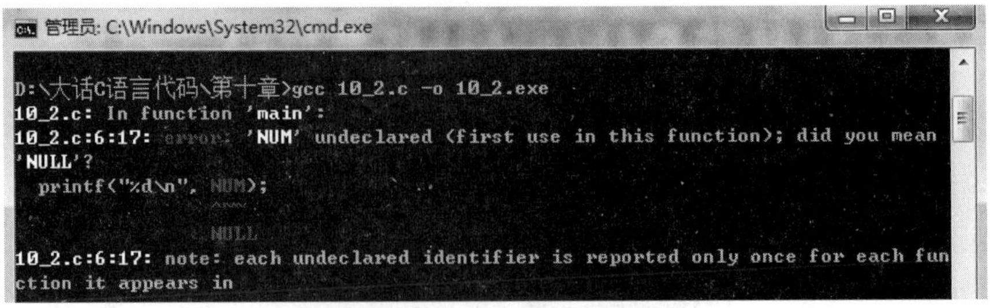

图 10.7　编译时错误信息

10.2.3　带参宏

还可以定义像函数的宏，即带参数的宏。例如：

```
#define MAX(a, b) ((a) > (b) ? (a) : (b))
```

定义了宏 MAX，它的作用是在两个参数中找到相对较大的那个。宏 MAX 带了两个参数 a 和 b。宏值部分 "((a) > (b) ? (a) : (b))" 是一个表达式，通过三目运算符来获取并返回参数 a 和 b 中相对较大的那一个。

下面在主函数中使用宏 MAX。例如：

```
int main()
{
    printf("MAX:%d\n", MAX(10, 20));
    return 0;
}
```

在 printf 函数中使用了宏 MAX，并将其两个参数分别设置为整型常量值 10 和 20。宏 MAX 的功能就是在这两个参数中寻找并返回相对较大的那一个。

对源代码进行预处理后会发现，经宏替换之后，"MAX(10, 20)" 被替换成了：

```
((10) > (20) ? (10) : (20))
```

即先将宏值部分的参数 a 替换成 10，参数 b 替换成 20，然后再将宏值部分替换至使用宏 MAX 的地方。

编译运行程序，结果如下：

```
MAX:20
```

虽然带参宏的定义和使用方式与函数非常相似，但带参宏和函数还是有很大区别的。首先，函数需要进行编译，而宏是由预处理器来处理，在进行代码编译阶段，宏已经不存在了；其次，函数有函数体和返回值类型，而带参宏只有对应的宏值；第三，函数在调用时，会对参数进行求值，而带参宏只是对参数的简单替换，不会对参数进行求值。因此，在宏定义时，宏值部分的每个参数都加上了小括号，这是一个好习惯。假设需要一个用于计算平方的宏 SQUARE，其定义如下：

```
#define SQUARE(n) (n * n)
```

在主函数中，这样来使用宏 SQUARE：

```
printf("Result:%d\n", SQUARE(1 + 2));
```

即想计算并打印输出 3（1 与 2 的和）的平方，但我们编译运行程序，会发现结果如下：

```
Result:5
```

打印的结果并非所预想的 9，而是 5。这是为何？看一下预处理后的内容就知道了。对源代码进行预处理后，会发现宏 SQUARE 被替换为：

```
(1 + 2 * 1 + 2)
```

因此将宏 SQUARE 的定义修改如下：

```
#define SQUARE(n) ((n) * (n))
```

再对源代码进行预处理，发现宏 SQUARE 被替换为：

```
((1 + 2) * (1 + 2))
```

重新编译运行程序，结果如下：

```
Result:9
```

最后再讲两个特殊和有趣的符号："#"和"##"，称其特殊，是因为它们在带参宏中具有特别的功能，说其有趣，是通过对它们的灵活使用，能让代码展现出神奇、灵动的一面。

1. 将参数转换为字符串常量

在带参宏的定义中，可以使用"#"来将参数转换为字符串常量。例如：

```
#define STR(s) #s
```

在宏 STR 的定义中，在参数 s 的前面加上"#"作为宏值部分，这样就可以达到将参数 s 转换为字符串常量的功能。例如：

```
#include <stdio.h>
#define STR(s) #s
int main()
{
    printf("Result: %s\n", STR(1 + 2));
    return 0;
}
```

在 printf 函数中使用了宏 STR，并将一个整型常量表达式作为参数，宏 STR 的功能就是将这个整型常量表达式转换为一个字符串常量。

对源代码进行预处理，进行宏替换之后，printf 语句已经变为：

```
printf("Result:%s\n", "1 + 2");
```

可见，原先的整型常量表达式"1 + 2"已经变成了字符串常量"1 + 2"。

2. 参数结合

我们还可以使用"##"来对带参宏中的参数进行结合。例如：

```
#define COMB(a, b) a##b
```

定义了带参宏 COMB，它有两个参数 a 和 b。该宏的功能是通过"##"符号将两个参数结合在一起，组成一个新的字符序列（并非字符串）。

下面来使用这个宏。例如：

```
printf("Result: %d\n", COMB(10, 20));
```

这是将整型常量 10 和 20 作为参数来使用宏 COMB，并将结果以整型格式打印输出到控制台窗口。对宏 COMB 预处理后的结果为：

```
printf("Result: %d\n", 1020);
```

宏 COMB 将参数 10 和 20 结合在一起，组成 1020，printf 函数会将其作为一个整型常量来进行打印输出。

编译运行程序，结果如下：

```
Result: 1020
```

3. 宏的嵌套使用

也可以将一个宏作为另一个宏的参数，进行宏的嵌套使用。例如：

```
#include <stdio.h>
#define NUM 10
#define ADD(n) ((n) + 5)
int main()
{
    printf("Result: %d\n", ADD(NUM));
    return 0;
}
```

程序代码中，首先定义了宏 NUM，其宏值为 10；然后定义了带参宏 ADD，其功能是将其参数值加上 5。在主函数的 printf 函数中使用了了宏 ADD，并将宏 NUM 作为其参数。

对程序代码进行预处理，预处理后的 printf 函数语句会变成：

```
printf("Result: %d\n", ((10) + 5));
```

可见，宏 ADD 会被替换为"((10) + 5)"，而宏 NUM 会被替换为 10。即带参宏中的参数本身又是一个宏时，预处理器会对这个参数宏先进行替换处理。也就是宏在嵌套使用时，会从内到外依次替换作为参数的宏。

但有一种特殊情况是例外，就是当带参宏的宏值部分含有"#"或"##"符号时，则作为参数的宏是不会被展开的。例如：

```
#include <stdio.h>
#define NUM 10
#define STR(n) #n
int main()
{
    printf("Result: %s\n", STR(NUM));
    return 0;
}
```

程序代码中定义了带参宏 STR，它的功能为将参数转换为字符串常量。在主函数的 printf 函数中，在使用带参宏 STR 时，是将宏 NUM 作为其参数的。

预处理之后的 printf 函数调用语句如下：

```
printf("Result: %s\n", "NUM");
```

预处理之后的 STR 宏部分，并非是"10"，而被替换为"NUM"，也就是作为参数的宏 NUM 并未被替换。导致参数宏未被替换的原因，就是在宏 STR 的定义中使用了"#"符号。

那如何解决这个问题呢？

4. 转换宏

可以使用一个不包含"#"和"##"符号的转换宏，例如：

```
#include <stdio.h>
#define NUM 10
#define STR(n) #n
#define TOSTR(n) STR(n)      //转换宏
int main()
{
    printf("Result: %s\n", TOSTR(NUM));
    return 0;
}
```

　　代码中又定义了一个带参宏 TOSTR，它有一个参数 n，宏 TOSTR 的功能非常简单，就是继续将 n 作为参数来使用宏 STR。在 printf 函数调用语句中，将原来的宏 STR 改为使用宏 TOSTR，参数仍为宏 NUM。现在再看一下预处理之后的 printf 函数调用语句：

```
printf("Result: %s\n", "10");
```

　　从结果可见，作为参数的宏 NUM 被替换成 10 了。这是因为在宏 TOSTR 中并没有使用"#"或"##"符号，因此，作为参数的宏 NUM 会被进行替换处理，然后将替换处理后的结果作为参数再来使用宏 STR，将其转换为对应的字符串常量。

10.3　条　件　编　译

　　条件编译和 C 语言中的 if…else 语句有些相似，可以通过条件编译来对代码进行控制，在特定条件下，让某些代码参与编译，或让某些代码不会参与编译。下面讲述进行条件编译时需要用到的预处理命令。

10.3.1　#if 命令

　　#if 命令的使用格式为：

```
#if 表达式
语句块 1
#else
语句块 2
#endif
```

　　在#if 命令之后是一个表达式，若表达式的值为真，则让语句块 1 参与编译；若表达式的值为假，则让语句块 2 参与编译。#endif 是条件编译结束的标记，所有的条件编译都必须以#endif 来结束。

　　接下来用一个小程序来演示：

```
#include <stdio.h>
int main()
{
```

```
    #if 1                    //表达式为 1
    printf("AAA\n");
    #else
    printf("BBB\n");
    #endif
    return 0;
}
```

对程序进行预处理后的最后一部分内容为：

```
int main()
{
 printf("AAA\n");
 return 0;
}
```

可见，由于#if 命令之后的表达式为 1，这会让语句 "printf("AAA\n");" 参与编译，而语句 "printf("BBB\n");" 不会参与编译。

若将源代码中#if 命令之后表达式的值修改为 0：

```
#include <stdio.h>
int main()
{
    #if 0                    //表达式为 0
    printf("AAA\n");
    #else
    printf("BBB\n");
    #endif
    return 0;
}
```

再对代码进行预处理，会发现结果会变为：

```
int main()
{
 printf("BBB\n");
 return 0;
}
```

最后要说明的就是，在使用#if 命令进行条件编译时，#else 为可选部分，可以省略。例如：

```
#if 表达式
printf("AAA\n");
#endif
```

若表达式的值为真，则 printf 语句参与编译，否则 printf 语句不会参与编译。

10.3.2 #ifdef 命令

#ifdef 命令是与宏一起配合使用的，使用格式如下：

```
#ifdef 宏名
语句块 1
#else
语句块 2
#endif
```

　　若指定的宏是已经被定义的，则让语句块 1 参与编译；若宏没有被定义，则让语句块 2 参与编译。同样地，其中的#else 部分是可选的，而#endif 为条件编译的结束标记。

　　下面用一个程序代码来演示#ifdef 命令的使用：

```
int main()
{
    #ifdef MAC
    printf("AAA\n");
    #else
    printf("BBB\n");
    #endif
    return 0;
}
```

　　对源代码进行预处理后的内容如下：

```
int main()
{
 printf("BBB\n");
 return 0;
}
```

　　可见，由于源代码中并未对宏 MAC 进行定义，因此，预处理后的结果，只会让第二个 printf 语句参与编译。

　　若在源代码中加入对宏 MAC 的定义，例如：

```
int main()
{
    #define MAC              //定义宏 MAC
    #ifdef MAC
    printf("AAA\n");
    #else
    printf("BBB\n");
    #endif
    return 0;
}
```

　　在条件编译之前，通过#define 命令定义了宏 MAC。这时再对源代码进行预处理，内容如下：

```
int main()
{
 printf("AAA\n");
 return 0;
}
```

　　可见，在定义宏 MAC 之后，第一个 printf 语句参与编译了。

　　我们在定义宏 MAC 时，只标明了宏名，并没有给出对应的宏值。这是因为在条件编译中只会去检测这个宏是否被定义，并不会真正去使用这个宏值。

10.3.3　#ifndef 命令

　　#ifndef 是与#ifdef 意思相反的一个预处理命令，中间的 n 表示 non 的意思。它的使用格式为：

```
#ifndef 宏名
语句块 1
#else
语句块 2
#endif
```

若指定的宏没有被定义，则让语句块 1 参与编译；若宏已经被定义，则让语句块 2 参与编译。

其使用方式和#ifdef 非常相似，这里就不再举例演示了。

#ifdef 命令和#ifndef 命令经常使用在头文件中，这样做的好处是，能够防止头文件的重复包含。

例如，有一个头文件"head.h"，其内容如下：

```
struct STU
{
    int num;
    char name[20];
    float score;
};
```

即头文件"head.h"中，定义了一个结构体 STU。

接下来在源文件中通过#include 命令包含头文件"head.h"，例如：

```
#include "head.h"
#include "head.h"
int main()
{
    return 0;
}
```

虽然这个程序的主函数中什么也没做，只是通过 return 语句直接返回一个 0。但代码中通过#include 命令包含了两次头文件"head.h"。

编译该程序，会得到如下的错误信息：

```
In file included from 10_6.c:2:0:
head.h:1:8: error: redefinition of 'struct STU'
 struct STU
        ^~~
In file included from 10_6.c:1:0:
head.h:1:8: note: originally defined here
 struct STU
        ^~~
```

错误的原因在于两次包含了头文件"head.h"，每个包含命令都会被替换为结构体 STU 的定义语句，结果造成了结构体 STU 的重复定义。如果对程序代码进行预处理，会发现预处理后的源代码为：

```
# 1 "10_6.c"
# 1 "<built-in>"
# 1 "<command-line>"
# 1 "10_6.c"
# 1 "head.h" 1
struct STU                  //结构体 STU 的定义
{
    int num;
    char name[20];
```

```
    float score;
};
# 2 "10_6.c" 2
# 1 "head.h" 1
struct STU              //结构体 STU 的定义
{
    int num;
    char name[20];
    float score;
};
# 3 "10_6.c" 2
int main()
{
    return 0;
}
```

从结果可以清晰地看到，预处理后的代码的确出现了两次结构体 STU 的定义。如何解决呢？

可以在头文件中加入条件编译来解决，修改后的头文件"head.h"的内容如下：

```
#ifndef __HEAD_H__      //如果没有定义宏__HEAD_H__
#define __HEAD_H__      //定义宏__HEAD_H__
struct STU
{
    int num;
    char name[20];
    float score;
};
#endif
```

当源文件中第一次包含头文件"head.h"时，由于没有定义过宏__HEAD_H__，因此，便会定义宏__HEAD_H__，并将结构体 STU 的定义替换进来。当第二次包含头文件"head.h"时，由于之前已经定义了宏__HEAD_H__，因此，结构体 STU 的定义就不会再被替换进来。即使对头文件"head.h"包含再多次，也不会造成结构体 STU 的重复定义了。

对源文件进行预处理之后的内容如下：

```
# 1 "10_6.c"
# 1 "<built-in>"
# 1 "<command-line>"
# 1 "10_6.c"
# 1 "head.h" 1

struct STU
{
 int num;
 char name[20];
 float score;
};
# 2 "10_6.c" 2

int main()
{
 return 0;
}
```

经过预处理之后，源文件代码中只会出现一份结构体 STU 的定义。对该源文件进行编译也可以顺利通过，不会再产生错误了。

10.4　本　章　小　结

预处理命令是由预处理器来执行和处理的指令，经过预处理之后，在进行编译之前，源代码中就已不再含有预处理命令了。预处理命令大致可分为文件包含、宏和条件编译几个部分，所有的预处理命令都是以"#"号开头的。

头文件也是一个文本文件，它是和源文件相对应的，在 C 语言中，源文件通常都是以.c 作为文件名的后缀，而头文件则是以.h 作为文件名的后缀。

#include 命令用于包含头文件，即将一个指定的头文件的内容包含至当前文件中。

宏根据有无参数可以分为无参宏和有参宏，而每个宏又可以分为宏名和宏值部分，在对源文件进行编译前，预处理器会对源代码中的宏进行文本替换处理，即将宏名部分替换为所对应的宏值部分。因此，也常将这种宏处理的行为称为宏替换或宏展开。

可以通过#define 命令来定义一个宏，通过#undef 命令来取消一个宏的定义。

带参宏只是对参数的简单文本替换，不会对参数进行求值。因此，在宏定义时，宏值部分的每个参数最好都加上了小括号。可以使用"#"将参数转换为字符串常量，还可以使用"##"对带参宏中的参数进行结合。

可以将一个宏作为另一个宏的参数进行宏的嵌套使用。需要注意的是，当带参宏的宏值部分含有"#"或"##"符号时，作为参数的宏是不会被展开的。

条件编译类似于 C 语言中的 if…else 语句，可以通过条件编译来对代码进行控制，在特定条件下，让某些代码参与编译或不参与编译。#if、#ifdef、#ifndef 三个命令可用于条件编译，其中#else 部分是可选部分，但作为条件编译结束标记的#endif 不可被省略。